工业和信息化普通高等教育"十三五"规划教材立项项目

21世纪高等教育计算机规划教材

计算机导论

Introduction to Computers

周舸 白忠建 主编

朱镕申 余欣 副主编

U0191515

人民邮电出版社

北 京

图书在版编目（CIP）数据

计算机导论 / 周舸，白忠建主编. -- 北京：人民
邮电出版社，2016.8（2020.7重印）
21世纪高等教育计算机规划教材
ISBN 978-7-115-43008-3

Ⅰ．①计… Ⅱ．①周… ②白… Ⅲ．①电子计算机—
高等学校—教材 Ⅳ．①TP3

中国版本图书馆CIP数据核字(2016)第152172号

内 容 提 要

本书是计算机科学与技术专业学生的入门教材。全书共分10章，系统地介绍了计算机基础知识、计算机硬件系统、计算机软件系统、算法与数据结构基础、多媒体技术、数据库技术、计算机网络基础知识、信息安全基础知识、云计算与物联网、计算机导论实验。为了让读者能够及时地检查学习效果，巩固所学知识，每章最后还附有丰富的习题。

本书可作为高等院校计算机专业本、专科教材，也可以作为非计算机专业的"计算机基础"教材，同时也是计算机初学者的理想入门读物和参考资料。

◆ 主　　编　周　舸　白忠建
　　副 主 编　朱镕申　余　欣
　　责任编辑　李育民
　　责任印制　焦志炜
◆ 人民邮电出版社出版发行　　北京市丰台区成寿寺路11号
　　邮编 100164　　电子邮件 315@ptpress.com.cn
　　网址 http://www.ptpress.com.cn
　　北京市艺辉印刷有限公司印刷
◆ 开本：787×1092　1/16
　　印张：13.25　　　　　　　　　2016年8月第1版
　　字数：346千字　　　　　　　　2020年7月北京第10次印刷

定价：32.00 元
读者服务热线：(010)81055256　印装质量热线：(010)81055316
反盗版热线：(010)81055315

前言

随着科学技术的发展，计算机已广泛应用于国民经济和人们生活的各个领域，它对人类社会、经济发展的贡献是有目共睹的。目前，计算机技术的应用与发展，早已成为了一个国家综合实力的体现，也是国家科技发展水平的象征。因此，掌握计算机基础知识和应用技能已成为人们的迫切需求，也是高等院校学生素质教育的重要内容。

计算机科学是一个知识更新快，新方法、新技术、新产品不断涌现的学科领域。所以，计算机基础教育和素质教学如何跟上形势的发展，不仅存在教师教什么、如何教的问题，而且还存在学生学什么、如何学的问题。值得一提的是，很多学生甚至教师都往往容易将"计算机文化基础"与"计算机导论"两门课程混为一谈。其实，这是两门性质不同的课程。"计算机文化基础"（或"计算机应用基础"）要解决的是学生对计算机功能的工具性认识，其目的在于培养学生操作计算机的初步能力，所以常着眼于应用操作的具体细节。而"计算机导论"作为计算机专业学生的入门课程，是学生认识专业，了解专业历史、专业发展、应用前景以及学科体系、课程设置等的引导课，同时也是学生了解知识学习、技能训练、职业需求的基础课。它对学生理清学习思路、制定学习目标、确定职业去向有着重要的意义。为了更好地满足广大高等院校计算机专业的大一新生对计算机学习的需要，我们精心撰写了本书。

本书凝聚了作者多年的一线教学经验、多次教材的编写经验和近几年的教学改革实践以及科研项目的成果。在本书的撰写过程中，作者始终坚持介绍该学科中最成熟的理论和最新的知识，基础理论以应用为目的，以必要、够用为度。全书结构"广而不泛，精而不难，拓展有度"，内容既全面又精炼，阐述既深入浅出又通俗易懂，十分有利于教师的教学和读者的自学。为了让读者能够在较短的时间内掌握教材的内容，及时地检查自己的学习效果，巩固和加深对所学知识的理解，每章最后还附有丰富的习题。

全书参考总教学时数为 48 学时，各章的学时分配如下表所示。

章	名　　称	学时数	章	名　　称	学时数
第 1 章	计算机基础知识	4	第 6 章	数据库技术	4
第 2 章	计算机硬件系统	8	第 7 章	计算机网络基础知识	8
第 3 章	计算机软件系统	6	第 8 章	信息安全基础知识	4
第 4 章	算法与数据结构基础	4	第 9 章	云计算与物联网	2
第 5 章	多媒体技术	4	第 10 章	计算机导论实验	4

本书由周舸和白忠建担任主编，朱镕申和余欣担任副主编。全书由周舸拟定大纲和统稿，并编写了第 4～9 章及各章习题和附录，朱镕申编写了第 1 章和第 2 章，余欣编写了第 3 章，杨菊英编写了实验部分。

在编写本书的过程中，得到了电子科技大学成都学院计算机系相关领导的大力支持，系主任白忠建副教授仔细审阅了全稿，并提出了很多宝贵的意见。何敏、高天等完成了部分文稿的录入工作，周沁、罗福强等完成了部分图片的处理工作，陈爱琦、周光峦和高泽金等完成了部分文稿的校对工作。在此，向所有关心和支持本书出版的人表示衷心的感谢！

限于作者的学术水平，书中不妥之处在所难免，敬请读者批评指正，来信请至 zhou-ge@163.com。

周　舸

2016 年 6 月

目录

第1章
计算机基础知识

计算机是一种能迅速而高效地自动完成信息处理的电子设备，它按照程序对信息进行存储、加工和处理。在当今高速发展的信息社会中，计算机已经广泛应用到各个领域之中，几乎成为无处不在、无所不能的"宝贝"，成为信息社会中必不可少的工具。学习并牢固掌握计算机基础知识，是更好地使用计算机的前提。本章从计算机的产生和发展出发，对计算机的特点、应用和分类进行了详细阐述，重点介绍了计算机中常用的数制及其转换，以及不同数据类型的编码和存储。

本章学习目标

- 了解计算机的发展历史、工作特点、应用领域、分类等相关知识。
- 掌握数制的基本概念、各种数制之间的相互转换。
- 掌握二进制原码、反码、补码的表示方法。
- 理解英文字符、汉字字符等的编码方式。

1.1 概　　述

1.1.1 计算机的产生

1. ENIAC

1942 年，在美国军方的资助下，宾夕法尼亚大学在 1946 年 2 月 14 日研发出了世界上第一台电子数字计算机，其目的是用于计算非常复杂的弹道非线性方程组。这台机器被命名为"埃尼阿克"（Electronic Numerical Integrator And Calculator，ENIAC），如图 1-1 所示。

从技术上看，ENIAC 采用十进制进行计算、二进制进行存储，在结构上没有明确的 CPU 概念，主要采用电子管作为基本电子元件，共使用了 17 468 个真空电子管，以及数千只二极管和数万只

图 1-1　电子数字积分计算机 ENIAC

的电阻、电容等基本元器件。整台机器占地 170 平方米，重约 30 吨，功率为 150 千瓦，运算速度为每秒 5 000 次加法运算。这一速度虽然还远远比不上今天最普通的一台微型计算机，如表 1-1 所示，但在当时它已经成为运算速度上的绝对冠军，并且其运算的精度和准确度也是史无前例的。以圆周率（π）的计算为例，中国古代科学家祖冲之利用算筹，耗费 15 年心血，才把圆周率精确到小数点后 7 位数。一千年后，英国人香克斯以毕生精力致力于圆周率计算，精确到小数点后 707 位（在第 528 位时发生错误），而 ENIAC 仅用 40 秒就可准确无误地精确到香克斯一生计算所达到的位数。

表 1-1　　　　　　　　　　　　　　　ENIAC 与现代 PC 的比较

比较项	ENIAC（1942 年）	PC（2016 年）
耗资	48 万美元	500 美元
重量	28 吨	5 千克
占地	170 平方米	0.25 平方米
功率	150 千瓦	250 瓦
主要原件	1.8 万只电子管和 1 500 个继电器	100 块集成电路（数千万只微型晶体管）
运算速度	5 000 次加法/秒（人类 5 次加法运算/秒）	30 亿次浮点运算/秒

ENIAC 奠定了电子计算机的发展基础，在计算机史上具有跨时代的意义，它的问世标志着电子计算机时代的正式到来！

2. 冯·诺依曼与 EDVAC 方案

1945 年 6 月，数学家冯·诺依曼发表了电子离散变量自动电子计算机（Electronic Discrete variable Automatic Computer，EDVAC）方案，对存在缺陷的 ENIAC 提出了重大的改进理论。"冯·诺依曼原理"，即著名的"存储程序控制原理"作为该方案的核心内容被首次提出。其观点如下。

（1）计算机应由 5 个部分组成，包括运算器、控制器、存储器、输入设备和输出设备。ENIAC 还没有很明晰的 CPU 概念，甚至完全没有内存概念。这不利于计算机各部分功能的设计和实现。冯·诺依曼明确了计算机由 5 个部分组成，并描述了这 5 个部分的职能和相互关系。

（2）采用二进制机器码进行存储和计算。ENIAC 按十进制进行计算、按二进制进行存储，因此机器在计算结束时需把十进制数转换为二进制数进行存储，而当数据从存储器中取出给机器处理前又不得不再转变回十进制数，不停地在两种数制间进行切换严重影响计算效率。此外，十进制的方式会导致计算机的内部结构变得异常复杂。冯·诺依曼根据电子元件双稳态工作的特点，大胆建议抛弃十进制，在电子计算机中无论是数据还是指令全部采用二进制，并预言二进制的采用将简化机器的逻辑电路。实践已经证明了其正确性。

（3）把数据和运算指令存放在同一存储器中，计算机按照程序事先编排的顺序一步一步地取出运算指令，实现自动计算，即存储程序控制方式。

冯·诺依曼通过对 ENIAC 的考察，敏锐地抓住了它的最大弱点——没有真正的存储器。ENIAC 只在 20 个暂存器（最多只能寄存 20 个 10 位的十进制数），它的程序是外插型的（用开关连线进行控制），指令存储在计算机的其他电路中。解题之前，必须先想好所需的全部指令，然后通过手工把相应的控制电路进行焊接连通。为了进行几分钟或几小时的高速计算，经常要花费几小时甚至几天的时间进行手工连线，严重制约了 ENIAC 的计算效率。

针对这个问题，冯·诺依曼创造性地提出了程序内存的思想：把运算指令和数据一同存放在存储器里。计算机只需要在存储器中按照程序事先编排的顺序一步一步地取出指令，就可以完全摆脱外界的影响，以自己可能的速度（电子的速度）自动地完成指令规定的操作，实现计算机的自动计算。

上述思想被称之为"冯•诺依曼原理和思想"，这一思想标志着电子计算机走向成熟，并已成为电子计算机设计的基本原则，影响至今。根据这一原理和思想而制造出的计算机被称为"冯•诺依曼机"。正是由于冯•诺依曼对现代电子计算机技术的突出贡献，他被誉为"现代计算机之父"，如图 1-2 所示。

1952 年 1 月，EDVAC（Electronic Discrete Variable Automatic Computer）终于在宾夕法尼亚大学研制成功，如图 1-3 所示。它共使用了大约 6 000 个电子管和 12 000 个二极管，占地面积为 45.5 平方米，重达 7.85 吨，功率为 56 千瓦。与 ENIAC 相比，体积、重量、功率都减小了许多，而运算速度提高了 10 倍。冯•诺依曼的设计思想在这台计算机上得到了圆满的体现。可以说，EDVAC 是第一台现代意义上的通用计算机。

图 1-2　冯•诺依曼（1903～1957 年）

图 1-3　世界上第一台冯•诺依曼机 EDVAC

60 多年来，虽然现在的计算机系统从性能指标、运行速度、工作方式、应用领域和价格等方面都与 EDVAC 有了很大的差别，但究其基本原理和结构没有变化，都属于冯•诺依曼计算机。

随着科学技术的不断进步，人们逐渐意识到了"冯•诺依曼体系结构"的不足，它制约了计算机能力的进一步提高，进而又提出了"非冯•诺依曼体系结构"。关于"冯•诺依曼体系结构"的具体内容，我们将在第二章中详细讨论。

1.1.2　计算机的发展

ENIAC 诞生后的短短几十年间，硬件技术，特别是半导体技术的突飞猛进，促使计算机不断更新换代。特别是体积小、价格低、功能强的微型计算机的出现，使得计算机迅速普及，进入了办公室和家庭。

1. 电子计算机发展的 4 个阶段

根据计算机采用物理元器件的不同，如图 1-4 所示，可将电子计算机的发展主要划分为以下 4 个阶段。

（1）第一代（1946～1958 年）：电子管计算机。其基本特征是采用电子管作为计算机的逻辑元器件，使用水印延迟线、阴极射线管等材料制作主存储器，利用穿孔卡作为外部存储设备，每秒运算速度仅为几千次。第一代电子计算机体积庞大、运算速度低、造价昂贵、可靠性差、内存容量小，主要用于军事和科学计算。

（a）电子管　　（b）晶体管　　（c）小规模集成电路　　（d）超大规模集成电路

图 1-4　计算机中采用的物理元器件

　　（2）第二代（1959～1964 年）：晶体管计算机。其基本特征是采用晶体管作为计算机的逻辑元器件，使用磁性材料制造主存储器（磁芯存储器），利用磁鼓和磁盘作为辅助存储器。由于电子技术的发展，运算速度达每秒几万至几十万次，内存容量增至几十 KB。

　　与第一代计算机相比，晶体管电子计算机无论是耗电量还是产生的热量都大大降低，而可靠性和计算机能力则大为提高。除了科学计算外，晶体管电子计算机还用于数据处理和事务处理。

　　这一时期出现了中、小型计算机，特别是廉价的小型数据处理用计算机也开始大规模量产。与此同时，计算机软件技术也有了较大发展，出现了 FORTRAN、COBOL、ALGOL 等高级语言。操作系统初步成型，使计算机的使用方式由手动操作改变为自动作业。

　　（3）第三代（1965～1970 年）：中、小规模集成电路计算机。其基本特征是采用小规模集成电路（Small Scale Integration，SSI）和中规模集成电路（Middle Scale Integration，MSI）作为计算机的逻辑元器件，使用硅半导体制造主存储器，内存容量增至几 MB。

　　随着硅半导体技术的发展，集成电路工艺已经达到可以把十几个甚至上百个电子元器件组成的逻辑电路集成在指甲盖大小的单晶硅片上，其运算速度可达每秒几十万次到几百万次。第三代计算机体积更小、价格更低，软件逐步完善，操作系统开始出现。系统化、通用化和标准化是这一时期计算机设计的基本思想。

　　这一时期，高级程序语言有了很大的发展，操作系统日臻完善，具备了批处理、分时处理、实时处理等多种功能；数据库管理系统、通信处理系统等也在不断增添到软件子系统中，使计算机的使用效率显著提高，计算机开始广泛应用于各个领域。

　　（4）第四代（1971 年至今）：大规模、超大规模集成电路计算机。其特征是采用大规模集成电路（Large Scale Integration，LSI）和超大规模集成电路（Very Large Scale Integration，VLSI）技术。进入 20 世纪 70 年代以后，计算机用集成电路的集成度迅速从中、小规模发展到大规模、超大规模的水平，微处理器和微型计算机应运而生，运算速度可以达到上千万次至上亿次。

　　1981 年 8 月 12 日，IBM 公司的唐·埃斯特奇（被 IBM 公司内部尊称为"PC 之父"）领导 13 人团队开发完成了世界上首款个人电脑——IBM PC5150，如图 1-5 所示。该机最大的特色是首次推出开放性架构，并附带了一本技术参考手册，这都成为后来 PC 的行业标准，掀开了改变世界历史性的一页。

图 1-5　IBM PC5150

1984 年 1 月，Apple 公司推出了世界上首款采用图形界面的操作系统——System 1.0（早期为 DOS 系统，采用命令行界面），含有桌面、窗口、图标、光标、菜单和卷动栏等项目，如图 1-6 所示，并且第一次使个人计算机具有多媒体处理能力。

图 1-6　System 1.0 系统界面

1985 年起，随着微型计算机的高速普及，实现其互联的局域网、广域网随即兴起，进一步推动计算机应用向网络化发展，计算机的发展进入了以计算机网络为特征的全新时代。

2. 下一代计算机

硅芯片技术的高速发展同时也意味着硅技术越来越接近其物理极限，为此世界各国的研究人员正在加紧研究开发下一代计算机，俗称"第 5 代计算机"。计算机从器件的变革到体系结构的革命都将产生一次质变和飞跃。新型的量子计算机、神经网络计算机、生化计算机、光子计算机将在不久的未来逐步走进我们的生活。

（1）量子计算机。量子计算机是一类遵循量子力学规律进行高速数学和逻辑运算、存储及处理的量子物理设备。当某个设备是由量子元件组装，处理和计算的是量子信息，运行的是量子算法时，它就是量子计算机。量子计算机在安全通信上有巨大的潜力，这种超级安全通信被称为"量子密匙分配"，它允许某人发送信息给其他人，而只有使用量子密匙解密后才能阅读信息。如果第三方拦截到密匙，鉴于量子力学的"怪异魔力"，信息会变得毫无用处，也没人能够再读取它。

（2）神经网络计算机。人脑总体运行速度相当于每秒 1 000 万亿次的计算机功能，可将生物大脑神经网络视为一个大规模并行处理的、紧密耦合的、能自行重组的计算网络。从大脑工作的模型中抽取计算机设计模型，用许多处理机模仿人脑的神经元机构，将信息存储在神经元之间的联络中，并采用大量的并行分布式网络，就构成了神经网络计算机。

（3）生化计算机。在运行机理上，化学计算机以化学制品中的微观碳分子为信息载体来实现信息的传输与存储。DNA 分子在酶的作用下可以从某基因代码通过生物化学反应转变为另一种基因代码，转变前的基因代码可以作为输入数据，反应后的基因代码可以作为运算结果，利用这一过程可以制成新型的生物计算机。生物计算机最大的优点是生物芯片的蛋白质具有生物活性，能够跟人体的组织结合在一起，特别是可以与人的大脑和神经系统有机地连接，使人机接口自然吻合，免除了繁琐的人机对话。这样，生物计算机就可以听人指挥，成为人脑的外延或扩充部分，还能够从人体的细胞中吸收营养来补充能量，不需要任何外界的能源。由于生物计算机的蛋白质分子具有自我组合的能力，从而使生物计算机具有自调节能力、自修复能力和自再生能力，更易于模拟人类大脑的功能。现今科学家已研制出了许多生物计算机的主要部件——生物芯片。

（4）光子计算机。光子计算机是用光子代替半导体芯片中的电子，以光互连来代替导线制成的数字计算机。与电的特性相比，光具有无法比拟的各种优点。光计算机是"光"导计算机，光在光介质中以许多个波长不同或波长相同而振动方向不同的光波传输，不存在寄生电阻、电容、电感和电子相互作用问题，光器件无电位差，因此光计算机的信息在传输中畸变或失真小，可在同一条狭窄的通道中传输数量大得难以置信的数据。

3. 摩尔定律

1965 年，英特尔（Intel）公司共同创始人之一戈登·摩尔在整理并绘制一份观察数据时发现了一个惊人的趋势：集成电路上可容纳的晶体管数每隔 18 个月左右就会增加一倍，性能提高一倍，价格同比下降一倍。就是现在所谓的"摩尔定律"。它所阐述的趋势一直延续多年且仍不同寻常的准确，该定律也成为许多计算机周边工业对于性能预测的基础，统治了硅谷乃至全球计算机行业整整 40 多年。

2000 年以后，随着半导体技术越来越接近其物理极限，"摩尔定律"已面临失效。这预示着传统半导体计算机的更新速度已跟不上时代前进的步伐，许多国家及 IT 业巨头纷纷投入重金进行下一代计算机的研制工作。

4. 计算机的未来

计算机未来的发展趋势是向多极化、智能化、网络化、虚拟化等方向发展。

（1）多极化。如今个人计算机，包括平板电脑、智能手机及穿戴设备等已席卷全球，但由于计算机应用的不断深入，对巨型机、大型机的需求也稳步增长。巨型、大型、小型、微型机各有自己的应用领域，形成了一种多极化的形势。例如，巨型计算机主要应用于天文、气象、地质、核反应、航天飞机和卫星轨道计算等尖端科学技术领域和国防事业领域，它标志着一个国家计算机技术的发展水平，是综合国力的一种体现。目前，我国研制的运算速度达每秒亿亿次、双精度浮点运算的巨型计算机"天河二号"已经投入运行，如图 1-7 所示。同时，科研人员还在研制更高速的巨型机。

（2）智能化。智能化使计算机具有模拟人的感觉和思维过程的能力，使计算机成为智能计算机。这也是目前正在研制的下一代计算机要实现的目标。智能化的研究包括模式识别、图像识别、自然语言的生成和理解、博弈、定理自动证明、自动程序设计、专家系统、学习系统和智能机器人等。目前，已研制出多种具有人的部分智能的机器人，如图 1-8 所示。

图 1-7　我国研制的"天河二号"超级计算机　　　　图 1-8　日本研制的仿真机器人

（3）网络化。网络化是计算机发展的一个重要趋势。从单机走向联网是计算机应用发展的必然结果。计算机网络化就是指用现代通信技术和计算机技术把分布在不同地点的计算机互联起来，组成一个规模大、功能强、可以互相通信的网络结构。网络化的目的是使网络中的软件、硬件和数据等资源能被网络上的用户共享。目前，大到世界范围的通信网，小到实验室内部的局域网已经很普及，因特网（Internet）已经连接了包括我国在内的 150 多个国家和地区。由于计算机网络实现了多种资源的共享和处理，提高了资源的使用效率，因而深受广大用户的欢迎，得到了越来越广泛的应用。

（4）虚拟化。虚拟化就是将原本运行在真实环境中的计算机系统运行在虚拟出来的环境中，其主要目标是基础设施虚拟化、系统软件虚拟化和应用软件虚拟化等。特别是在因特网平台上，虚拟化使人们能够在任何时间、任何地方通过任何网络设备分享各种软、硬件服务。虚拟化的意义在于重新定义划分了 IT 资源，可以实现 IT 资源的动态分配、灵活调度和跨域共享，提高了 IT 资源利用率，使 IT 资源能够真正成为社会基础设施，服务于各行各业中灵活多变的应用需求。

1.1.3　计算机的特点

计算机之所以能在现代社会各领域获得广泛的应用，是与其自身特点分不开的。计算机的特点可概括为以下几点。

1. 高度自动化

计算机可以不需要人工干预而自动、协调地完成各种运算或操作。这是因为人们将需要计算机完成的工作预先编成程序并存储在计算机中，使计算机能够在程序控制下自动完成工作。能自动连续地高速运行是计算机最突出的特点，这也是它与其他计算工具的本质区别。

2. 运算速度快

计算机运算部件采用半导体电子元件，具有数学运算和逻辑运算能力，而且运算速度很快，如超级计算机可达每秒亿亿次浮点运算速度。随着科学技术的不断发展和人们对计算机要求的不断提高，其运算速度还将更快。这不仅极大地提高了人们的工作效率，还使许多复杂问题的运算有了实现的可能性。

3. 计算精度高

计算机内用于表示数的位数越多，其计算精度就越高，有效位数可为十几位、几十位甚至达到几百位。

4. 存储能力强

计算机中拥有容量很大的存储设备，可以存储所需要的原始数据信息、处理的中间结果和最后结果，还可以存储指挥计算机工作的程序指令。计算机不仅能保存大量文字、图像、声音等信息，还能对这些信息加以处理、分析、呈现和重新组合，以满足各种应用中对这些信息的需求。

5. 逻辑判断能力强

计算机具有逻辑推理和判断能力，可以替代人脑的部分工作，如参与管理、指挥生产、自动驾驶等。随着计算机的不断发展，这种判断能力还在增强，人工智能型的计算机将具有思维和学习能力。

6. 人机交互性好

用户可通过图形化的窗口、界面，以及鼠标、键盘、显示器等输入/输出设备完成对计算机的控制管理。

7. 通用性好

目前，人类社会的各种信息都可以表示为二进制的数字信息，都能被计算机存储、识别和处理，所以计算机得以广泛地应用。由于运算器的数据逻辑部件既能进行算术运算又能进行逻辑运算，因而计算机既能进行数值计算，又能对各种非数值信息进行处理，如信息检索、图像处理、语音处理、逻辑判断等。正因为计算机具有极强的通用性，使它能应用于各行各业，渗透到人们的工作、学习和生活等各个方面。

1.1.4　计算机的分类

计算机的分类比较复杂，缺乏严格的标准。结合用途、费用、规模和性能等综合因素，计算机一般分为巨型计算机，大、中型计算机，小型计算机，个人计算机，工作站和嵌入式计算机等。

值得注意的是，这种分类只能限定于某个特定年代，因为计算机的发展速度太快了，我们现在所用的笔记本电脑、平板电脑以及智能手机的性能就远远强过以前的大型机，甚至巨型机。

1. 巨型计算机

巨型计算机通常具有运算速度最快、处理的信息流量最大、容纳的用户最多、价格最高等特点，因此能处理其他计算机无法处理的复杂的、高强度的运算问题。高强度的运算意味着必须用高度复杂的数学模型来进行大规模的数据处理。例如，分子状态演算、宇宙起源模拟运算、实时天气预报、模拟核爆炸、实现卫星及飞船的空间导航、石油勘探、龙卷风席卷的尘埃运动追踪等都需要对海量的数据进行准确的操作、处理和分析。巨型计算机的运算速度一般可达100 000 000 MIPS（每秒百万亿条指令），并能容纳几百个用户同时工作，同时完成多个任务。

2. 大、中型计算机

大、中型计算机的运行速度和价格都低于巨型计算机，典型的大、中型计算机的速度一般在10 000 MIPS(每秒百亿条指令)左右。它通常用于商业区域或政府部门，提供数据集中存储、处理和管理功能。在可靠性、安全性、集中控制要求很高的环境中，大、中型计算机是我们一种不错的选择。随着近年来云计算技术的兴起，大、中型机再次成为许多大型企业购买的首选。

3. 小型计算机

由于大、中型计算机价格昂贵、操作复杂，只有大型企业才有能力购买，在集成电路技术的推动下，20 世纪 60 年代开始出现小型计算机。小型计算机一般运行速度低于 1 000 MIPS（每秒十亿条指令），价格比较便宜，规模和性能都比大、中型计算机小。这种机型适用于一些中、小企业，高等院校及地方政府部门进行科学研究、行政及事务管理等工作。例如，高等院校的计算机中心多以一台小型计算机为主机，配以几十台至上百台终端机，以满足大量学生学习、程序设计课程或上机考试的需要。

4. 个人计算机

个人计算机（Personal Computer，PC）也称微型计算机，是一种基于微处理器的为解决个人需求而设计的计算机。它提供多种多样的应用功能，如文字处理、照片编辑、收发电子邮件、上网等。

根据尺寸大小，个人计算机分为桌面计算机和便携式计算机。便携式计算机又分为笔记本电脑、平板电脑等。笔记本电脑又称"膝上电脑"，过去它是移动办公的首选，如今更加轻薄的平板电脑也是一种较好的选择。

个人计算机的特点是轻、小、价廉、易用。在过去 20 多年中，PC 使用的微处理器平均每一年半集成度增加一倍，处理速度提高一倍，价格却下降一半。随着芯片性能的提高，个人计算机与小型计算机的差距在逐渐缩小，并且大有用个人计算机替代小型计算机的发展趋势。

今天，个人计算机的应用已遍及各个领域。从工厂的生产控制到政府的办公自动化，从商店的数据处理到个人的学习娱乐，几乎无处不在、无所不能。目前，个人计算机已占整个计算机市场份额的95%以上。

5. 工作站

工作站（Workstation）是一种速度更高、存储容量更大的个人计算机，即高档PC。它介于小型计算机和普通 PC 之间。工作站通常配有高档的 CPU、高分辨率的大屏显示器、大容量的内存储器和外存储器，具有较强的信息处理能力、高性能的图形图像处理功能及高速网络，特别适合于三维建模、图像处理、动画设计和办公自动化等。

　　值得注意的是，这里所说的工作站和网络系统中的工作站有些区别。网络系统中的工作站是指在网络中扮演客户端的计算机，简称客户端（Client），与之对应的就是服务器（Server）。服务器在计算机网络中为客户端提供各种网络服务。例如，一台网站服务器就能够在网络中为用户提供在线网页浏览服务。因此，服务器不是指一种特定类型的计算机，任何个人计算机、工作站、大型机、中小型机或巨型机都可以配置成一台服务器。

6. 嵌入式计算机

　　嵌入式计算机是一种使用单片机技术或嵌入式芯片技术构建的专用计算机系统，包括 POS 机（电子收款机）、ATM 机（自动柜员机）、工业控制系统、各种自动监控系统等。典型的单片机或嵌入式芯片有 Intel 8051 系列、Z80 系列、ARM 系列、Power PC 系列等。嵌入式技术的应用使各种机电设备具有智能化的特点。例如，在手机中集成嵌入式 ARM 芯片，利用安卓（Android）软件系统，就使得手机具有了移动通信、上网、摄影、播放 MP3、全球定位等各种功能。由于嵌入式芯片性能飞速提升，其应用领域也越来越广泛，如今它集文字处理、电子表格、移动存储、电子邮件、Web 访问、个人理财管理、移动通信、数码相机、数码音乐和视频播放、全球定位系统（Global Positioning System，GPS）、电子地图等功能于一身，因而使得微型计算机与嵌入式计算机（如智能手机）之间的差距越来越小。

1.1.5　计算机的应用

　　计算机最初的应用是科学计算，后来随着计算机技术的发展，计算机的计算能力日益强大，计算范围日益广泛，计算内容日益丰富，计算机的应用领域也日益广泛。归纳起来，计算机的应用主要表现在以下几个方面。

1. 科学计算

　　科学计算也称数值计算，是指利用计算机完成科学研究和工程技术中提出的数学问题的计算。早期的计算机主要应用于科学计算。目前，科学计算仍然是计算机应用的一个重要领域。随着计算机技术的发展，其计算能力越来越强，计算速度越来越快，计算精度也越来越高。利用计算机进行数值计算，可以节省大量的时间、人力和物力，解决人工无法解决的复杂计算问题。

2. 信息管理

　　信息管理也称非数值计算，是指利用计算机对数据进行及时的记录、整理、计算，并将其加工成人们所需要的形式，如企业管理、物资管理、报表统计、信息检索等。信息管理是目前计算机应用最广泛的一个领域，如股票信息的分析与管理，如图 1-9 所示。

图 1-9　股票分析系统

3. 过程控制

过程控制又称实时控制，是指利用计算机及时采集数据，将数据处理后，按最佳值迅速地对控制对象进行控制，使被控对象能够正确地完成物体的生产、制造和运行。现代工业由于生产规模不断扩大，技术、工艺日趋复杂，从而对实现生产过程自动化控制系统的要求也日益增高。利用计算机进行过程控制，不仅可以大大提高自动化控制水平，而且可以提高控制的及时性和准确性，从而改善劳动条件、提高质量、节约能源、降低成本。计算机过程控制在冶金、石油、化工、纺织、机械、航天等领域都得到了广泛的应用。

4. 辅助技术

计算机作为辅助工具，目前已被广泛应用于各行各业，辅助人们进行各个领域的工作，形成了一系列的综合应用，主要包括计算机辅助设计（Computer Aided Design，CAD）、计算机辅助制造（Computer Aided Manufacturing，CAM）、计算机辅助测试（Computer Aided Testing，CAT）、计算机辅助教学（Computer Aided Instruction，CAI）等，如图 1-10 所示。

图 1-10　使用专业 CAD 软件制作的室内装修效果图

5. 人工智能

人工智能（Artifical Intelligence，AI）是指利用计算机模拟人类的某些智能活动和行为的理论、技术和应用。人工智能是计算机应用研究最前沿的学科，这方面的研究和应用正处于发展阶段。智能机器人是计算机人工智能模拟的典型例子，如图 1-11 所示。

图 1-11　智能机器人

6. 多媒体应用

多媒体是计算机和信息界里的一个新的应用领域。通常所说的"多媒体"（Multimedia）是一种以交互方式将文本（Text）、图形（Graphics）、音频（Audio）、视频（Video）、动画（Animation）等多种媒体信息，经过计算机设备的获取、存储、操作、编辑等处理后，以单独或合成的形态表现出来的技术和方法。多媒体技术拓展了计算机应用领域，使计算机渗透并广泛应用于教育、服务、广告、文化、娱乐、家庭、现代商业、通信、艺术等人类生活和工作的各个领域。

多媒体正改变着人类的生活和工作方式，为人类成功塑造了一个绚丽多彩的数字化多媒体世界。如图 1-12 所示为多媒体教学。

图 1-12　多媒体教学

7. 网络通信

计算机技术和数字通信技术发展并相融合产生了计算机网络，它利用通信设备和线路将地理位置不同、功能独立的多台计算机互相连接，得以实现信息交换、资源共享和分布式处理。计算机网络是当前计算机应用的一个重要领域。通过计算机网络把多个独立的计算机系统联系在一起，实现不同地域、不同国家、不同民族、不同行业、不同组织的人们的互联，改变了人们获取信息的方式，并逐步改变着各行各业人们的工作、生活与思维方式。

1.2　计算机中信息的表示与编码

设计计算机的最初目的是进行数值计算，所以计算机中首先存储和表示的数据就是数值信息。但随着计算机应用的发展，现在的计算机数据以不同的形式出现，如数字、文字、声音、图形、视频信息等，如图 1-13 所示。但是，在计算机内部这些数据还是以数字形式存储和处理的。数据输入时要转换成二进制代码，输出时要还原成其原来的形式。因此，掌握信息编码的概念和处理技术是至关重要的。我们将一般形式的数据信息转换成二进制代码形式的过程称为信息的编码；反之，称为解码（也称译码）。不同类型的数据信息的编码方式不同。

图 1-13　信息的分类与表现形式

1.2.1　数制及其转换

1. 数字体系

我们通常使用数码符号（简称数符）来表示数字，如罗马数字、阿拉伯数字，如图 1-14 所示。但在任何语言中的数符数量都是有限的，这就意味着在我们在表示数字的时候，数符需要被重复使用。为了重复使用这些有限的数符，人类在长期的实践中摸索出数字的两类表示体系：位置化数字体系和非位置化数字体系。

图 1-14 采用罗马数字和阿拉伯数字的手表

（1）位置化数字体系。位置化数字体系使用相同的数码符号且数值大小与位置有关（数符依据位置的不同，代表不同的数量）。例如，阿拉伯数字 10 和 1 000 中都含有 1，但二者所表示的数量大小却相差 100 倍。

（2）非位置化数字体系。非位置化数字体系使用相同的数码符号且数值大小与位置无关（每个数符都代表固定的数量，不随其位置的变化而变化）。例如，罗马数字 MC 和 MCⅢ 中都含有 C，但二者所表示的数量大小相同（都等于阿拉伯数字 100）。

由于计算机使用的是位置化数字体系，因此在以后的学习中，我们讨论的都是位置化数字体系。

2. 数制及其属性

（1）数制。数制是一种表示和计算数的方法。日常生活中，我们习惯用十进制记数，有时也采用别的进制记数，例如，计算时间用六十进制、计算星期用七进制、计算月份用十二进制等。在计算机中表示和处理数据常用二进制、八进制和十六进制。

（2）数制的 3 个属性。数制具有以下 3 个属性。

① 基数：指数制中所用到的数码符号的个数。

例如，十进制数用 0、1、2、3、4、5、6、7、8、9 十个不同的数码符号表示，基数为 10；而二进制数用 0、1 两个不同的数码符号表示，基数为 2。

② 计数规则：指数制的进位和借位规则。

例如，十进制数的进位规则是"逢十进一"，借位规则是"借一当十"，如图 1-15 所示。

二进制数的进位规则是"逢二进一"，借位规则是"借一当二"，如图 1-16 所示。

$$
\begin{array}{r} 109 \\ +\ \underline{11} \\ 120 \end{array}
\qquad
\begin{array}{r} 100 \\ -\ \underline{11} \\ 89 \end{array}
\qquad
\begin{array}{r} 101 \\ +\ \underline{001} \\ 110 \end{array}
\qquad
\begin{array}{r} 100 \\ -\ \underline{11} \\ 001 \end{array}
$$

图 1-15 十进制加减法　　　　　　　　　　图 1-16 二进制加减法

③ 位权：不同位置上的 1 所表示的数值大小即为该位的位权。

例如，十进制数 $111.11 = 1 \times 10^2 + 1 \times 10^1 + 1 \times 10^0 + 1 \times 10^{-1} + 1 \times 10^{-2}$，其中，$10^2$（100）、$10^1$（10）、$10^0$（1）、$10^{-1}$（0.1）、$10^{-2}$（0.01）就称为该十进制数各个位置上的位权。

二进制数 $111.11 = 1 \times 2^2 + 1 \times 2^1 + 1 \times 2^0 + 1 \times 2^{-1} + 1 \times 2^{-2}$，其中，$2^2$（4）、$2^1$（2）、$2^0$（1）、$2^{-1}$（0.5）、$2^{-2}$（0.25）就称为该二进制数各个位置上的位权。

任何一种数制的数都可以按位权进行展开，且展开之后的结果为十进制数，我们称这种方法为"位权展开法"，也称"幂级数展开法"。

例如，$(101.01)_B = 1×2^2 + 0×2^1 + 1×2^0 + 0×2^{-1} + 1×2^{-2} = (5.25)_D$，展开结果是十进制数 5.25，其中，$2^2$、$2^1$、$2^0$、$2^{-1}$、$2^{-2}$ 称为该二进制数各个位置上的位权。

$(257.2)_O = 2×8^2 + 5×8^1 + 7×8^0 + 2×8^{-1} = (175.25)_D$，展开结果是十进制数 175.25，其中，$8^2$、$8^1$、$8^0$、$8^{-1}$ 称为该八进制数各个位置上的位权。

$(A4D.4)_H = 10×16^2 + 4×16^1 + 13×16^0 + 4×16^{-1} = (2637.25)_D$，展开结果是十进制数 2637.25，其中，$16^2$、$16^1$、$16^0$、$16^{-1}$ 称为该十六进制数各个位置上的位权。

3. 常用数制介绍

（1）十进制数（Decimal）。具体介绍如下。

基数及数码：基数为 10，由 0、1、2、3、4、5、6、7、8、9 这 10 个不同的基本数码符号构成。

计数规则：逢十进一；借一当十。

位权：整数部分第 i 位的位权为 10^{i-1}；小数部分第 j 位的位权为 10^{-j}。

字母表示：在十进制数的后面用大写字母 D 标示，如 $(120.45)_D$。

现实意义与由来：十进制是人们日常生活中最习惯使用的数制，这可能与古人自然而然地首先使用十个手指计数有关。

（2）二进制数（Binary）。具体介绍如下。

基数及数码：基数为 2，由 0、1 这两个不同的基本数码符号构成。

计数规则：逢二进一；借一当二。

位权：整数部分第 i 位的位权为 2^{i-1}；小数部分第 j 位的位权为 2^{-j}。

字母表示：在二进制数的后面用大写字母 B 标示，如 $(101.11)_B$。

现实意义与由来：二进制是计算机中使用最广泛的数制，这是因为冯·诺依曼型计算机中的数据以半导体元件的物理状态表示，两种稳定状态的元件最容易找到且最稳定，如继电器的接通和断开、晶体管的导通和截止、电脉冲电平的高和低等。而要找到具有 10 种稳定状态的元件来对应十进制的 10 个数码就困难得多。除此之外，二进制还与逻辑量天然吻合（0 和 1 两个数码正好对应逻辑量 False 和 True），可简化逻辑电路。正是因为电子原件的上述特性，二进制在计算机内部使用是再自然不过的事了。

（3）八进制数（Octal）。具体介绍如下。

基数及数码：基数为 8，由 0、1、2、3、4、5、6、7 这 8 个不同的基本数码构成。

计数规则：逢八进一；借一当八。

位权：整数部分第 i 位的位权为 8^{i-1}；小数部分第 j 位的位权为 8^{-j}。

字母表示：在八进制数的后面用大写字母 O（或 Q）标示，如 (174.4)。

（4）十六进制数（Hexadecimal）。具体介绍如下。

基数及数码：基数为 16，由 0、1、2、3、4、5、6、7、8、9、A(10)、B(11)、C(12)、D(13)、E(14)、F(15) 这 16 个不同的基本数码符号构成。

进位规则：逢十六进一；借一当十六。

位权：整数部分第 i 位的位权为 16^{i-1}；小数部分第 j 位的位权为 16^{-j}。

字母表示：在十六进制数的后面用大写字母 H 标示，如（1AF．8）$_H$。

现实意义与由来：八进制数（2^3）、十六进制数（2^4）与二进制数存在联系。8 等于 2 的 3 次方（1 个八进制数可以用 3 个二进制数来表示，其读写效率是二进制的 3 倍）；16 等于 2 的 4 次方（1 个十六进制数可以用 4 个二进制数来表示，其读写效率是二进制的 4 倍），所以计算机中冗长的二进制数据与短小的八进制及十六进制数据之间的换算都十分简便。这样一来，程序员们既避免了二进制数的冗长给读写带来的不便（二进制的弱点），又不影响他们关心二进制数每位情况的心思。因此，八进制、特别是十六进制已成为人机交流中最受欢迎的数制。

4. 常用数制间的转换

微型计算机内部采用二进制数操作，软件编程时通常采用八进制数和十六进制数，而人们日常习惯使用十进制数，因而要求计算机能对不同数制的数进行快速转换。当然，软件编程人员也必须熟悉这些数制间的转换方法。

（1）R 进制转换为十进制。通过"位权展开法"，可以将 R 进制数转换为等值的十进制数。其位权展开过程式如下。

$$(a_n \cdots a_2 a_1 . a_{-1} \cdots a_{-m})_R = a_n \times R^{n-1} + \cdots + a_2 \times R^1 + a_1 \times R^0 + a_{-1} \times R^{-1} + \cdots + a_{-m} \times R^{-m}$$

【例 1-1】 分别把二进制数 101．01、八进制数 257．2 和十六进制数 A5E．2 转换成十进制数。

解：（101．01）$_B$ = $1 \times 2^2 + 0 \times 2^1 + 1 \times 2^0 + 0 \times 2^{-1} + 1 \times 2^{-2}$ = （5．25）$_D$

（257．2）$_O$ = $2 \times 8^2 + 5 \times 8^1 + 7 \times 8^0 + 2 \times 8^{-1}$ = （175．25）$_D$

（A5E．2）$_H$ = $10 \times 16^2 + 5 \times 16^1 + 14 \times 16^0 + 2 \times 16^{-1}$ = （2654．125）$_D$

（2）十进制转换为 R 进制。整数部分和小数部分的转换方法是不同的，下面分别加以介绍。

① 整数部分的转换：采用"除基取余法"，即对十进制整数部分反复除以基数 R，直到商为 0 为止，再把历次相除的余数按逆序（先得到的余数为低位，后得到的余数为高位）进行读取，即为 R 进制整数部分各位的数码。

【例 1-2】 把十进制数 25 转换成二进制数。

解：

2	25	取余：	11001
2	12	1	
2	6	0	
2	3	0	
2	1	1	
	0	1	

所以，（25）$_D$=（11001）$_B$。

注意　　第一位余数是最低位，最后一位余数是最高位。

② 小数部分的转换：采用"乘基取整法"，即对十进制数的小数部分反复乘以基数 R，直到乘积的小数部分为 0（若不为 0，则满足精度要求）为止，再把历次乘积的整数部分按顺序（先得到的整数为高位，后得到的整数为低位）读取，即为 R 进制小数部分各位的数码。

【例 1-3】 把十进制数 0.625 转换成二进制数。

解：

```
        0.625
      ×   2      取整：          101
      ⎡1⎤.250      1
        0.250
      ×   2
      ⎡0⎤.500      0
        0.500
      ×   2
      ⎡1⎤.000      1
        0.000
```

所以，（0.625）$_D$=（0.101）$_B$。

　第一位整数是最高位，最后一位整数是最低位。

③ 对于既有整数又有小数的十进制数，可以先将整数部分和小数部分分别进行转换后，再合并得到所要的结果。

【例 1-4】　把十进制数 29.375 转换成二进制数。

解：

```
2 ⌊ 29       取余：  11101        0.375
2 ⌊ 14        1                 ×   2      取整：     011
2 ⌊  7        0                ⎡0⎤.750      0
2 ⌊  3        1                  0.750
2 ⌊  1        1                ×   2
     0        1                ⎡1⎤.500      1
                                 0.500
                               ×   2
                               ⎡1⎤.000      1
                                 0.000
```

所以，（29.375）$_D$=（11101.011）$_B$。

同理，采用"除 8 取余数，乘 8 取整数"的方法可将十进制数转换为八进制数；采用"除 16 取余数，乘 16 取整数"的方法可将十进制数转换为十六进制数。

（3）二进制数与八进制数、十六进制数的转换。下面对其分别加以介绍。

① 二进制数与八进制数的转换。由于八进制数的基数为 8，二进制数的基数为 2，两者满足 $8=2^3$，故每 1 位八进制数可转换为等值的 3 位二进制数，反之亦然。因此，将八进制数转换为二进制数时，可采用"分组法"，即只需将八进制数的每 1 位直接转换成对应的 3 位二进制数即可。

【例1-5】 把二进制数 10111011.10111 转换成八进制数。

解：　　　　　（ _010_　　_111_　　_011_ . _101_　　_110_ ）B

　　　　　　　　↓　　　　↓　　　　↓　　　 ↓　　　　↓

　　　　　　　（ 2　　　　7　　　　3　 . 5　　　　6 ）O

所以，（ 10111011.10111 ）B＝（ 273.56 ）O。

注意　　　二进制数转换成八进制数进行分组时，以小数点为界，整数部分从右往左 3 位为一组；小数部分从左往右 3 位为一组。若位数不够分组，只需在整数最高位前或小数最低位后添 0 补位。

【例1-6】 把八进制数 273.56 转换成二进制数。

解：　　　　　（ 2　　　 7　　　 3　 . 5　　　 6 ）O

　　　　　　　　↓　　　 ↓　　　 ↓　　　 ↓　　　 ↓

　　　　　　　（ 010　　　111　　　011 . 101　　110 ）B

所以，（ 273.56 ）O＝（ 10111011.10111 ）B。

② 二进制数与十六进制数的转换。同理，由于十六进制数的基数为 16，二进制数的基数为 2，两者满足 $16 = 2^4$，故每 1 位十六进制数可转换为等值的 4 位二进制数，反之亦然。因此，将十六进制数转换为二进制数时，可采用"分组法"，即只需将十六进制数的每 1 位直接转换成对应的 4 位二进制数即可。

【例1-7】 把二进制数 1011001101.10101 转换成十六进制数。

解：　　　　（ _0010_　　_1100_　　_1101_ . _1010_　　_1000_ ）B

　　　　　　　　↓　　　　↓　　　　↓　　　　↓　　　　↓

　　　　　　　（ 2　　　　C　　　　D　 . A　　　　8 ）H

所以，（ 1011001101.10101 ）B＝（ 2CD.A8 ）H。

二进制数转换成十六进制数进行分组时，以小数点为界，整数部分从右往左 4 位为一组；小数部分从左往右 4 位为一组。若位数不够分组，只需在整数最高位前或小数最低位后添 0 补位。

【例1-8】 把十六进制数 A7F.C3 转换成二进制数。

解：　　　　　（ _A_　　 _7_　　 _F_ . _C_　　 _3_ ）H

　　　　　　　　↓　　　 ↓　　　 ↓　　　 ↓　　　 ↓

　　　　　　　（ 1010　　0111　　1111 . 1100　　0011 ）B

所以，（ A7F.C3 ）H＝（ 101001111111.11000011 ）B。

③ 八进制数与十六进制数的转换。八进制数与十六进制数之间的转换，一般以二进制作为桥梁，如图 1-17 所示，即先将八进制数或十六进制数转换为二进制数，再将二进制数转换成十六进制数或八进制数。

【例1-9】 把八进制数 351.27 转换成十六进制数。

解：（ _3_　 _5_　 _1_ . _2_　 _7_ ）O

　　 ↓　 ↓　 ↓　 ↓　 ↓

　（ 011　101　001 . 010　111 ）B

重新分组：

图 1-17 二进制是进制转换的桥梁

$$(\underline{1110} \quad \underline{1001} \quad . \quad \underline{0101} \quad \underline{1100})_B$$
$$\downarrow \qquad \downarrow \qquad \downarrow \qquad \downarrow$$
$$(\quad E \qquad 9 \quad . \quad 5 \qquad C \quad)_H$$

所以，$(351.27)_O = (E9.5C)_H$。

1.2.2　数值信息的表示

数值信息在存储到计算机中之前，被转换成计算机可以识别的二进制形式的数据，但这里还需要解决以下问题。

问题 1．如何表示正负号。

对于正负号问题，计算机可做带符号位处理和不带符号位处理。带符号位处理时，可将正负号进行数字化表示（二进制 0 表示正号；1 表示负号）后再进行存储。不带符号位处理，即不必存储符号位，这就意味着所分配的存储单元都可以用来存储数字，提高了存储效率。本书在接下来的章节中主要讨论带符号位的处理。

问题 2．如何表示小数点。

对于小数点问题，计算机中使用两种不同的表示格式：定点格式和浮点格式。若数的小数点位置固定不变则称为定点数；反之，若小数点的位置不固定则称为浮点数。

1．机器数

在日常生活中，我们用正号（＋）和负号（－）表示符号位；加绝对值表示数值位。我们把这种形式的数称为真值，如 $(+11)_{10}$、$(-11)_{10}$、$(+10110)_2$、$(-10110)_2$。

在计算机中，数的正负符号位也用二进制代码表示。规定最高位为符号位（用 0 表示"＋"号；1 表示"－"号），其余位仍然表示数值位。我们把这种在计算机内使用，连同正负号一起数字化的二进制数称为机器数（或机器码）。如：

$$(+10110)_2 \ = (010110)_2 \qquad\qquad (-10110)_2 \ = (110110)_2$$
$$\downarrow \qquad\qquad \downarrow \qquad\qquad\qquad\qquad \downarrow \qquad\qquad \downarrow$$

真值　　　　机器数　　　　　　真值　　　　机器数

机器数在进行计算时，符号位也一同参与运算。如：

$(+2) ＋ (+3)$	$(+2) ＋ (-3)$
00000010	00000010
＋ 00000011	＋ 10000011
00000101	10000101

结果是（＋5）——结果正确！　　　结果是（－5）——这个结果显然错误！

我们发现，直接使用机器数进行运算时，会遇到减法问题。于是，我们试图采取对机器数编码来解决问题。

2．机器数的 3 种编码方式

仅根据数值位表示方法的不同，机器数有 3 种编码方式，即原码、反码和补码，用以解决计算问题。

（1）原码。符号位用"0"表示正号，用"1"表示负号；数值位与真值保持一致。例如（为把问题简单化，我们假设机器字长为 5 位）：

[＋1101]真值　→　[01101]原码

[－1101]真值　→　[11101]原码

（2）反码。正数的反码与原码保持一致；负数的反码将原码的数值位按位取反（即 "1" 变 "0"；"0" 变 "1"），符号位不变。例如：

$[+1101]_{真值}$ → $[01101]_{原码}$ → $[01101]_{反码}$

$[-1101]_{真值}$ → $[11101]_{原码}$ → $[10010]_{反码}$

（3）补码。正数的补码与原码保持一致；负数的补码将反码最低数值位加 1，符号位不变。例如：

$[+1101]_{真值}$ → $[01101]_{原码}$ → $[01101]_{反码}$ → $[01101]_{补码}$

$[-1101]_{真值}$ → $[11101]_{原码}$ → $[10010]_{反码}$ → $[10011]_{补码}$

用补码进行计算时，可以统一加减法。将机器数表示成补码形式后，可解决困扰机器数多时的减法问题。因此，计算机中运算方法的基本思想是：各种复杂的运算处理最终都可分解为加、减、乘、除的四则运算与基本的逻辑运算，而四则运算的核心是加法运算（CPU 的运算器中只有加法器）。可以通过补码运算化减为加实现减法运算，加减运算配合移位操作可以实现乘除运算。

（4）存储带符号整数。几乎所有的计算机都使用二进制补码来存储带符号整数。因为计算机 CPU 的运算器中只有加法器，而没有减法器，要把减法转化成加法来计算。于是，把机器数按补码形式进行存储，无疑是最好的选择。

【例 1-10】 把十进制数 +5 表示成 8 位二进制补码。

解：$(+5)_D$ → $(+00000101)_{真值}$ → $(00000101)_{原码}$ → $(00000101)_{反码}$ → $(00000101)_{补码}$

【例 1-11】 把十进制数 -5 表示成 8 位二进制补码，如图 1-18 所示。

解：$(-5)_D$ → $(-00000101)_{真值}$ → $(10000101)_{原码}$ → $(11111010)_{反码}$ → $(11111011)_{补码}$

十进制负整数 →(做数制转换)→ 二进制真值 →(求原码)→ 原码 →(求反码)→ 反码 →(求补码)→ 补码
①除基取余 乘基取整　②正负号 数字化　③数值位 按位取反　④数值最低 位加1

图 1-18　十进制负整数与 3 种编码之间的转换

【例 1-12】 把二进制补码 11111011 还原成十进制整数。

解：$(11111011)_{补码}$ → $(11111010)_{反码}$ → $(10000101)_{原码}$ → $(-00000101)_{真值}$ → $(-5)_D$

3. 机器数的两种存储格式

根据小数点位置固定与否，机器数又可以分为定点数和浮点数。

（1）定点数。若数的小数点位置固定不变则称为定点数。定点数又可分为定点小数和定点整数。

① 定点小数：是指小数点的位置固定在符号位与最高数据位之间。按此规则，定点小数的形式为 $X=X_0 . X_1 X_2 \cdots X_n$，其中，$X_0$ 为符号位，$X_1 \sim X_n$ 为数值位（也称尾数），X_1 为数值最高有效位，如图 1-19 所示。对用 $m+1$ 个二进制位表示的定点小数来说，数值表示范围为 $|N| \leqslant 1-2^m$。

② 定点整数：是指小数点的位置固定在最低数据位的右侧。按此规则，定点整数的形式为 $X=X_0 X_1 X_2 \cdots X_n$，其中，X_0 为符号位，$X_1 \sim X_n$ 为数值位，X_n 为数值最低有效位。对用 $n+1$ 个二进制位表示的定点整数来说，此时数值范围为 $0 \leqslant N \leqslant 2^{n+1}-1$。

注意

定点数的小数点实际上只是一种人为规定，在机器中并没有专门的硬件设备来表示。故对于计算机本身而言，处理定点小数和处理定点整数在硬件构造上并无差异。

图 1-19　定点小数和定点整数的存储格式

在计算机中，一般用 8 位、16 位和 32 位等表示定点数（以 16 位最为常见）。在定点数中，无论是定点小数还是定点整数，计算机所处理的数必须在该定点数所能表示的范围之内，否则会发生溢出。溢出又可分为上溢和下溢。当数据大于定点数所能表示的最大值时，计算机将无法显示，称为上溢；当数据小于定点数所能表示的最小值时，计算机将其做 "0" 处理，称为下溢。当有溢出发生时，CPU 中的状态寄存器 PSW 中的溢出标志位将置位，并进行溢出处理。

通常，整数多采用定点数表示。由于定点数的表示较为单一、呆板，数值的表示范围小、精度低且运算时易发生溢出，所以在数值计算时，大多采用浮点数来表示实数（带有整数部分和小数部分的数）。

（2）浮点数。若数的小数点位置不固定，则称之为浮点数。浮点表示法类似于十进制的科学计数法，如二进制数 1110.011 可表示为 M = 1110.011 = 0.1110011 × 2^{+4} = 1110011 × 2^{-3}。这种表示法的好处显而易见，即使写在一张纸上，科学计数法也更短且更省空间。

① 浮点数的一般形式。根据以上形式可写出二进制所表示的浮点数的一般形式为 $M = \pm S \times 2^{\pm P}$，如图 1-20 所示。其中，纯小数 S 为数 M 的尾数，表示数的精度；数符 S_f 为尾数的符号位，表示数的正负；指数 P 为数 M 的阶码（也称指数位），表示小数点浮动的位置（或表示数的范围大小）；阶符 P_f 为阶码 P 的符号位，表示小数点浮动的方向（往左移还是往右移）。

图 1-20　浮点数存储格式

与定点数相比，用浮点数表示的数所表示的范围更大，精度也更高。

② 浮点数的规范化表示。为了浮点数表示的唯一性，并充分利用尾数的二进制位来表示更多的有效数字（提高精度），我们通常采用规格化形式表示浮点数，即将尾数的绝对值限定在以下范围内。

$$\frac{1}{2} \leqslant |S| < 1$$

把不满足这一表示要求的尾数，变成满足这一表示要求的尾数的操作过程，称为浮点数的规格化处理，通过尾数移位和修改阶码来实现。

在规格化数中，若尾数用补码表示，则当 $M \geqslant 0$ 时，尾数格式为 $S = 0.1xx \cdots x$；当 $M < 0$ 时，

尾数格式为 $S = 1.0xx\cdots x$。

因此，补码表示时，若尾数的符号位与数值最高位不一致，即为规格化数。

【例 1-13】 把十进制数 7.5 表示成二进制浮点规格化数。

解：将 7.5 转化为二进制数为 111.1，111.1 的规格化表示为 0.1111×2^3。3 是正数，故阶符为 0，阶码为 3，用二进制 11 表示。7.5 是正数，故数符为 0，尾数为 0.1111，用二进制 1111 表示。拼接后为 0　11　0　1111。

所以，二进制浮点格式化数为 01101111。

小数点和尾数左边的位 0 并没有存储，它们是隐含的。

③ 存储实数与 IEEE 标准。

电气和电子工程师学会（Institute of Electrical and Electronics Engineers，IEEE）已定义了几种存储浮点数的标准。这里我们讨论其中两种最常见的——单精度和双进度。

单精度数格式，如图 1-21 所示，采用总共 32 位来存储一个浮点表示法的实数，其中，符号位占用 1 位（0 为正；1 为负）；指数位占用 8 位（采用移码表示，偏移量为 $2^7-1 = 127$）；尾数位占用 23 位（无符号数）。因偏移量为 127，所以该标准有时也称为"余 127 码"（Excess_127）。

双精度数格式，如图 1-22 所示，采用总共 64 位来存储一个浮点表示法的实数，其中，符号位占用 1 位（0 为正；1 为负）；指数位占用 11 位（采用移码表示，偏移量位为 $2^{10}-1 = 1023$）；尾数位占用 52 位（无符号数）。因偏移量为 1023，所以该标准有时也称为"余 1023 码"（Excess_1023）。

图 1-21　单精度存储格式　　　　图 1-22　双精度存储格式

（3）定点数与浮点数的比较。具体比较如下。

表示范围：浮点表示法所能表示的数值范围远远大于定点表示法。

表示精度：对于字长相同的定点数与浮点数来说，浮点数虽然扩大了数的表示范围，但这是以降低精度为代价的，也就是说数轴上各点的排列更稀疏了。

运算复杂度：浮点运算要比定点运算复杂。

溢出难易度：定点运算时，当运算结果超出数的表示范围时，就发生溢出。浮点运算时，当运算结果超出尾数 S 的表示范围时，不一定溢出。只有当阶码 P 也超出所能表示的范围时，才一定发生溢出。因此，浮点数的健壮性较定点数更好。

1.2.3　信息单位

1948 年，香农发表论文《通信的数学理论》，提出"信息熵"的概念，才解决了对信息的量化度量问题。文中香农首次用数学语言阐明了概率与信息冗余度之间的关系——任何信息都存在冗余。他借鉴热力学熵的概念，把信息中排除冗余后的平均信息量称为信息熵，并给出了计算信息熵的数学表达式，即著名的信息熵计算公式：

$$H(x) = -\sum p(x_i) \log(2, p(x_i)) \qquad (i = 1, 2, \cdots, n)$$

香农把信息熵定义为离散随机事件的出现概率。这表明了他对信息的理解，即信息是用来减少随机不定性的东西。

如果上式中的对数 log 是以 2 为底，那么计算出的信息熵就以比特（bit）为单位。今天在计算机和通信中广泛使用的字节（Byte）、千字节（KB）、兆字节（MB）、吉字节（GB）等单位都是从比特（bit）演化而来的。比特的出现标志着人类知道了如何计量信息量。

正是由于香农的信息论为明确什么是信息量做出了决定性的贡献，因此他被誉为"信息论之父"，如图 1-23 所示。

1. 计算机中最小的信息量单位——bit

单位由来：信息熵公式中对数 log 若以 2 为底，则计算出来的信息熵就以 bit 为单位。bit 来自英文 binary digit，直译为二进制位，音译为比特位，简称位。

单位规定：由信息熵公式可知，如果一个事件发生的概率是 50%，那么它恰好包含了 1 比特的信息。在计算机科学中，我们把 1 位二进制数码所能表示的信息量称为 1 bit（1 比特）。

图 1-23　香农（1916～2001 年）

它是构成信息的最小信息量单位。因此，愈多的比特位组合在一起，就可以表现愈复杂的信息。

位与信息量间的增长关系：一个二进制位只能表示 0 或 1 两种状态，要表示更多信息，就得把多个位组合成一个整体。例如：

1 bit 所表示的信息量为 2^1，取值为 0，1。

2 bit 所表示的信息量为 2^2，取值为 00，01，10，11。

3 bit 所表示的信息量为 2^3，取值为 000，001，010，100，011，101，110，111。

由此看来，信息用二进制表示时，寄存器每增加 1 位，信息量就增长 1 倍。

2. 计算机中最基本的信息量单位——Byte

单位由来，从比特（bit）演化而来，是计算机中最基本的信息量单位。

字节多用于计算存储容量和传输容量。很多有关信息识别、存储和处理的单位都是在字节基础上制定的，因此字节也被认为是计算机中最基本的信息识别、存储和处理单位。

例如，内存按字节划分存储单元（微机内存中的 1 个小格就只能存放一位数据，8 个连续的小格子合在一起就组成一个字节），并按字节进行编址，即为内存地址。虽然计算机中信息存储的最小单位是位，但硬件（如 CPU）通过地址总线所能访问或控制的最小存储单元是字节。

单位规定：我们把 8 个连续的二进制位称为 1 个字节，即 8 bit = 1 Byte（简写为 B）。如果要控制某 1 位，我们是通过位运算符和软件来实现的。

衍生单位：由于字节仍是一个很小的容量单位，为了方便标识和计算，KB、MB、GB、TB、PB 等大容量单位被广泛使用。它们之间的数量转换关系如下。

千字节 KB：1 KB = 2^{10} B　　　（1 024 B）。

兆字节 MB：1 MB = 2^{10} KB　　（1 024 KB）。

吉字节 GB：1 GB = 2^{10} MB　　（1 024 MB）。

太字节 TB：1 TB = 2^{10} GB　　（1 024 GB）。

皮字节 PB：1 PB = 2^{10} TB　　（1 024 TB）。

3. 计算机中最常用的信息量处理单位——word

单位由来：从字节（Byte）演化而来。计算机进行数据处理时，一次存取、加工和传送的二进制位组，称为一个字。通常一个字是由一个或多个字节所组成的二进制位组。

单位规定：CPU 在单位时间内一次所能处理的二进制位组称为字。我们把一个字的长度（即二进制位组的位数）称为字长，单位为 bit。字长是计算机系统结构中的一个重要的性能指标，如 32 bit 处理器、64 bit 处理器。

1.2.4　非数值信息的表示

编码（或代码）通常指一种在人和机器之间进行信息转换的系统体系。编码是人们在实践中逐步创造的一种用较少的符号来表达较复杂信息的表示方法。如我们前面谈到的数字，实际上就是一种编码，用一串数符代表规模更大的数。人们用 0～9 这 10 个数字的组合，表达的概念远不止 10 个数。编码的基本目的是为了信息交流。人们研究编码，就是为了以更简便的形式表达更丰富的信息。

随着现代计算机运用的深入，计算机不仅仅用来进行科学计算，实际上更多地是用于处理人们日常工作和生活中最常使用的信息，也就是所谓的非数值型数据，包括语言文字、逻辑语言等非数值信息。计算机中使用了不同的编码来表示和存储数字、文字符号、声音、图片和图像（视频）信息。计算机科学中，研究编码的目的是为了方便计算机表示、处理和存储各种类型的信息。但由于计算机硬件能够直接识别和处理的只是 0、1 这样的二进制信息，因此必须研究在计算机中如何用二进制代码来表示和处理这些非数值型数据。

1. 字符的编码

字符是非数值型数据的基础，字符与字符串数据是计算机中用得最多的非数值型数据。在使用计算机的过程中，人们需要利用字符与字符串编写程序，表示文字及各类信息，以便与计算机进行交流。为了使计算机硬件能够识别和处理字符，必须对字符按一定规则用二进制进行编码，使得系统里的每一个字母有唯一的编码。文本中还存在数字和标点符号，所以也必须有它们的编码。简单地说，所有的字母、数字和符号都要编码，这样的系统称为字符编码集。

计算机是美国人首先发明的，他们最先制定了符合他们使用需要的美国信息交换标准码（American Standard Code for Information Interchange，ASCII）。

ASCII 是由美国国家标准学会（American National Standard Institute，ANSI）制定的标准单字节字符编码方案，用于基于文本的数据。它最初是 ANSI 供不同计算机在相互通信时用来作为共同遵守的西文字符编码标准，后被国际标准化组织（International Organization for Standardization，ISO）定为国际标准，称为 ISO 646 标准，适用于所有拉丁文字母。

ASCII 使用指定的 7 位或 8 位二进制数组合来表示 128 或 256 种可能的字符。

（1）标准 ASCII。标准 ASCII 表如图 1-24 所示，使用 7 位二进制数来表示所有的大写和小写字母、数字 0～9、标点符号以及在美式英语中使用的特殊控制字符。其中，0～32 及 127（共 34 个）为控制字符或通信专用字符（其余为可显示字符）。控制符有 LF（换行）、CR（回车）、FF（换页）、DEL（删除）、BS（退格）、BEL（振铃）等；通信专用字符有 SOH（文头）、EOT（文尾）、ACK（确认）等。

33～126（共 94 个）是字符。其中，48～58 为 0～9 的阿拉伯数字；65～90 为 26 个大写英文字母，97～122 为 26 个小写英文字母，其余为一些标点符号、运算符号等。

值得注意的是，虽然标准 ASCII 码是 7 位编码，但由于计算机的基本处理单位为字节，因此以一个字节来存放一个标准 ASCII 码。其中，每个字节中的最高位在数据传输时用来作为奇偶校验位。所谓奇偶校验，是指在代码传送过程中用来检验是否出现错误的一种方法，一般分奇校验和偶校验两种。奇校验规定，正确的代码一个字节中 1 的个数必须是奇数，若非奇数，则在最高位添 1；偶校验规定，正确的代码一个字节中 1 的个数必须是偶数，若非偶数，则在最高位添 1。

ASC Ⅱ码		字符	ASC Ⅱ码		字符	ASC Ⅱ码		字符	ASC Ⅱ码		字符
十进制	十六进制		十进制	十六进制		十进制	十六进制		十进制	十六进制	
032	20		056	30	8	080	50	P	104	68	h
033	21	!	057	39	9	081	51	Q	105	69	i
034	22	"	058	3A	:	082	52	R	106	6A	j
035	23	#	059	3B	;	083	53	S	107	6B	k
036	24	$	060	3C	<	084	54	T	108	6C	l
037	25	%	061	3D	=	085	55	U	109	6D	m
038	26	&	062	3E	>	086	56	V	110	6E	n
039	27	'	063	3F	?	087	57	W	111	6F	o
040	28	(	064	40	@	088	58	X	112	70	p
041	29	)	065	41	A	089	59	Y	113	71	q
042	2A	*	066	42	B	090	5A	Z	114	72	r
043	2B	+	067	43	C	091	5B	[	115	73	s
044	2C	,	068	44	D	092	5C	\	116	74	t
045	2D	-	069	45	E	093	5D	]	117	75	u
046	2E	.	070	46	F	094	5E	^	118	76	v
047	2F	/	071	47	G	095	5F	_	119	77	w
048	30	0	072	48	H	096	60	`	120	78	x
049	31	1	073	49	I	097	61	a	121	79	y
050	32	2	074	4A	J	098	62	b	122	7A	z
051	33	3	075	4B	K	099	63	c	123	7B	{
052	34	4	076	4C	L	100	64	d	124	7C		
053	35	5	077	4D	M	101	65	e	125	7D	}
054	36	6	078	4E	N	102	66	f	126	7E	~
055	37	7	079	4F	O	103	67	g	127	7F	DEL

图 1-24　标准 ASCII 表

（2）扩展 ASCII。扩展 ASCII 采用 8 位二进制数进行编码，共 256 个字符。前 128 个编码为标准 ASCII 码，后 128 个称为扩展 ASCII，许多系统都支持使用扩展 ASCII。扩展 ASCII 允许将每个字符的第 8 位用于确定附加的 128 个特殊符号字符、外来语字母和图形符号。

ASCII 是计算机世界里最重要的标准，但它存在严重的国际化问题。ASCII 只适用于美国，它并不完全适用于其他以英语为主要语言的国家，更不用说在欧洲一些国家使用的非拉丁字母，包括希腊文、阿拉伯文、希伯来文和西里尔文等。对于东方以汉字为代表的象形文字巨大的集合更是无能为力。

2. 中文汉字的编码

汉字也是字符。与西文字符相比，汉字数量大、字形复杂、同音字多，这就给汉字在计算机内部的存储、传输、交换、输入、输出等带来了一系列的问题。为了能直接使用西文标准键盘输入汉字，还必须为汉字设计相应的输入编码，以适应计算机处理汉字的需要。

（1）国标码。1980 年，我国颁布《信息交换用汉字编码字符集基本集》，代号为 GB 2312—1980，是国家规定的用于汉字信息处理使用的代码依据，这种编码称为国标码。

在国标码的字符集中共收录了 6 763 个常用汉字和 682 个非汉字字符（图形、符号）。汉字被分为两级，其中，一级汉字 3 755 个，以汉语拼音为序排列；二级汉字 3 008 个，以偏旁部首进行排列。

国际码采用 16 位的二进制数进行编码，即双字节字符集（double-byte character set，DBCS）。理论上最多可以表示 256 × 256 = 65 536 个汉字。

（2）机内码。由于在计算机内部是以字节（8 位）为单位对信息进行识别、存储和处理的，所以如果在机器内部直接使用代表汉字编码的国际码来存储汉字，必然引起汉字字符和英文字符在信息识别和处理时的相互冲突。例如，汉字字符"菠"的国际码为（00100100 00110010）$_B$，计算机无从识别这是一个国际码还是两个 ASCII 码。

为了使计算机有效地区分英文字符和中文字符，约定将国际码中每个字节的最高位设置为 1；ASCII 码的最高位设置为 0。我们把这种经过约定后的国际码称为机内码。例如，汉字字符"菠"的机内码为（10100100 10110010）$_B$。

（3）汉字输入码。实现汉字输入时，系统所使用的字母或数字的组合称为汉字的输入码，也称汉字外码。如五笔输入法、搜狗智能输入法等。

汉字输入通常有键盘输入、语音输入、手写输入等方法，都有各自的优、缺点。常用的键盘输入方式将每个汉字用一个或几个英文键表示，这种表示方法称为汉字的输入码。输入码与机内码不同，它是专为解决汉字输入设计的，汉字输入后仍是以机内码存储在计算机中的，这种转换由系统中特殊的部分自动进行。输入码的基本元素是标准键盘上可见的字母符号。汉字输入码的种类有很多，根据输入码的方式大体可分为以下 4 类。

数字编码：如电报码、区位码等，特点是难于记忆、不易推广。

字音编码：如拼音码等，特点是简单易学，但重码多。

字形编码：如五笔字型、表形码等，特点是重码少、输入快，但不易掌握。

音形编码：如自然码、快速码等，特点是规则简单、重码少，但不易掌握。

（4）汉字输出码。实现汉字输出（如显示或打印）时，系统自动将代表汉字序列的国际码转换成代表汉字形状的字型码。目前主流的汉字字型码有点阵字型码和矢量字型码。

① 点阵字型码。目前普遍使用点阵方式表示汉字字形，我们称为点阵字型码。用点阵方式存储汉字字型信息的集合，称为汉字字模库，简称汉字字库。

当点阵为 16×16 位时，点阵字型码采用 32 个字节进行编码，即一个汉字的字型码为 32 个字节，如图 1-25 所示。

	一个字节								一个字节							
	7	6	5	4	3	2	1	0	7	6	5	4	3	2	1	0
第1行	0	0	0	0	0	0	1	1	0	0	0	0	0	0	0	0
第2行	0	0	0	0	0	0	1	1	0	0	0	0	0	0	0	0
第3行	0	0	0	0	0	0	1	1	0	0	0	0	0	0	0	0
第4行	1	0	0	0	0	0	1	1	0	0	0	0	1	0	0	0
第5行	1	1	1	1	1	1	1	1	1	1	1	1	1	1	1	0
第6行	1	1	0	0	0	0	1	1	0	0	0	0	0	1	1	0
第7行	1	1	0	0	0	0	1	1	0	0	0	0	0	1	1	0
第8行	1	1	0	0	0	0	1	1	0	0	0	0	0	1	1	0
第9行	1	1	0	0	0	0	1	1	0	0	0	0	0	1	1	0
第10行	1	1	0	0	0	0	1	1	0	0	0	0	0	1	1	0
第11行	1	1	1	1	1	1	1	1	1	1	1	1	1	1	1	0
第12行	1	1	0	0	0	0	1	1	0	0	0	0	0	1	1	0
第13行	0	0	0	0	0	0	1	1	0	0	0	0	0	0	0	0
第14行	0	0	0	0	0	0	1	1	0	0	0	0	0	0	0	0
第15行	0	0	0	0	0	0	1	1	0	0	0	0	0	0	0	0
第16行	0	0	0	0	0	0	1	1	0	0	0	0	0	0	0	0

图 1-25　汉字"中"16×16 位点阵字模示例

② 区位码。国标 GB 2312-80 规定，所有的国标汉字与符号组成一个 94×94 位的方阵，在此方阵中，每一行称为一个"区"（区号为 01～94），每一列称为一个"位"（位号为 01～94），该方阵实际上组成了一共 94 个区，每个区内有 94 个位的汉字字符集，每一个汉字或符号在码表中都

有一个唯一的位置编码，称为该字符的区位码。

使用区位码方法输入汉字时，必须先在表中查找汉字并找出对应的代码才能输入。区位码输入汉字的优点是无重码，而且输入码与内部编码的转换比较方便。

3. Unicode 码

世界上存在着多种编码方式，同一个二进制数字可以被解释成不同的符号。因此，要想正确打开一个文本文件，就必须知道它正确的编码方式，否则用错误的编码方式解读就会出现乱码。可以想象，如果有一种编码，将世界上所有的符号都纳入其中，每一个符号都给予一个独一无二的编码，那么乱码问题就可以避免。

20 世纪 90 年代，硬件及软件在内的多家主导厂商共同研制开发了 Unicode 编码。这种代码采用唯一 16 位来表示每一个符号。因此，Unicode 由 65 536 个不同的位模式组成，这足以表示用中文、日文和希伯来文等语言书写的文档资料。

Unicode 即统一码，又称万国码，是一种以满足跨语言、跨平台进行文本转换、处理的要求为目的设计的计算机字符编码。它为每种语言中的每个字符设定了统一并且唯一的二进制编码。

Unicode 的编码方式与 ISP 10646 的通用字元集（也称通用字符集）概念相对应，使用 16 位的编码空间，也就是每个字符占用 2 个字节。实际上，目前版本的 Unicode 尚未填充满这 16 位编码，保留了大量空间作为特殊使用或将来扩展。

在 Unicode 中收录汉字个数达 27 484 个，包括简、繁体中文，以及日、韩文中使用到的几乎所有的汉字字符。Unicode 的汉字编码在 Windows 系统中又称为 CJK 编码（中、日、韩统一编码）。

小　　结

世界上第一台电子计算机 ENIAC 的诞生，标志着电子计算机时代的到来。在短短的几十年内，电子计算机经历了电子管、晶体管、集成电路和超大规模集成电路 4 个阶段的发展，使计算机的体积越来越小、功能越来越强、价格越来越低、应用越来越广泛，目前正朝着智能化计算机和神经网络计算机方向发展。

电子计算机具有自动连续运算、运算速度快、运算精度高、具有记忆能力和逻辑判断能力、通用性强的特点，被广泛应用于工业、农业、国防、科研、文教、交通运输、商业、通信以及日常生活等各个领域。

在计算机内部，一律采用二进制形式表示信息，除了二进制外，人们在编程中还经常使用十进制、八进制和十六进制。带符号数可以用原码、反码和补码等不同方法表示。

计算机中，除了数值信息外，还有非数值信息，如图形、图像、符号、字母、汉字等，这些信息需要通过编码，用若干位按一定规则组合而成的二进制码来表示。计算机中常用的编码有字符编码及汉字编码等。

习　题　1

一、单项选择题

1. 1946 年第一台电子数字计算机由（　　　）研发。

A. 哈佛大学   B. 剑桥大学

C. 牛津大学   D. 宾夕法尼亚大学

2. 半导体存储器是从第（　　）代计算机开始出现的。

    A. 一   B. 二   C. 三   D. 四

3. 电子计算机问世至今，不管机器如何推陈出新，依然采用程序存储的重要思想，最早提出这种思想的是（　　）。

    A. 摩尔   B. 冯·诺依曼   C. 图灵   D. 香农

4. 用计算机分析卫星云图，进行实时天气预报属于计算机应用中的（　　）。

    A. 科学计算   B. 数据处理   C. 实时控制   D. 人工智能

5. 使用计算机进行财务管理，属于计算机的（　　）应用领域

    A. 数值计算   B. 人工智能   C. 过程控制   D. 信息处理

6. 将十进制数 75 转换成二进制数是（　　）。

    A. 1101001   B. 1011001   C. 1100101   D. 1001011

7. 二进制数 110011001 对应的十六进制数是（　　）。

    A. 199   B. 19C   C. CC1   D. 331

8. 计算机内的数有浮点和定点两种表示方法。一个浮点法表示的数由两部分组成，即（　　）。

    A. 指数和基数   B. 尾数和小数   C. 尾数和阶码   D. 整数和小数

9. 对补码的叙述，（　　）不正确。

    A. 负数的补码是该数的反码最右加 1   B. 负数的补码是该数的原码最右加 1

    C. 正数的补码就是该数的原码   D. 正数的补码就是该数的反码

10. "A" 的 ASCII 码值（十进制）为 65，则 "D" 的 ASCII 码值（十进制）为（　　）。

    A. 70   B. 68   C. 62   D. 69

11. 在计算机中表示信息的最小单位是（　　）。

    A. 字   B. 字节   C. 位   D. 双字节

12. 存储器的 1 KB 存储容量表示（　　）。

    A. 1 024 个二进制位   B. 1 024 个字节   C. 1 024 个字   D. 1 000 个字节

13. 汉字信息在输出时，使用（　　）。

    A. 机内码   B. 输入码   C. 字形码   D. 国标码

14. 使用 16×16 点阵表示汉字字形时，存储 100 个汉字需要（　　）字节的存储容量。

    A. 28 800   B. 12 800   C. 3 200   D. 7 200

15. 下列 4 种不同进制的数值中，最大的数是（　　）。

    A. $(7D)_{16}$ B. $(174)_8$ C. $(123)_{10}$ D. $(1111000)_2$

二、填空题

1. 人们依据采用的物理器件把计算机的发展分为 4 个阶段，分别是_____、_____、_____和_____。

2. 1946 年第一台电子数字计算机 ENIAC，即_____。

3. 以微处理器为核心的微型计算机属于第_____代计算机。

4. CAD 的中文含义是_____，CAI 的中文含义是_____。

5. 在二进制中，每一个数上可使用的码元个数为_____。

6. 二进制数 1011+101 等于_____。

7. 八进制数 61.43 转换成二进制数是_____，−19 的补码表示为_____。

8. 八进制与十六进制之间的转换，一般以_____作为桥梁。

9. 仅根据数值位表示方法的不同，机器数有 3 种编码形式：_____、_____和_____，而采用_____进行计算时，可以统一加减法。

10. 7 位二进制编码的 ASCII 码可表示的字符个数为_____。

三、简答题

1. 简述计算机的发展历史。

2. 计算机的应用领域有哪些？

3. 冯·诺依曼对计算机结构提出的重大改进理论是什么？

4. 什么是机器数？对有符号数的表示方式有哪些？

5. 以 R 进制为例，说明进位计数制的特点。

6. 汉字编码有几种？各具有什么特点？

四、计算题

1. 将十进制数 256 转换为二进制数、八进制数及十六进制数。

2. 将十六进制数 A16.4D 转换为二进制数及八进制数。

3. 分别用二进制反码和补码运算求−52−20。

4. 求下列真值的原码、反码和补码。

$$+1010 \quad -1010 \quad +1111 \quad -1111 \quad -0000 \quad -1000 \quad +1011 \quad -1011$$

5. 试将下列十进制数转换为二进制数（小数点后保留 3 位）、八进制数及十六进制数。
（1）$(28)_D$　（2）$(34.75)_D$　（3）$(8.256)_D$　（4）$(75.6)_D$

6. 若 $X_1 = +1101$，$X_2 = -0011$，用补码运算求 $X_1 + X_2$ 和 $X_1 - X_2$。

第2章
计算机硬件系统

计算机系统包括硬件系统和软件系统两大部分。计算机依靠硬件和软件的协同工作来完成指定的任务。硬件是指组成计算机的所有实体部分，如 CPU、硬盘、鼠标、键盘、显示器等。软件是指建立在硬件基础上的所有程序和文档的集合。硬件系统是计算机工作的物质基础，任何软件都是建立在硬件基础上的，离开了硬件，软件将一事无成。如果把硬件系统比作计算机的躯体，那么软件系统就是计算机的头脑和灵魂，两者相互依存、密不可分。

本章学习目标

- 理解冯·诺依曼结构和哈佛结构的基本组成以及各自的特点。
- 理解和掌握计算机硬件系统的组成。
- 理解主板的功能和结构。
- 掌握 CPU 的组成结构、工作原理以及主要性能指标，了解常用 CPU 的技术特点。
- 掌握存储器的基本类型及各类存储器的结构特点、工作原理和主要性能指标。
- 理解总线和接口的基本功能，了解计算机常用总线和接口的技术特点。
- 理解和掌握各类 I/O 设备的功能、原理和特点。

2.1 计算机的基本结构

结构是指各部分之间的关系。计算机体系结构在整个计算机系统中占据核心地位，是设计和理解计算机的基础。通过分析计算机的基本组成和结构，可以更好地指导我们理解计算机的基本工作原理。根据计算机的核心部件中央处理器（Central Processing Unit，CPU）的体系架构的不同，计算机体系结构可以分为冯·诺依曼结构和哈佛结构。

2.1.1 冯·诺依曼体系结构

1946 年 6 月，冯·诺依曼在"EDVAC 方案"中正式提出了以二进制、程序存储和程序控制为核心的思想，对 ENIAC 的缺陷进行了有效的改进，从而奠定了冯·诺依曼计算机的结构基础。

冯·诺依曼体系结构也称普林斯顿结构或冯氏结构，如图 2-1 所示，是一种将程序指令存储器和数据存储器合并在一起的存储器结构，取指令和取操作数都经由同一个总线进行串行传输（一次只能传输一条数据或指令）。由于指令存储地址和数据存储地址指向同一个存储器的不同物理位置，因此程序指令和数据二者宽度（即位宽）相同，如 Intel 公司的 8086 处理器的程序指令和数据都是 16 位的宽度。

图 2-1　冯·诺依曼体系结构

冯·诺依曼体系结构一般具有以下几个特点。

① 必须有一个存储器，用于存储数据和指令。

② 必须有一个控制器，用于控制程序的运行。

③ 必须有一个运算器，用于完成算术运算和逻辑运算。

④ 必须有输入和输出设备，用于进行人机相互。

在该体系结构下，计算机由五大基本部件组成：运算器、控制器、存储器、输入设备和输出设备。下面我们来具体介绍一下这五大部件的功能、相互关系及工作过程。

1. 五大部件的功能

（1）运算器。运算器是用二进制进行算术和逻辑运算的部件。它由算术逻辑单元（Arithmetic Logic Unit，ALU）和若干通用寄存器组成。

ALU 由组合逻辑电路组成，其功能是实现算术和逻辑等运算，是计算机的运算中心。算术运算是指加、减、乘、除和求补码等运算，而逻辑运算是指与、或、非、异或、移位等操作。它以加法运算为核心，减法通过补码变减为加，乘法通过一系列的加法和移位操作来完成。总之，在控制器的控制下，ALU 对来自存储器的数据进行算术和逻辑运算。通用寄存器用来存放参加运算的原始数据、过程数据及结果数据。当然，运算器除了完成运算以外，还可以传送数据到内存中。

（2）控制器。控制器一般由指令寄存器、指令译码器、时序电路和控制电路组成。控制器实现计算机对整个运算过程有规律的控制，是计算机的指挥中心。它的基本功能是控制从内存中取出指令、分析指令、发出由该指令规定的一系列操作命令并完成指令。

计算机执行程序时，控制器首先按程序计数器给出的指令地址从内存中取出一条指令，并对指令进行分析，然后根据指令的功能向有关部件发出控制命令，控制它们执行这条指令所规定的功能。这样逐一执行一系列指令，计算机就能够按照程序的要求自动完成各项任务。

由于超大规模集成电路的发展，现在基本上是把控制器和运算器集成在一块芯片上，该芯片被称为中央处理器（CPU）。它是计算机的核心，其功能直接关系到计算机的性能，是计算机最复杂、最关键的部件。

（3）存储器。存储器用来存放计算机运行中要执行的指令和参与运算的各种数据。存储器分为内存储器和外存储器（这里我们主要讲内存储器，即内存），外存储器也可以作为输入输出设备。

（4）输入设备。输入设备用来将用户输入的原始数据（包括数字、声音、图形、图像）和程序指令转换为计算机能识别的形式（即二进制代码）存放在内存中。常用的输入设备有键盘、鼠标、扫描仪等。

（5）输出设备。输出设备用于将存储在内存中由计算机处理的结果（即二进制数码）转换为人们所能识别的形式。常用的输出设备有显示器、打印机、绘图仪等。

输入输出设备是人机交互的设备，统称为外围设备，简称外设。

2．五大部件的相互关系及工作过程

（1）相互关系。计算机的五大组成部分相互配合，协同工作，形成了高效的计算机硬件系统。

（2）工作过程。计算机工作时严格遵循"程序存储及程序控制"原理，具体过程如下。

① 首先由输入设备输入原始数据和程序指令（每一条指令都明确规定计算机从哪个地址取数、进行什么操作、结果数据送到什么地方去等步骤），由控制器控制，将这些数据和指令送入存储器（存储程序和数据）。

② 在控制器的控制下，存储器中的程序指令（按事先编排的顺序）被逐条送入控制器中，经译码分析后将程序指令转换为相应的控制命令（控制运算器及存储器进行各种存数、取数和运算）。

③ 在控制器的控制下，运算器完成规定操作，并将结果送回存储器。

④ 最后在控制器的控制下，将结果由存储器送入输出设备进行输出。

2.1.2　哈佛结构

哈佛结构（Harvard architecture，HARC）于 20 世纪 70 年代由哈佛大学的学者提出，是一种将程序指令存储器和数据存储器分开的存储器结构，取指令和取操作数都经由不同总线进行并行传输，因此哈佛结构属于一种并行体系结构，如图 2-2 所示。由于指令存储地址和数据存储地址指向不同的存储器，因此程序指令和数据的宽度也不同。例如，Microchip 公司的 PIC 芯片的程序指令是 14 位宽度，而数据是 8 位宽度。

与冯·诺依曼结构处理器比较，哈佛结构处理器有两个明显的特点：一是使用两个独立的存储器模块，分别存储指令和数据，每个存储器模块都不允许指令和数据并存；二是使用两条独立的总线，分别作为 CPU 与每个存储器之间的专用通信路径，而这两对总线之间毫无关联。

图 2-2　哈佛结构

哈佛结构采用程序和数据空间独立的体系结构，目的是为了减轻程序运行时的瓶颈。例如，在一条取操作数的运算中，同时还有一个取指令操作，如果采用冯氏结构，程序和数据通过一条总线访问，取数据和取指令必然会产生冲突。而哈佛结构这种分开存储、分开传输的方式则能从根本上解决同一时间内取数据与取指令相冲突的问题。

由于可以同时读取指令和数据，大大提高了数据吞吐率，因此哈佛结构的微处理器通常具有更高的执行效率。但缺点是结构复杂，对外围设备的连接与处理要求高，十分不适合外围存储器的扩展。可以假设：如果是哈佛结构的计算机系统，就得在电脑上安装两块硬盘（一块装程序，另一块装数据）和两根内存（一根存储指令，另一根存储数据）。

总的来说，冯·诺依曼结构简单、易实现、成本低，但效率偏低；哈佛结构效率高但复杂。因而，目前绝大部分计算机仍采用冯·诺依曼结构。

2.2　计算机硬件的组成

计算机硬件（Hardware）是指组成计算机的各种物理设备，是看得见、摸得着的，可分为运算器、控制器、存储器、输入设备和输出设备五大组成部分。下面以微型计算机（简称微机）为例，对计算机的硬件组成进行详细介绍。

微机通常由主机和外设两部分组成，如图 2-3 所示。主机是微机的核心部件，是指计算机除去输入输出设备以外的主要机体部分，主要包括主板、CPU、内存条、I/O 扩展槽、总线和各种接口等。外设（外部设备的简称），是指连在计算机主机以外的硬件设备（对数据和信息起着传输、转送和存储的作用），是微机的重要组成部件，主要包括输入设备（如键盘、鼠标）、输出设备（如显示器、打印机）、网络设备（如路由器、交换机）等。

图 2-3　微型计算机

2.2.1　主板

主板（Mainboard），又称母板（Motherboard），是位于主机箱内的一块大型多层印刷电路板，是微机最基本、最重要的部件之一。如果把 CPU 比作微机的心脏，那么主板就是躯干（内含血管、神经等循环系统），CPU、内存条、显卡、网卡等均是需要安装在主板上的硬件，其他的硬盘与电源等均必须用数据线或电源线与主板相连。

主板一般是一块矩形电路板，如图 2-4 所示。虽然目前的主板品牌、型号五花八门，但外形和基本构成都基本类似，上面安装了组成计算机的主要电路系统，一般有中央处理器（CPU）、随机存储器、只读存储器、显卡、声卡、网卡、I/O 控制芯片、键盘和面板控制开关接口、指示灯插接件、扩展插槽、主板及插卡的直流电源供电接插件等元件。其实，主板就是载体或平台，在

图 2-4　计算机主板

上面搭载或连接 CPU、硬盘、内存、显卡等设备，和机箱、电源、显示器、键盘、鼠标等构成一个完整的 PC 系统。因此，主板在整个微机系统中扮演着举足轻重的角色。可以说，电脑的整体运行速度和稳定性在很大程度上都取决于主板的性能。

主板上一般有 6～8 个扩展槽，供微机外围设备的控制卡（适配器）插接，如显示卡、声卡等，这样可以对微机的子系统进行局部升级，使用户在硬件配置方面具有更大的灵活性。

2.2.2　中央处理器

在主板上，有个重要的半导体芯片，称为中央处理器（CPU），又称为微处理器，如图 2-5 所示。CPU 采用超大规模集成电路工艺，其功能是执行算术和逻辑运算，并控制整个计算机自动、协调地完成各种操作。因此，虽然 CPU 只是一块小小的芯片，但它却是整个微机系统的灵魂与核心。

图 2-5　微处理器

CPU 通常由运算器、控制器和寄存器等部件组成。其中，运算器又称为算术逻辑单元（Arithmetic and Logic Unit，ALU），负责完成数据的算术运算和逻辑运算。控制器是计算机系统的指挥中心，负责自动执行程序指令并产生正确的控制信号，以控制各硬件部件协同工作。

寄存器（Register）用来保存正在执行的程序指令、过程数据、运算结果等。这些部件通过 CPU 内部总线相互交换信息，协同工作。

CPU 背面有许多的针脚，用于插入主板的 CPU 插槽中。此外，由于 CPU 在运行时会产生高热量，因此在其正面往往会加装散热片和风扇，帮助其降温，否则一旦温度过高将影响 CPU 的稳定性。

世界上最著名的用于 PC 机的 CPU 厂商是美国的 Intel 公司。从 20 世纪 80 年代起，Intel 公司相继推出 8086、8088、80286、80386、80486，然后开始将产品命名为 "Pentium"（奔腾）系列，并陆续推出了奔腾Ⅱ、奔腾Ⅲ、奔腾Ⅳ、"酷睿" 系列等。除了 Intel 之外，目前比较著名的 CPU 厂商还有 AMD 公司，其著名产品包括 "雷鸟" 系列、"毒龙" 系列、"速龙" 系列、"羿龙" 系列等。

1. CPU 的工作原理

简单地说，CPU 的工作过程大致分为 4 个阶段：提取（Fetch）、解码（Decode）、执行（Execute）和写回（Writeback）。CPU 从存储器或高速缓冲存储器中取出指令，放入指令寄存器，并对指令译码。将指令分解成一系列的微操作，然后发出各种控制命令，执行微操作系列，从而完成一条指令的执行。

2. CPU 的主要性能指标

计算机的性能在很大程度上由 CPU 的性能决定，而 CPU 的性能主要体现在其运行程序的速度上。影响运行速度的性能指标主要包括 CPU 的核心数、字长、频率（主频、外频和倍频）、高速缓存容量、扩展指令集、工作电压以及制作工艺等。

（1）内核与核心数。内核（Core）即 CPU 的核心，是 CPU 最重要的组成部分。CPU 中心那块隆起的芯片就是内核，是由单晶硅以一定的生产工艺制造出来的。CPU 所有的计算、接收/存储命令、处理数据都由内核执行。

单核（Single-Core）或多核（Multi-Core）是指在同一块 CPU 上集成一个或多个相同功能的处理器核心，如图 2-6 所示。双核心或多核心 CPU 在性能上可以成倍地提高工作效率。

图 2-6　多核 CPU 在高倍显微镜下的显像

（2）字长。CPU 在同一时间能一次传输或处理的二进制代码的位数即为字长，它是衡量 CPU 性能的重要指标之一。在一次运算中，操作数和运算结果通过内部总线在寄存器和运算部件之间传送，字长决定着计算机内部寄存器、内部总线和 ALU 的位数，直接影响着机器的硬件规模和造价。此外，当其他性能指标相同时，字长还直接反映了 CPU 的计算精度（字长越长，计算精度越高）、数据处理速率（字长越长，数据处理速率越快）和数据存取效率（字长越长，寻址能力越强，可直接访问的内存单元就越多，数据存取效率越高）。

常见的微处理器字长为 8 位、16 位、32 位、64 位。目前，64 位高性能处理器已在 PC 机中普及。为适应不同的兼容要求及协调运算精度，大多数 CPU 均支持变字长运算，即机内可实现半字长、全字长和双倍字长运算，如 64 位 CPU 大都可以安装 64 位系统和 32 位系统。

（3）主频、外频和倍频。

① 主频。通常所说的某某 CPU 是多少兆赫的，而这个多少兆赫就是 CPU 的主频。主频也叫时钟频率，单位是 GHz，用来表示 CPU 的运算速度。

CPU 的主频计算公式：CPU 的主频 = 外频 × 倍频系数。

② 外频。外频是 CPU 与主板上其他设备进行数据传输的物理工作频率，也就是系统总线的工作频率，它代表着 CPU 与主板和内存等配件之间的数据传输速度，单位是 MHz。CPU 标准外频主要有 66 MHz、100 MHz、133 MHz、166 MHz 和 200 MHz 几种。

③ 倍频。倍频也称倍频系数，是 CPU 主频与外频之间的相对比例关系。在相同的外频下，倍频越高，CPU 的主频也越高。但实际上，在相同外频的前提下，高倍频的 CPU 本身意义并不大。这是因为 CPU 与系统之间的数据传输速度是有限的，一味追求高倍频而得到高主频的 CPU 会出现明显的"瓶颈"效应（CPU 从系统中得到数据的极限速度不能够满足 CPU 运算的速度）。现在的 CPU 基本都对倍频进行了锁定，一般是不能改的。

值得注意的是，主频并不直接代表 CPU 的运算速度或性能，如果认为 CPU 的主频指的就是 CPU 运行的速度，那么这种认识是很片面的。CPU 的主频表示在 CPU 内数字脉冲信号震荡的速度，与 CPU 实际的运算能力是没有直接关系的。当然，主频和实际的运算速度是有关的，但目前还没有一个确定的公式能够定量两者的数值关系，因为 CPU 的运算速度还要看 CPU 的流水线的各方面性能指标（缓存、指令集、CPU 的字长等）。由于主频并不直接代表运算速度，所以在一定情况下，就很可能会出现主频较高的 CPU 实际运算速度较低的现象。例如，AMD 公司的 Athlon XP 系列 CPU 大多都能以较低的主频达到 Intel 公司的 Pentium 4 系列较高主频 CPU 的性能。因此，主频仅仅是 CPU 性能表现的一个方面，而不代表 CPU 的整体性能。

（4）前端总线频率。前端总线（Front Side Bus，FSB）频率直接影响 CPU 与内存交换数据的速度。数据传输的最大带宽取决于所有同时传输的数据宽度和传输频率。其计算公式如下。

$$数据带宽 = （数据位宽 \times 前端总线频率）/8$$

外频与前端总线频率的区别是：前端总线的速度指的是数据传输的速度，外频是 CPU 与主板之间同步运行的速度。也就是说，100 MHz 外频特指数字脉冲信号在每秒钟振荡一千万次；而 100 MHz 前端总线指的是每秒钟 CPU 可接受的数据传输量是（100 MHz × 64 bit）/8 = 800 MB/s。

（5）高速缓冲存储器。高速缓冲存储器（Cache）是指可以进行高速数据交换的存储器，它先于内存与 CPU 交换数据，因此速度很快。缓存又可分为一级高速缓存（L1 Cache）和二级高速缓存（L2 Cache）。

① L1 Cache。一级高速缓存通常在 CPU 内部，其容量和结构对 CPU 的性能影响很大，但价格昂贵且结构较复杂。在 CPU 芯片面积不能太大的情况下，一级高速缓存的容量不可能做得太大。一般一级高速缓存的容量在 32～256 KB。

② L2 Cache。二级高速缓存分内部和外部两种芯片。内部的二级缓存运行速度与主频相同，而外部的二级缓存的运行速度则只有主频的一半。二级高速缓存的容量也会影响 CPU 的性能，原则是越大越好，现在家庭用的 CPU 容量最大的是 512 KB，而服务器和工作站上用的 CPU 的二级高速缓存可达 1～3 MB。

（6）扩展指令集。指令集是存储在 CPU 内部，对 CPU 运算进行指导和优化的硬程序。拥有这些指令集，CPU 就可以更高效地运行。因此，指令的强弱也是 CPU 的重要指标，指令集是提高微处理器效率的最有效的工具之一。CPU 的基本指令集都差不多，但为了提升 CPU 某一方面的性能，又开发了扩展指令集，以增强 CPU 的多媒体、图形图像和 Internet 等的处理能力。这些扩展指令可以提高 CPU 处理多媒体和 3D 图形的能力。

Intel 公司 1996 年推出了 MMX 指令集（Multi Media eXtension，多媒体扩展指令集），它是一项多媒体指令增强技术，包含 57 条多媒体指令。此后，Intel 又陆续发布了 SSE（新增 70 条指令）、SSE2（新增 144 条指令）、SSE3（新增 13 条指令）、SSSE3（新增 32 条指令）、SSE4（新增 47 条指令）、EM-64T（针对 64 位桌面处理器）。CPU 厂商正是通过不断添加图形、视频编码、处理三维成像及游戏应用等新指令，使处理器在音频、图像、数据压缩算法等多方面的性能得到不断提升。AMD 公司主要是 3D-Now!指令集。

（7）制造工艺。制造工艺是指在硅材料上生产 CPU 时内部晶体管与晶体管之间的距离，或者说晶体管之间导线的连线宽度，单位为"纳米"（ns）。纳米数越小，相同空间内的晶体管就越多，这意味着在同样面积的芯片中，可以拥有密度更高、功能更复杂的电路设计，因此 CPU 的性能就越出色，功耗也越小，温度也越低（高温是造成 CPU 无法在高频状态下稳定运行的主因）。例如，以前的 CPU 都是 90 nm 制程（Pentium 4）、65 nm 制程、32 nm 制程，现在的 CPU 已经全面进入 22 nm 时代（酷睿 i3/i5/i7），而 14 nm 将是下一代 CPU 的发展目标。

（8）工作电压。工作电压是指 CPU 正常工作时所需的电压。从 586 CPU 开始，CPU 的工作电压分为内核电压和 I/O 电压两种。其中，内核电压的大小是根据 CPU 的生产工艺而定的，一般制作工艺越高，内核电压就越低。低电压能解决耗电过大和发热过高的问题。

一般来说，除工艺和工作电压越低越好之外，CPU 的其他参数都是越高越好。

2.2.3　存储器

在计算机的组成结构中，有一个很重要的部分，就是存储器。存储器是用来存储程序和数据的部件。对于计算机来说，有了存储器，才有记忆能力，才能保证正常工作。

目前，在微机系统中通常采用三级层次结构来构成存储系统，主要由高速缓冲存储器、主存储器和辅助存储器组成，如图 2-7 所示。

图 2-7　存储器系统的多层次结构图

主存储器又称内存储器（简称内存），辅助存储器又称外存储器（简称外存），高速缓冲存储器又称 Cache（简称缓存）。

微机系统中，内存储器一般都采用半导体存储器，而外存储器主要采用软盘、硬盘、光盘、磁带和优盘等。通常我们把 CPU 目前不使用的、永久保存的、大量的数据保存在外存储器上，而把一些 CPU 当前或即将使用的、临时保存的、少量的数据保存在内存储器上。例如，日常使用的操作系统、字处理软件、游戏软件等，一般都保存在外存储器上，需要用时再将其调入内存储器中运行。

随着技术的发展，CPU 速度的提升远远快于内存储器。CPU 希望最好能在 1 个时钟周期内就完成对所有数据的访问，但内存供给不上，这就导致 CPU 常常处于闲置等待状态，严重影响 CPU 的工作效率。为缓解 CPU 和内存速度不匹配问题，就引入了 Cache。因此，缓存是为了平衡高速设备和低速设备之间的速度差异而存在的。

Cache 位于 CPU 与内存之间，是一个读写速度比内存更快的存储器，主要用于存放当前内存中使用频率最高的程序块或数据块，并以接近 CPU 工作速度的方式向 CPU 提供数据，以提高整个系统的性能。

1. 半导体存储器

现代计算机中多采用半导体存储器。按照信息存取原理的不同，可以将半导体存储器分为只读存储器（ROM）和随机存储器（RAM）两大类，每一大类根据具体制造工艺的不同还可以细分。

（1）ROM。只读存储器（Read-Only Memory，ROM）因工作时只能读取信息而得名。ROM 采用非易失性器件制造。厂家在制造 ROM 的过程中，信息（数据或程序）经特殊方式写入并永久保存。这些信息只能读出，一般不能再写入，而且即使系统停止供电，这些数据也不会丢失。

① ROM 芯片应用举例。ROM 芯片常用于存储系统中不需要改写的数据。例如，在微机主板上，有一个专门用来存储基本 I/O 系统的 ROM 芯片，称为 BIOS 芯片，一般位于主板的南桥附近，如图 2-8 所示。

图 2-8　含双 BIOS 的高端主板

BIOS（Basic Input Output System）因固化了基本输入输出系统而得名，主要保存着有关微机系统最重要的基本输入输出程序、系统信息设置、开机上电自检程序和系统启动自举程序等，用于在计算机开机过程中完成对硬件系统的加电自检、系统中各种硬件设备的初始化、基本输入输出的驱动程序及引导操作系统。BIOS 提供了许多低层次的服务，如硬盘启动程序、显示器驱动程序、键盘驱动程序、打印机驱动程序以及串行通信接口驱动程序等，使用户不必过多地关心这些具体的物理特性和逻辑结构细节（如端口地址、命令及状态格式等），从而更方便地控制各种输入输出操作。

② ROM 家族成员。ROM 按照工作原理的不同又可细分为可编程只读存储器（PROM）、可擦除可编程只读存储器（EPROM）、电子式可擦除可编程只读存储器（EEPROM）、快闪存储器（Flash ROM）等。目前，BIOS 所用的 ROM 一般都是性能优越的 Flash ROM。ROM 家族最显著的特征是记忆性（系统停止供电后仍可保存数据），因此，ROM 又称记忆性元件或非易失性元件。

● 可编程只读存储器（Programmable Read Only Memory，PROM）是一次性编程只读存储器。在出厂时内部并没有资料（内部所有信息均为"0"或"1"），用户可以根据自己的需要，用专门的编程器将资料写入，但这种机会只有一次，且一旦写入就无法修改，系统停止供电后可以保持数据（记忆性）。PROM 成本较高且写入资料的速度比 ROM 的量产速度慢，一般只适用于少量需求的场合或 ROM 量产前的验证。

● 可擦除可编程只读存储器（Erasable Programmable Read-Only Memory，EPROM）是可多次编程只读存储器。其内部为一组浮栅晶体管，断电后仍能保留数据。EPROM 可实现多次写入数据，但过程复杂，需在机外利用强紫外线擦除器对整个芯片进行数据删除，再使用一种特制的低电压编程器来写入数据，如图 2-9 所示。EPROM 解决了 PROM 芯片只能写入一次数据的弊端，但使用起来既不方便也不稳定。

图 2-9　EPROM 芯片与擦除器

● 电子式可擦除可编程只读存储器（Electrically Erasable Programmable Read-Only Memory，EEPROM）直接利用一个特制的低压编程器就可在机内实现擦除和写入数据，且过程简单，是一种掉电后数据不丢失的存储芯片。其最大的优点是彻底摆脱了紫外线擦除器机外读写的束缚，可即插即用，使用非常方便。另外，它以字节为最小修改单位（不必像 EPROM 那样只能将资料全部洗掉后才能写入），所以写入速度更快。

● 快闪存储器（Flash ROM）是快擦型存储器，可在计算机内进行快速删除数据和编程，也是一种掉电后不丢失数据的存储芯片。Flash ROM 是对 EEPROM 的发展，其数据删除不是以单个字节为单位，而是以一定大小的"块"为单位。"块"的大小一般为 256 KB 到 20 MB，这样 Flash ROM 就比 EEPROM 的读写速度更快。由于它具有高性能和低成本的双重优势，因此对于需要实施代码或数据更新的嵌入式应用来说是一种理想的存储器。

在 ROM（只读存储器）家族中，虽然有些是可编程写入的，但由于写入的速度较慢，通常只用于读取，因此将它们归类为只读存储器范围。

（2）RAM。随机存储器（Random Access Memory，RAM），又称为读/写存储器或内存，表示既可以读取数据，也可以写入数据。RAM 采用易失性器件制造，当机器电源关闭时，存于其中的数据就会丢失。主板上的内存条，如图 2-10 所示，实际上就是将多个 RAM 集成在一起的小块电路板。通常所说的内存容量，就是指内存条上 RAM 的容量。

图 2-10　内存条

除了主板上的 RAM 内存条外，许多其他板卡上也使用 RAM 芯片。例如，显示卡中的显示内存（显存）可以作为 CPU 与显示器之间的数据传输中转站，从而加快显示信息的速度。

① RAM 芯片应用举例。CMOS 芯片是微机主板上的一块可读写的 RAM 芯片，主要用来保存当前系统的硬件配置参数和操作人员对某些系统参数（如系统时间日期、系统第一启动项等）的设置信息。CMOS 芯片通过主板上的一块纽扣电池（CMOS 电池）供电，因此无论是在关机状态中，还是遇到系统掉电情况，CMOS 信息都不会丢失。

以前，CMOS 多为一颗独立的 RAM 芯片，由于纽扣电池本身电量就少，为尽可能避免传输损耗，COMS 芯片会与电池距离很近。但近年来，多把 CMOS 芯片集成在南桥芯片里，如图 2-11 所示。

② RAM 家族成员。RAM 可随机读取又可随机写入数据，通常用于存放系统程序、用户程序以及相关数据。RAM 按照工作方式的不同又可细分为动态随机存储器（DRAM）和静态随机存储器（SRAM）两大类。

● 动态随机存储器（Dynamic Random Access Memory，DRAM）是采用半导体器件中分布电容上电荷的有、无来表示所储存的信息"0"和"1"。由于保存在分布电容上的电荷会随着电容器的漏电而逐渐消失，因此需要周期性地充电。DRAM 存储器的功耗低、集成度高、成本低，但存取速度较慢。

图 2-11　带 CMOS 清除按钮和南桥散热片的高端主板

● 静态随机存储器（Static Random Access Memory，SRAM）是通过双稳态电路来保持存储器中的信息的。只要存储器的电源不断，存放在存储器中的信息就不会丢失。SRAM 的主要优点在于接口电路简单、使用方便，并且比 DRAM 的速度更快，运行也更稳定；但缺点是功率大、集成度低、成本高。因此，SRAM 常被用来作为系统的高速缓冲存储器（Cache）。

2. 主存储器

主存储器也称内存，是微机中的主要存储部件，也是 CPU 能够直接寻址的存储空间。因此，主存储器的好坏直接影响微机的运行速度。目前，微机上配置的主存储器均采用 DRAM。

（1）内存发展所经历的主要时代。

● SDRAM 时代（1997～2002 年）。这一时代的内存采用 SDRAM（同步动态随机存储器）制作而成，称为 168 线内存条（因有 168 根金角线而得名，金角线也称"金手指"，中间有 1 个缺口）。SDRAM 内存的带宽为 64 bit（正好对应当时 CPU 的 64 bit 数据总线宽度）；时钟频率为 100 MHz、133 MHz；常见的存储容量为 128 M、256 M 和 512 M 等。

● 频率竞备时代。2000 年，Intel 公司推出了主频达 600 MHz 的奔腾Ⅲ处理器，之后 AMD 公司又推出了主频突破 1 GHz 的速龙（Athlon）处理器。在 AMD 与 Intel 的激烈竞争中，CPU 的主频也在不断地高速提升。为了匹配 CPU 速度上的高速增长，必须对内存也进行更新，两家芯片巨头各自提出了自己的改进意见。

Intel 提出重新设计内存，取名为"Rambus"，而 AMD 提出在 SDRAM 的基础上做改良，取名为"DDR SDRAM"（Double Data Rate SDRAM），为双倍速率 SDRAM 之意。虽然 Rambus 的性能非常优越，但因触及硬件厂商的既得利益，而遭到强烈抵制并最终搁浅。

● DDR 时代（2002 年至今）。具体情况如下。

DDR（Double Data Rate，双倍速率 SDRAM）：数据传输速度为传统 SDRAM 的两倍。

DDR2：采用 0.13 μm 生产工艺、更低的运行电压（1.8 V），从而进一步降低发热量，以便提高频率，频率可达 800/1 066 MHz。

DDR3：生产工艺小于 0.1 μm，工作电压降至 1.5 V，频率可达 1 600/2 000 MHz。

DDR4：2012 年 DDR4 时代开启，起步电压降至 1.2 V，而频率提升至 2 133 MHz。次年进一步将电压降至 1.0 V，频率则实现 2 667 MHz。DDR4 内存已于 2014 年首先用于服务器领域。

各类 DDR 内存条间的比较如图 2-12 所示。

图 2-12　不同类型 DDR 内存条的比较

（2）内存的主要性能指标。目前，衡量内存的性能指标主要包括内存类型、存储容量、内存频率、品牌和价格等。

① 内存类型。目前，微机上配置的主存储器均为 DDR 内存条，随着 CPU 性能的不断提高，又相继出现了 DDR2（二代内存）、DDR3（三代内存）。DDR3 在频率和速度上有更大的优势，性能更好、更省电。目前，DDR3 内存已在 PC 上普及。

② 内存容量。一般来说，内存容量越大，数据处理的速度就越快。但是，在选购内存的时候也要考虑 PC 软、硬件需求，以发挥内存的最大价值。例如，Windows XP 32 位系统最大支持 4 G 内存，Windows 7 家庭版 64 位系统最大支持 8 G 内存。

③ 工作频率。工作频率越高代表速度越快。例如，DDR3 内存的起步频率为 800 MHz，甚至可达到 2 666 MHz。目前，DDR3 1 600 4 G/8 G（工作频率为 1 600 MHz）已成为 PC 的主流标配。

④ 时序。时序表示内存完成一项工作所需要的时间周期，时间越长，则表示执行效率越低。例如，DDR2 内存的时序为 CL5/CL6，DDR3 内存的时序则为 CL9/CL11。

⑤ 工作电压。通常情况下，工作电压越小，能耗就越低。例如，DDR2 的工作电压是 1.8 V，DDR3 的是 1.5 V。

3. 高速缓冲存储器

高速缓冲存储器（Cache）即高速缓存，其存储内容为最近曾被 CPU 访问过的程序或数据。由于在多数情况下，一段时间内程序的执行总是集中于程序代码的某一较小范围，因此如果将这段代码一次性从内存调入高速缓存，则可以在一段时间内满足 CPU 的需要，从而将 CPU 对内存的访问变为对高速缓存的访问，以提高 CPU 的访问速度和整个系统的性能。目前，微机上配置的高速缓存基本上都采用 SRAM。

4. 辅助存储器

在一个计算机系统中，除了有主存储器外，一般还有辅助存储器，用于存储暂时不用的程序和数据。它与主存储器的区别在于，存放在辅助存储器中的数据必须调入主存储器后才能被 CPU 所使用。

　　辅助存储器在结构上大多由存储介质和驱动器两部分组成。其中，存储介质是一种可以表示两种不同状态并以此来存储数据的材料，而驱动器则主要负责向存储介质中写入或读取数据。目前，在微机中常用的辅助存储器有磁盘、Flash 闪存盘、固态硬盘和光盘等。

　　（1）磁盘存储器。磁盘存储器是目前个人计算机中应用最广泛的一种辅助存储器，由磁盘、磁盘驱动器及磁盘控制器 3 部分组成。

　　磁盘存储器主要分为软磁盘和硬磁盘两大类。目前，软盘已基本被淘汰，下面主要介绍硬盘存储器及其相关原理。

　　① 硬盘技术及工作原理。目前，微机所用的硬盘都是采用温切斯特技术，由 IBM 公司于 20 世纪 70 年代提出。它把磁盘、驱动电机、读写磁头等组装并封装在一起，成为温切斯特驱动器，简称温盘，如图 2-13 所示。

图 2-13　硬盘的内部结构

　　温切斯特技术的核心是：盘体密封；盘片固定并高速旋转；高速旋转产生浮力使磁头飘浮在盘片上方而不与盘片接触（悬浮距离为零点几微米，约为人类头发直径的千分之一），并沿盘片径向移动。

　　硬盘工作时，固定在同一个转轴上的多张盘片以每分钟数千转甚至更高的速度旋转，磁头在驱动电机的带动下在磁盘上做径向移动，寻找定位，完成数据的写入或读取工作。硬盘经过低级格式化、分区及高级格式化后即可使用。

　　硬盘的体积小、容量大、防尘性能好、可靠性高，且对使用环境要求不高。它的出现使磁盘性能有了突破性的进展，硬盘也成为此后 40 年里硬盘存储器的主要产品。

　　② 磁盘存储器的数据结构。磁盘是以"盘面—磁道—扇区"的方式来进行数据组织的，如图 2-14 所示。

　　● 磁道。硬盘上信息的存储是以同心圆的形式排列的，每一个圆环称为一个磁道。当对磁盘进行读写时，磁头定位在磁道上，为防止或减少由于磁头未定位准确或磁域间的干扰所引起的错误，相邻磁道间有一定的间隙。

　　● 扇区。一个磁盘面有上千个磁道，磁道又进一步被分割成几十到上百个等长的圆弧，每一段圆弧称为一个扇区。相邻扇区间同样留有一定的间隙，一个扇区可以存储若干位信息，它是磁盘与主机之间交换信息的基本单位。大多数系统所定义的扇区的大小为 512 B～2 KB。

图 2-14　磁盘的数据结构示意图

- 柱面。每个存储表面的同一磁道组成一个圆柱面，称为柱面。

③ 磁盘存储器的容量计算。公式如下。

$$硬盘的容量 = 磁头数 × 柱面数 × 每磁道扇区数 × 扇区字节数$$

　　磁头数即为盘片数；柱面数即为磁道数；扇区字节数即为扇区容量（一般为 512 B）。

【例 2-1】 某硬盘的磁头有 15 个，磁道数为 8 894 个，每道有 63 个扇区，每个扇区为 512 B，请计算该硬盘的存储容量。

　　解： 存储容量 = 磁头数 × 柱面数 × 每磁道扇区数 × 512 B = 15 × 8 894 × 63 × 512 B = 4.3 G

④ 硬盘的分类。

- 根据存储容量分类，硬盘有 80 GB、300 GB、500 GB、1 TB 等。
- 根据接口类型分类。硬盘的接口有 IDE、EIDE、ATA2、SCSI、SATA 等多种不同的类型。其中，EIDE 和 ATA2 是在 IDE 接口的基础上做的改进，现在已很少使用。目前，主流 PC 机的硬盘接口是 SATA，服务器用 SCSI 接口，一些低端的服务器/工作站用企业级的 SATA 接口。

⑤ 硬盘的主要性能指标。

- 硬盘容量。作为计算机系统的数据存储器，容量是硬盘最主要的参数。硬盘的容量一般以吉字节（GB）或太字节（TB）为单位，换算关系为 1 TB=1 024 GB；1 GB=1 024 MB。

　　另外，硬盘的容量指标还包括硬盘的单碟容量。所谓单碟容量是指硬盘单个盘片的容量。单碟容量越大，单位成本越低，平均访问时间也越短。

- 主轴转速。主轴转速是指磁盘每分钟旋转的圈数，单位为转/每分（RPM），它是硬盘所有指标中除了容量之外最引人注目的性能参数，也是决定硬盘内部传输率的关键因素之一。一般来说，转速越快，读取硬盘数据的速度就越快，硬盘的整体性能也越好。目前，硬盘的转速主要有 5 400 RPM、7 200 RPM 和 10 000 RPM。

- 平均寻道时间。平均寻道时间是指磁头从当前磁道移动到目标数据所在磁道的平均时间。这个时间越短，读取硬盘数据的速度就越快。磁头的平均寻道时间除了和单碟容量有关外，还与磁头动力臂的运行速度密切相关。目前，硬盘的平均寻道时间为 7～9 ms。

● 高速缓存。高速缓存是硬盘控制器上的一块内存芯片，具有极快的存取速度。高速缓存也是硬盘非常重要的一个参数，其大小直接影响到硬盘的整体性能。目前，主流硬盘的缓存已达几十MB。

● 数据传输率。数据传输率包括内部数据传输率和外部数据传输率。内部数据传输率是指从硬盘到缓存的传输速度；外部数据传输率是指从缓存到硬盘接口的传输速度。内部数据传输率更能反映硬盘的实际表现，通常以MB/s为单位。目前，最快的传输速度已达160 MB/s。

（2）Flash存储器。Flash存储器，简称闪存，其存取数据的速度比硬盘、光盘更快，而且具有抗震性强、体积小、功率低等优点。因此，闪存主要用于一些小规模的数据记录和便携式移动设备的存储器，如优盘、固态硬盘、SD卡等。

① 优盘。优盘，全称为USB闪存盘。因使用USB接口与主机通信而得名。它是一种新型存储产品，具有轻巧便携、安全稳定、即插即用、支持系统引导、可重复擦写、存储容量大等优点。

② 固态硬盘。固态硬盘（Solid State Disk，SSD），从技术层面来看，本质上是闪存集成（可看成是一个大容量优盘），如图2-15所示。

与传统硬盘相比，固态硬盘由于采用闪存作为存储介质，读取速度比机械硬盘更快。传统硬盘通过磁头进行读盘，对于存放在不同区域内的文件，有寻道时间。固态硬盘不用磁头，几乎没有寻道时间，因此固态硬盘持续读写速度远高于普通硬盘。另外，固态硬盘内部没有任何机械装置，不再需要配备马达和风扇，所以工作时也没有噪声；而且由于内部不存在磁头等任何机械活动部件，所以不会发生机械故障，安全可靠，抗震性能极强。

众所周知，普通硬盘的机械特性严重限制了数据读取和写入的速度。近年来，电脑运行速度最大的瓶颈恰恰就是在硬盘上，所以固态硬盘的诞生，恰好能解决这一瓶颈。近几年，随着固态硬盘技术的不断提高，成本不断降低，以固态硬盘替代传统普通硬盘的消费者也越来越多。

（3）激光存储器。光盘是利用光学方式进行信息读/写的一种大容量、可移动存储器。光盘的外形呈圆形。与磁盘利用表面磁化来表示信息不同，光盘利用介质表面有无凹痕来存储信息，如图2-16所示。

图2-15　固态硬盘与机械硬盘内部构造对比　　　　图2-16　光盘与介质表面的凹痕

根据光盘的使用特性不同，可将其分为只读光盘、一次性写入光盘、可重写光盘三大类。目前广泛使用的CD-ROM光盘属于只读光盘，数据信息由生产厂商在制造时写入光盘中。该光盘可反复进行读操作，但不能进行写操作。一次性写入光盘，可以由用户写入信息，但只能写入一次，就不能再擦除或改写。可重写光盘，用户可以自己写入信息，也可对已有信息进行擦除或改写，就像使用磁盘一样，可反复读写。可重写光盘需要插入特殊的光盘驱动器进行读写操作，它的存储容量一般在几百MB到几GB不等。

2.2.4　总线与接口

任何一个微处理器都要与一定数量的部件和外围设备连接，如果将各部件和每一种外围设备都分别用一组线路与 CPU 直接连接，那么连线将会错综复杂，甚至难以实现。为了简化硬件电路设计和系统结构，常用一组线路配置以适当的接口电路，与各部件和外围设备连接，这组共用的连接线路被称为"总线"。微机中的总线一般有内部总线、系统总线和外部总线，如图 2-17 所示。内部总线是微机内部各外围芯片与处理器之间的总线，用于芯片一级的互连；而系统总线是微机中各插件板与系统板之间的总线，用于插件板一级的互连；外部总线则是微机和外部设备之间的总线，微机作为一种设备，通过该总线和其他设备进行信息与数据交换，它用于设备一级的互连。

图 2-17　微机中的总线示意图

接口（Port）是主机与和外部设备之间信息交换的桥梁，主要用于连接输入/输入设备。有些接口专门用于连接特定的设备，如硬盘接口、显卡接口、打印机并行接口等。而有些接口则具有通用性，可以连接各种各样的外设，如 USB 接口等。

随着微电子技术和计算机技术的发展，总线与接口技术也在不断地发展和完善，以下仅对微机中常用的一些总线和接口技术进行介绍。

1. ISA 总线

ISA（Industrial Standard Architecture，工业标准体系）总线标准是 IBM 公司 1984 年为推出 PC/AT 机而建立的系统总线标准，也称 AT 总线。它是对 XT 总线的扩展，以适应 8/16 位数据总线要求。它在 80286 至 80486 时代应用得非常广泛。ISA 总线有 98 只引脚，如图 2-18 所示。

2. EISA 总线

EISA（Extended Industry Standard Architecture，扩展工业标准体系）总线是 1988 年由 Compaq 等 9 家公司联合推出的总线标准。它是在 ISA 总线的基础上使用双层插座，在原来 ISA 总线的 98 条信号线上又增加了 98 条信号线，也就是在两条 ISA 信号线之间添加一条 EISA 信号线。在使用中，EISA 总线完全兼容 ISA 总线信号。

图 2-18　ISA 总线插槽与 PCI 总线插槽

3. PCI 总线

PCI（Peripheral Component Interconnect，外围设备互连）总线是常用总线之一，它是由 Intel 公司推出的一种局部总线，如图 2-18 所示。它定义了 32 位数据总线，且可扩展为 64 位。PCI 总线主板插槽的体积比原 ISA 总线插槽还小，其功能与 VESA、ISA 相比有极大的改善，支持突发读写操作，最大传输速率可达 132 Mbps，同时支持多组外围设备。PCI 局部总线不能兼容现有的 ISA、EISA、MCA（Micro Channel Architecture）总线，但它不受制于处理器，是基于奔腾等新一代微处理器而发展的总线。

4. AGP 总线

AGP（Accelerated Graphics Port，图像加速端口）是一种最新的总线类型，它比 PCI 总线的速度快两倍以上。目前，多数计算机系统使用 PCI 作为通信总线，AGP 总线专门用于加速图像显示。例如，在三维动画中，AGP 替换 PCI 总线来传递视频数据。

5. RS-232-C 总线

RS-232-C 是美国电子工业协会（Electronic Industries Association，EIA）制定的一种串行物理接口标准，如图 2-19（a）所示。RS 是英文 "Recommended Stabdard"（推荐标准）的缩写，232 为标识号，C 表示修改次数。RS-232-C 总线标准设有 25 条信号线，包括一个主通道和一个辅助通道，在多数情况下主要使用主通道，对于一般双工通信，仅需几条信号线就可实现，如一条发送线、一条接收线及一条地线。RS-232-C 标准规定的数据传输速率为每秒 50、75、100、150、300、600、1 200、2 400、4 800、9 600、19 200 波特。RS-232-C 标准规定，驱动器允许有 2 500 pF 的电容负载，通信距离将受此电容限制。例如，采用 150 pF/m 的通信电缆时，最大通信距离为 15 m。若每米电缆的电容量减小，通信距离可以增加。传输距离短的另一个原因是 RS-232 属于单端信号传送，存在共地噪声和不能抑制共模干扰等问题，因此一般用于 20 m 以内的通信。

6. IEEE 488 总线

IEEE 488 总线是一种并行总线标准，如图 2-19（b）所示。IEEE 488 总线用于连接系统，如微机、数字电压表、数码显示器等设备及其他仪器仪表均可用 IEEE 488 总线装配。它按照位并行、字节串行双向异步方式传输信号，连接方式为总线方式，仪器设备直接并连于总线上而无需中介单元。总线上最多可连接 15 台设备，最大传输距离为 20 m，信号传输速度一般为 500 kbit/s，最大传输速度为 1 Mbit/s。

7. USB 总线

USB（Universal Serial Bus，通用串行总线）是由 Intel、Compaq、Digital、IBM、Microsoft、NEC 和 Northern Telecom 7 家世界著名的计算机和通信公司共同推出的一种新型接口标准，如图 2-19（c）所示。它基于通用连接技术，实现外设的简单、快速连接，达到方便用户、降低成本、扩展 PC 连接外设范围的目的。它可以为外设提供电源，而不像使用串口、并口的设备那样需要单独的供电系统。另外，快速是 USB 技术的突出特点之一，USB 的最高传输率可达 12 Mbps，比串口设备快 100 倍，比并口设备快近 10 倍，而且 USB 还能支持多媒体。

（a）RS-232-C总线接口　　　　（b）IEEE488总线接口　　　　（c）USB总线接口

图 2-19　各种外部总线接口

2.2.5 输入/输出设备

1. 输入设备

（1）键盘。键盘（Keyboard）是微机必备的输入系统，用来向微机输入命令、程序和数据。

键盘由一组按阵列方式装配在一起的按键开关组成，不同开关键上标有不同字符，每按下一个按键就相当于接通了相应的开关电路，随即将该键对应的字符代码通过接口电路送入微机。键盘是通过一根电缆线与主机相连接的。这条电缆中包括了 4 条线：+5 V 电源、地线和两条双向信号线。

键盘上键位的排列是有一定规律的。键位的排列与键位的用途有关，按用途可将键盘分为主键盘区、功能键盘区、全屏幕编辑键盘区和小键盘区。

主键盘区又称为标准英文打字机键盘区，其英文字母排列与英文打字机一致。各种字母、数字、运算符号、标点符号以及汉字等信息都是通过在这一区域的操作输入到计算机中的。

功能键盘区包括 12 个功能键 F1～F12。功能键在不同的软件系统下，其功能是不同的，具体功能由操作系统或应用软件来定义。

编辑键盘区在主键盘和数字小键盘的中间。该键包括 4 个光标移动键和 6 个编辑键。

小键盘区包含数字小键盘和编辑键。数字小键盘位于键盘的右部。该区的键起着数字键和光标键的双重功能。小键盘上标有"Num Lock"字样的按键是一个数字／编辑转换键。当按下该键时，该键上方标有"Num Lock"字样的指示灯发亮，表明小键盘处于数字输入状态，此时使用小键盘可以输入数字；若再按下"Num Lock"键，该指示灯熄灭，表明小键盘处于编辑状态。小键盘上的按键转换为光标控制/编辑键。

（2）鼠标。鼠标（Mouse）是微机必备的输入设备，其主要功能是对光标进行快速移动、选中图像或文字的对象、执行命令等。

鼠标按其结构可分为机械式（如图 2-20（a）所示）、光电式（如图 2-21（b）所示）、半光电式、轨迹球、无线遥控式、PDA 上的光笔和 NetMouse7 类。由于光电式鼠标工艺简单、使用方便、价格低廉，所以被广泛应用。

光电式鼠标的工作原理：光电式鼠标的定位精度比机械式鼠标的定位精度高，是用户的首选输入设备。光电式鼠标的内部结构比较简单，其中没有橡胶球、传动轴和光栅轮。要让光电式鼠标发挥出强大的功能，一定要配备一块专用的感光板。发光二极管发出的一部分光照射到下面的感光板上反射回来被光敏三极管吸收，另一部分光被感光板吸收而无法反射，从而形成了高低电平交错的脉冲信号。

鼠标最常用的接口有串行口、专用鼠标器端口（PS/2）和 USB 接口 3 种。对鼠标的操作可分为左击、右击、双击及拖动，这 4 种不同的操作可以实现不同的功能。

（3）扫描仪。扫描仪（Scanner）是计算机用于输入图形和图像的专用设备，如图 2-21 所示。利用它可以迅速地将图形、图像、照片、文本输入到计算机中。

扫描仪内部有一套光电转换系统，可以把各种图片信息转换成计算机图像数据，并传送给计算机，再由计算机进行图像处理、编辑、存储、打印输出或传送给其他设备。

目前，使用最普遍的是由线性 CCD（Charge-coupled Device，电荷耦合器件）阵列组成的电子式扫描仪，其扫描原理为：当它扫描图像时（一次只能扫描一行），光线从物体上反射回来，通过透镜射进 CCD，CCD 将光线转换成模拟电压信号，并且标出每个像素的灰度级，再由 ADC（Analog-to-Digital Converter，模数转换器）将模拟电压信号转换为数字信号，每种颜色使用 8、10 或 12 位来表示，扫描后，通过 Twain（扫描图像专用格式）格式来保存。

（a）机械式　　　（b）光电式

图 2-20　机械式鼠标与光电式鼠标的内部结构

图 2-21　扫描仪

扫描仪的主要技术指标有分辨率、灰度层次、扫描速度等。

2. 输出设备

（1）显示器。微机的显示系统由显示器、显示卡和相应的驱动软件组成。

显示器是微机必不可少的输出设备，其作用是将主机输出的电信号通过一系列处理后转换成光信号，并最终将文字、图形显示出来。用户通过它可以查看微机的各种程序、数据、图形等信息及经过计算机处理后的中间结果和最后结果。显示器是一种实时显示设备，屏幕上的内容随电信号的不同可以快速改变，但一旦断电，显示的内容将全部消失。

① 显示器的主要类型。显示器按显示器件的不同，主要可分为阴极射线管显示器（Cathode Ray Tube，CRT）、液晶显示器（Liquid Crytal Disaplay，LCD）、发光二极管显示器（Light Emitting Diode，LED）和有机发光二极管显示器（Organic Light Emitting Diode，OLED）。

● CRT 显示器。CRT 显示技术已有 100 多年的发展历史，其制造成本低、价格便宜、显示品质较好，如图 2-22 所示。一个典型的光栅扫描式 CRT 主要由电子枪、偏转线圈、荫罩、荧光粉层和玻璃外壳部分组成，如图 2-23 所示。当显示器加电后，在电子枪和荧光粉层之间形成一个电势差为 10 000～30 000 V 的直流加速电场，当电子枪射出的电子束经过聚焦和加速后，在偏转线圈产生的磁场的作用下，按用户所需要的方向偏转，然后通过荫罩上的小孔射在荧光粉层上，经过高压加速后电子束所携带的动能的一部分便转化成光能，形成可见光。电子束先从左到右，再从上到下，反复进行快速的水平扫描和垂直扫描（每秒超过几十遍），由于荧光粉的余晖和人眼的视觉暂留效应，用户就会感觉到在屏幕上形成了一幅幅的图像。

图 2-22　CRT 阴极射线管显示器

图 2-23　CRT 与 LCD 内部器件及结构对比

CRT 显示器由于功耗高、体积大、重量重等缺点，现已基本退出市场。

● LCD 显示器。LCD 采用了液晶控制透光度技术来实现色彩的显示，是目前最好的彩色显示设备之一，也是现在笔记本电脑和台式机上的主流显示设备，如图 2-24 所示。LCD 显示器不仅具有厚度薄、重量轻、耗电低等特点，同时还具有 CRT 显示器不具备的无闪烁、低辐射、几乎无颜色失真的特点。

● LED 显示器。液晶本身并不发光，需要另外的光源发亮。传统的液晶显示器使用 CCFL（冷阴极荧光灯管）作为背光源，而现在可以用 LED（发光二极管）作为背光源，于是有了 LED 显示器，它用 LED 光源替代了传统的荧光灯管，画面更优质，寿命更长，制作工艺更环保，并且能使液晶显示面板更薄。

值得一提的是，目前市面上所谓的 LED 显示器实际上都是 LED 背光源液晶显示器，是指背光用 LED（LED 灯泡组成发光矩阵），面板仍是 LCD，从本质上看，仍属于 LCD 显示器的一种，如图 2-25 所示。

图 2-24　LCD 液晶显示器

图 2-25　LED 背光源液晶显示器

严格意义上的 LED 显示器，是指完全采用 LED（发光二极管）作为显像器件的显示器。我们经常见到的广场广告牌等，就是一种 LED 点阵显示屏，它已经完全摆脱了液晶的存在，是一种全新意义上的自发光显示屏幕。相对于液晶而言，它具有很多优势。

● OLED 显示器。OLED 被公认为 LCD 的继任者，也被认为是下一代显示技术的最佳方案。OLED 有别于 LCD 显示技术的最大优点可归纳为 OLED 具有像素点自发光的特性。OLED 由于自发光、每个像素独立照明的特性。画质效果更加出众；而且，OLED 显示屏幕可视角度大，并且能够节省电能，是严格意义上的 LED 显示器。此外，OLED 通过配合不同的基板材质可实现弯曲甚至折叠显示效果，如图 2-26 所示。OLED 的可塑性和能耗优势，正在智能手机、可穿戴设备和物联网领域慢慢凸显。

图 2-26　采用 OLED 的曲屏概念手机

② 显示器的主要性能指标。

● 屏幕尺寸与可视面积。屏幕尺寸是指显示屏的对角线长度，一般以英寸为单位（1 英寸=2.54 cm），常见的 LCD 显示屏有 14 英寸、15 英寸、17 英寸、19 英寸、21 英寸等。可视面积是指显示屏实际可以显示图像的最大范围，用长与高的乘积来表示，但通常人们也用屏幕可见部分的对角线长度来表示。CRT 的可视面积都会小于屏幕尺寸，如 17 英寸的 CRT 显示器的可视区域大多在 15～16 英寸。LCD 显示器的可视面积与它的屏幕尺寸基本相同，也就是说，一个 15.1 英寸的 LCD 显示器的实际可视尺寸也基本是 15.1 英寸。这也是为什么一台 15 英寸的 LCD 显示器与一台 17 英寸的 CTR 显示器看上去差不多的原因。

● 像素、点间距和分辨率。显示器所显示的图形和文字是由许许多多的"点"组成的，我们称这些点为像素。像素是组成图像的最基本的单元要素。

点间距是指屏幕上相邻两个像素点之间的距离，是决定图像清晰度（也称细腻度）的重要因素，如图 2-27 所示。点间距越小，图像越清晰，细节越清楚，成本越高。显示器常见的点间距有 0.21 mm、0.28 mm 和 0.31 mm 几种，0.21 mm 点间距通常用于高档的显示器。目前，市场上最常用的是 0.28 mm 点间距的显示器，这对于用户平常的工作和娱乐来说，已经足够了。

新 iPad 采用小点间距（占用了 9 个像素点）　iPad 采用大点间距（占用了 4 个像素点）

图 2-27　点间距对图像细腻度的影响

分辨率是指屏幕上每行有多少像素点、每列有多少像素点，一般用矩阵行列式来表示，其中每个像素点都能被计算机单独访问。例如，14 英寸的液晶显示屏的最佳分辨率为 1 024×768，即该液晶显示板在水平方向上有 1 024 个像素，垂直方向上有 768 个像素。分辨率越高，屏幕可以显示的内容越丰富、图像越清晰。LCD 的分辨率与 CRT 不同，一般不能任意调整，它是制造商所设置和规定的，现在 LCD 的分辨率一般是 800×600 的 SVGA 显示模式和 1 024×768 的 XGA 显示模式。

● 对比度。对比度是指在规定的照明条件和观察条件下，图像最亮的白色区域与次暗的黑色区域之间的比值。对比度直接体现了显示器能否展现丰富色阶的参数，对比度越高，还原的画面层次感就越好。在 CRT 显示器中，对比度对其性能的影响并不引起人们的重视；但在液晶显示器中，对比度却是衡量显示器好坏的主要参数之一。

● 可视角度。可视角度是指站在始于屏幕法线（显示器正中间的假想线）的某个角度的位置时仍可清晰地看见屏幕图像所构成的最大角度，可视角越大越好。例如，当我们说可视角是 80° 左右时，表示站在始于屏幕法线 80° 的位置时仍可清晰地看见屏幕图像。

可视角度小是 LCD 天生的缺陷，如图 2-28 所示，因此这个在 CRT 中不值一提的指标在选购 LCD 时便被提到了相当重要的位置上来。一般来说，液晶显示器的水平视角在 100° 以上，垂直视角在 80° 以上即可满足要求。

● 亮度。人眼可以分辨约 250 个亮度级别，LCD 的亮度由背光灯所决定，普遍高于传统的 CRT。亮度越高，显示器对周围环境的抗干扰能力就越强，显示效果就显得更明亮。目前，主流的 LCD 显示器大多能达到 250:1 这一标准。

● 响应时间。响应时间是指 LCD 显示器对于输入信号的反应速度，也就是液晶体由暗转亮或者是由亮转暗的反应时间。CRT 显示器的响应时间一般少于 1 ns（纳秒），可忽略不计；而在液晶显示器中，响应时间却是衡量其好坏的主要参数之一，它决定着 LCD 显示画面的流畅程度。LCD 的响应时间越短，就代表各像素点对输入信号反应的速度越快，它在每秒钟能显示的画面也就越多。我们平常看到的电影，每秒钟显示 24 幅画面，这时我们已经无法察觉画面的延迟，而会感觉很流畅。但是，在进行一些高速度游戏的时候，响应时间过慢的 LCD 显示器会出现图像拖影现象。目前，市场上主流 LCD 的响应时间为 5 ms（毫秒）。

（2）显示卡。

① 显示卡的基本结构。显示卡是显示器与主机通信的控制电路和接口，如图 2-29 所示，其核心是图形处理芯片，在它周围是显示内存和 BIOS 芯片等。当 CPU 有运算结果或图形要显示的时候，它首先将其传送给显示卡，由显示卡的图形处理芯片把它们翻译成显示器能识别的数据格式，并通过显示卡后面的一个 15 芯 VGA 接口和显示电缆传给显示器。不同的显示器需要不同的显示卡。常见的显示标准有 MDA、CGA、EGA、HGA、MCGA、VGA、SVGA、TVGA、AGP 等。

图 2-28　LCD 做可视角度测试的效果对比图

图 2-29　显示卡的基本结构

② 显示卡的颜色。显卡的颜色有 16 色、256 色、增强色（16 位）和真彩色（24 位）。一般微机出厂时都预置为 16 位色，即同时能显示 $2^{16}=65\,536$ 种颜色，而真彩色 24 位模式则可同时显示 $2^{24}\approx1\,670$ 万种颜色，这基本涵盖了人眼所能识别的所有颜色，用户可根据自身需要进行相应的调整。

（3）打印机。打印机是计算机系统的标准输出设备之一，用来打印程序结果、图形和文字资料等。

打印机的种类很多，按打印方式可分为击打式和非击打式两类。击打式打印机利用机械冲击力，通过打击色带在纸上印上字符或图形；非击打式打印机则用电、磁、光、喷墨等物理、化学方法来印刷字符和图形，打印质量较高。按打印机的工作原理则可将其分为针式打印机、喷墨打印机和激光打印机，如图 2-30 所示。

① 针式打印机。针式打印机由走纸装置、控制和存储电路、打印头、色带等组成。打印头由若干根钢针组成，由钢针打印点，通过点拼成字符。打印时 CPU 发出信号，驱动一部分打印针打击色带，使色带接触打印纸进行着色，便打印出字符。

（a）针式打印机　　　　　（b）喷墨打印机　　　　　（c）激光打印机

图 2-30　各种类型的打印机

　　针式打印机的优点是结构简单、耗材省、维护费用低、可打印多层介质（如银行等需打印多联单据）；缺点是噪声大、分辨率低、体积较大、速度慢、打印针易折断以及需经常更换色带等。针式打印机按针数可分为 9 针和 24 针两种，打印速度一般为 50～200 个汉字／秒。该类打印机按宽度可分为窄行（80 列）和宽行（132 列）两种。目前，在我国使用最广泛的是带汉字字库的 24 针打印机。

　　② 喷墨打印机。喷墨打印机不用色带，而是把墨水储存于可更换的盒子中，通过毛细管将墨水直接喷到纸上。喷墨打印机的打印质量较高、噪声小、速度快、色彩效果好，常用于家用。

　　喷墨打印机按喷墨形式可分为液态喷墨打印机和固态喷墨打印机两种。液态喷墨打印机是使墨水通过细喷嘴，在强电场作用下以高速墨水束喷出在纸上形成文字和图像；固态喷墨打印机使用的墨在常温下是固态，打印时墨被加热液化，之后喷射到纸上，并渗透其中，附着性好，色彩鲜亮，但价格昂贵。

　　③ 激光打印机。激光打印机是利用电子成像技术进行打印。它由激光发生器和机芯组成核心部件。激光头能产生极细的光束，经由计算机处理及字符发生器送出的字形信息，通过一套光学系统形成两束光，在机芯的感光鼓上形成静电潜像，鼓面上的磁刷根据鼓上的静电分布情况将墨粉吸附在表面并逐渐显影，然后转印到纸上。激光打印机的打印质量高、速度快、噪声低。

　　除以上 3 种打印机之外，还有热蜡式、热升华式、染料扩散式打印机。这些打印机输出质量好，但成本高、速度慢，主要用于出版、制作精美画册、广告和美工等有高档彩色输出要求的任务。

小　　结

　　（1）计算机体系结构可以分为冯·诺依曼结构和哈佛结构。冯·诺依曼结构简单、易实现、成本低，但效率偏低。哈佛结构效率高但复杂，并且对外围设备的连接与处理要求也很高，十分不适合于外围存储器的扩展。因而，目前绝大部分计算机仍采用冯·诺依曼结构。

　　（2）计算机系统包括硬件系统和软件系统两大部分。硬件是组成微型机的所有实体部件，是计算机进行工作的物质基础。软件是建立在硬件基础之上的所有程序和文档的集合。

　　（3）计算机硬件系统由运算器、控制器、存储器、输入设备和输出设备五大基本部分组成。运算器用来实现算术、逻辑等运算；控制器用来实现对整个运算过程的有规律的控制；存储器用来存放程序及参与运算的各种数据；输入设备用来输入程序和原始数据；输出设备用来输出运算的结果。

　　（4）主板是位于主机箱内的一块大型多层印制电路板，上面安装了组成计算机的主要电路系统，是微机最基本、最重要的部件之一。如果把 CPU 比作微机的心脏，那么主板就是躯干。

　　（5）CPU 采用超大规模集成电路工艺，其功能是执行算术和逻辑运算，并控制整个计算机自动、协调地完成各种操作，它是整个微机系统的灵魂与核心。CPU 的主要性能指标包括核心数、字长、频率（主频、外频和倍频）、高速缓存容量、扩展指令集、工作电压和制作工艺等。

（6）在微机系统中，存储系统通常采用三级层次结构，主要由高速缓冲存储器（Cache）、主存储器和辅助存储器组成。主存储器又称内存储器，又可分为 ROM 和 RAM 两大类；Cache 是一个读写速度比内存更快的存储器，主要用于存放当前内存中使用频率最高的程序块或数据块，并以接近 CPU 工作速度的方式向 CPU 提供数据，以提高整个系统的性能；而外存储器通常用来存储大量的、需要持久化存储的数据。

（7）硬盘的主要性能指标有容量大小、主轴转速、平均寻道时间、高速缓存、数据传输率等。

（8）总线是 CPU 与外围设备之间传输信息的一组信号线。微机中的总线一般有内部总线、系统总线和外部总线。接口（Port）是主机与和外部设备之间信息交换的桥梁，主要用于连接输入/输入设备。计算机中常用的总线与接口的标准有 ISA、EISA、PCI、AGP、RS-232-C、IEEE 488、USB 等。

（9）计算机常用的输入设备有键盘、鼠标、扫描仪等，输出设备有显示器、显示卡、打印机等。

习 题 2

一、单项选择题

1. 组成微型计算机主机的两个主要部件是微处理器和（　　）。
   A. 硬盘　　　　　　　B. 软盘　　　　　　　C. 光盘　　　　　　　D. 内存储器

2. 如果计算机突然断电，则下面（　　）中的信息会全部丢失，即使再通电它们也无法恢复。
   A. ROM　　　　　　　B. PROM　　　　　　C. RAM　　　　　　D. Flash

3. ALU 完成算术运算和（　　）。
   A. 二进制计算　　　　B. 逻辑运算　　　　　C. 奇偶校验　　　　D. 存储数据

4. 微型计算机中的 Cache 多是一种（　　）。
   A. 静态只读存储器　　B. 静态随机存储器　　C. 动态只读存储器　D. 动态随机存储器

5. 一张软盘格式化为双面 50 磁道、10 扇区/道、512 字节/扇区，则其总容量为（　　）。
   A. 256 000 字节　　　B. 512 000 字节　　　C. 2 048 000 字节　D. 128 000 字节

6. 在数字摄像头中，50 万像素相当于分辨率（　　）。
   A. 640×480　　　　　B. 800×600　　　　　C. 1 024×768　　　D. 1 600×1 200

7. 下列有关存储器读/写速度的排列，正确的是（　　）。
   A. RAM>Cache>硬盘>软盘　　　　　　B. Cache>RAM>硬盘>软盘
   C. Cache>硬盘>RAM>软盘　　　　　　D. RAM>硬盘>软盘>Cache

8. 关于存储器的叙述，正确的是（　　）。
   A. 存储器是随机存储器和只读存储器的总称
   B. 存储器是一种输入设备
   C. 在计算机断电时，随机存储器中的数据不会丢失
   D. 内存储器在存取数据时比外存储器快

9. 以下 CPU 的性能指标中（　　），越小越好。
   A. 字长　　　　　　　B. 制程工艺　　　　　C. 内核数　　　　　D. 主频

10. 关于 CPU 主频的叙述，错误的是（　　）。
    A. 主频就是 CPU 运行的速度

    B. 主频是 CPU 性能表现的一个主要方面，但不能代表 CPU 的整体性能

    C. 提高 CPU 主频一直是 CPU 发展的主动力之一

    D. CPU 主频的高低不会直接影响 CPU 的运算能力

11. 指挥和控制计算机各部分自动、连续、协调一致地运行的部件是（　　　）。

    A. 存储器　　　　　　　B. 运算器　　　　　　C. 控制器　　　　　　D. 存储器

12. 关于 Cache 的叙述，正确的是（　　　）。

    A. Cache 用来缓解 CPU 与内存之间的速度瓶颈

    B. Cache 是计算中读写速度最快的半导体存储器，与 CPU 的运行速度一样快

    C. 为保证高命中率，Cache 的容量往往非常大，与内存容量相当

    D. Cache 用来抵消 CPU 与内存之间的速度瓶颈

13. 下列存储器中，（　　　）是顺序存取的存储媒体。

    A. 软盘　　　　　　　　B. 硬盘　　　　　　　C. 光盘　　　　　　　D. 磁带

14. 显示器最重要的指标是（　　　）。

    A. 屏幕大小　　　　　　B. 分辨率　　　　　　C. 显示速度　　　　　D. 制造商

15. 地址总线是（　　　）在微机各部分之间传送的线路。

    A. 数据信号　　　　　　B. 控制信号　　　　　C. CPU 应答信号　　　D. 寻址信号

二、填空题

1. 微机的运算器、控制器、内存储器构成计算机的_____部分。

2. 冯·诺依曼计算机的两大特征是_____与_____。

3. 某台型号规格为 CORE i5/3.5 GHz 的微型机，其中 3.5 GHz 表示该机的_____。

4. 运算器的主要功能是_____._____运算和_____运算。

5. 在计算机内存中，每个基本存储单元都被赋予一个唯一的序号，即为_____。

6. 指令由_____和操作数地址两部分组成。

7. 为缓解 CPU 和主存的速度匹配问题，可采用_____技术。

8. 在计算机数据处理过程中，CPU 直接和_____交换信息。

9. 磁盘的每一面都划分成很多的同心圆，称为_____。

10. 计算机的 3 类系统总线分别是_____、_____和_____。

三、简答题

1. 计算机的基本组成结构包括几个部分？请画出示意图，并简述各个部分的功能。

2. 构成一台计算机的主要硬件有哪些？

3. 什么是主板？主板的作用是什么？

4. 简述 CPU 的两个基本部件的基本功能。

5. 简述存储器的功能和分类。

6. 简述内存和 Cache 的区别。

7. 什么是辅助存储器？目前常用的辅助存储器有哪几种？简述它们各自的工作原理和特点。

8. 列举常见的输入设备和输出设备，并简述它们的功能和特点。

9. 指出下列与计算机有关的英文术语的含义：CPU、ALU、RAM、ROM、PROM、EPROM、DRAM、SDRAM、DDR、CD-ROM、BIOS、Cache

10. 如果某人要购买一台台式计算机，请根据所学知识，从系统各个必备硬件的选型和常用软件的安装等方面给予详细的指导意见。

第3章
计算机软件系统

计算机是由硬件系统和软件系统两部分组成的，如图 3-1 所示。硬件系统是指构成计算机系统各功能部件的集合。那么什么是计算机软件（Computer Software）呢？广义上说，软件是指计算机系统中的程序及开发、使用和维护程序所需要的文档的集合。本章主要介绍计算机软件系统。通过对系统软件和应用软件的功能分析，尤其是对操作系统的详细讲解，从而深刻理解软件系统在计算机系统中的重要地位。

图 3-1　计算机系统的组成结构

本章学习目标

- 理解计算机软件的基本概念及软件和程序的关系。

● 掌握软件系统的分类、系统软件和应用软件的概念及区别。

● 掌握操作系统的基本概念及其在计算机系统中的地位。

● 掌握操作系统的基本特征、基本功能和基本类型。

● 了解几种典型的计算机操作系统的主要特点。

3.1 计算机软件概述

3.1.1 什么是软件

软件，是指在硬件系统上运行的各种程序及相关资料。它是为了充分发挥硬件结构中各部件的功能和方便用户使用计算机而编译的各种程序，不仅包括可以在计算机上运行的程序，还包括与程序相关的文档。简单地说，软件就是程序加文档的集合体。软件是用户与硬件之间的接口界面，用户主要是通过软件与计算机进行交流的。

3.1.2 软件的分类

计算机系统的软件极为丰富，总体上可以分为系统软件和应用软件两大类。

系统软件为使用计算机提供最基本的功能，主要负责管理计算机系统中各种独立的硬件，使它们之间可以协调工作。系统软件包括操作系统、语言处理程序、数据库管理系统和作为软件研究开发工具的编译程序、调试程序、装配程序、连接程序和测试程序等。其中，操作系统是最核心的软件。计算机中必须装入操作系统才能工作。所有的软件（系统软件和应用软件）都必须在操作系统的支持下才能安装和运行。

应用软件是指用户自己开发或外购的能满足各种特定用途的应用软件包，如图形软件、Word文字处理软件、Excel 表格处理软件、财务软件、计划报表软件、辅助设计软件和模拟仿真软件等。

值得一提的是，系统软件不针对某一特定应用领域，而应用软件则相反，不同的应用软件根据用户和应用领域提供不同的功能。另外，尽管将计算机软件划分为系统软件和应用软件，但这种划分并不是一成不变的。一些具有较高价值的应用软件有时也归入系统软件的范畴，作为一种软件资源提供给用户使用。例如，多媒体播放软件、文件解压缩软件、反病毒软件等就可以归入系统软件之列。

3.2 系 统 软 件

系统软件是支持计算机系统正常运行并实现用户操作的那部分软件，是控制和维护计算机系统资源的各种程序的集合。这些资源包括硬件资源与软件资源，如对 CPU、内存、打印机的分配与管理；对磁盘的维护与管理；对系统程序文件与应用程序文件的组织与管理等。

系统软件一般由计算机生产厂家或软件开发人员研制，用户可以使用，但一般不随意修改。其中一些系统软件程序，在计算机出厂时直接被写入 ROM 芯片，如系统引导程序、基本输入输出系统（BIOS）、诊断程序等；还有一些直接安装在计算机的硬盘中，如操作系统；也有一些保存在活动介质上供用户购买，如语言处理程序。

　　系统软件主要包括操作系统、语言处理程序、数据库管理系统和各种服务性程序等，其核心是操作系统。

3.2.1　操作系统

　　为了使计算机系统的所有资源（包括 CPU、存储器、各种外部设备以及各种软件）协调一致、有条不紊地工作，就必须由一个软件来进行统一管理和统一调度，这个软件称为操作系统。

　　操作系统的功能是管理计算机系统的全部硬件资源、软件资源及数据资源，使计算机系统所有资源最大限度地发挥作用，为用户提供方便、有效、友好的服务界面。操作系统是直接运行在裸机上的最基本的系统软件，是系统软件的核心，任何其他软件都必须在操作系统的支持下运行。

　　典型的操作系统大致由以下 5 个功能模块组成。

1. 处理机管理模块

　　处理机管理包括进程控制和处理机调度。该功能模块能够对处理机的分配和运行进行有效的管理。

2. 存储管理模块

　　存储管理的任务是对内存资源进行合理分配。该模块能够对内存进行有效的分配和回收管理，提供内存保护机制，避免用户程序间的相互干扰。

3. 设备管理模块

　　设备管理的任务是解决设备的无关性，使设备使用起来方便、灵活，进行设备的分配和传输控制，改善设备的性能，提高设备的利用率。

4. 文件管理模块

　　文件管理的任务是完成对文件存储空间的管理、目录的管理、文件的读写管理、文件的共享和保护。

5. 作业管理模块

　　作业管理的任务是为用户提供一个使用系统的良好环境，使用户能有效地组织自己的工作流程，并使整个系统能够高效地运行。

　　实际的操作系统是多种多样的，根据侧重面和设计思想的不同，操作系统的结构和内容也存在很大的差别。对于功能比较完善的操作系统，通常都具备上述 5 个功能模块。

3.2.2　语言处理系统

　　因为有了程序，计算机系统才能自动连续地运行，而程序是由程序设计语言编写的。程序设计语言是人与计算机之间进行对话的一种媒介。人通过程序设计语言，使计算机能够"懂得"人们的需求，从而达到为人们服务的目的。

　　程序设计语言通常分为机器语言、汇编语言和高级语言。

1. 机器语言（Machine Language）

　　在计算机中，指挥计算机完成某个基本操作的命令称为指令。机器语言是直接用二进制代码表达机器指令的计算机语言。它是计算机唯一可以识别和直接执行的语言。

　　一条指令由操作码和操作数组成。每条指令都有一个唯一的二进制代码与之对应。指令的二进制代码通常随 CPU 型号的不同而不同（同系列的 CPU 一般向下兼容）。

　　机器语言的特点：机器语言是一种面向机器的语言，占用内存小、执行速度快。但是用机器语言编写程序是一项十分繁琐的工作，每条指令都是"0"或"1"的代码串，难以记忆，并且阅读检查和调试都比较困难，因此通常不用机器语言直接编写程序。

2. 汇编语言（Assembly Language）

汇编语言是面向机器的程序设计语言，它使用助记符来表示机器指令，即将机器语言符号化，因此也称汇编语言为符号语言。

汇编语言的指令与机器语言的指令基本上是一一对应的，只不过机器语言的指令直接用二进制代码，而汇编语言的指令是助记符。这些助记符（如加法指令 ADD）一般是人们容易记忆和理解的英文缩写。

汇编语言的指令可分为硬指令、伪指令和宏指令 3 类。硬指令是和机器指令一一对应的汇编指令。伪指令是根据汇编语言的需要而设立的。它的作用是指示汇编程序完成某些特殊的功能。宏指令是指用硬指令和伪指令定义的可在程序中使用的指令。一条宏指令相当于若干条机器指令，使用宏指令可以使程序简单明了。

用汇编语言编写的程序称为汇编语言源程序，机器无法执行，必须用计算机配置好的汇编程序把它翻译成机器语言目标程序，机器才能执行。汇编语言的汇编过程如图 3-2 所示。

图 3-2 汇编过程示意图

汇编语言的特点：与机器语言相比，汇编语言在编写、阅读、记忆、调试等方面有很大的进步，但由于汇编语言与机器指令具有一一对应的关系，实际上是机器语言一种符号化的表示，因此不同 CPU 类型的计算机的汇编语言是互不通用的。而且由于汇编语言与 CPU 内部结构关系紧密，要求程序设计人员掌握 CPU 内部结构寄存器和内存储器组织结构，所以对一般人来说，汇编语言仍然难学难记。

在计算机程序设计语言体系中，由于汇编语言与机器指令的一致性和与计算机硬件系统的接近性，通常将机器语言和汇编语言统称为低级语言。

3. 高级语言

高级语言是用数学语言和接近于自然语言的语句来编写程序，人们更易于掌握和编写，而且它不是面向机器的语言，因此具有良好的可移植性和通用性。

用高级语言编写的程序不能直接被计算机识别，需要通过一些编译程序或解释程序将其翻译成机器语言的目标程序才能被执行。这种翻译过程称为编译，如图 3-3 所示。

计算机将源程序翻译成机器指令时，通常分为两种翻译方式：一种为编译，另一种为解释。编译方式首先把源程序翻译成等价的目标程序，然后再执行此目标程序。而解释方式是把源程序逐句翻译，翻译一句执行

图 3-3 编译或解释过程示意图

一句，边翻译边执行。解释程序不产生将被执行的目标程序，而是借助于解释程序直接执行源程序本身。一般将高级语言程序翻译成汇编语言或机器语言的程序称为编译程序。

高级语言的特点：高级语言是一种面向问题的计算机语言。在编写程序时，用户不必了解计算机的内部逻辑，而是主要考虑解题算法和步骤，并把解题的算法和步骤通过语言输入计算机，计算机就可以按照要求完成相应工作。高级语言具有标准化程度高、便于程序交换、可轻易优化、通用性强等优点。

随着计算机的发展，高级语言的种类也越来越多，目前已达数百种。常用的高级语言有 Basic 语言、Pascal 语言、C 语言、C++语言、Java 语言和 C#语言等。

3.2.3　数据库管理系统

随着计算机技术在信息管理领域的广泛应用，用于数据管理的数据库管理系统应运而生。

数据库系统（DataBase System，DBS）是一个复杂的系统，通常所说的数据库系统并不单指数据库和数据库管理系统本身，而是指将它们与计算机系统作为一个总体而构成的系统。数据库系统通常由计算机硬件、操作系统、数据库管理系统、数据库及应用程序组成。

数据库（DataBase，DB）是按一定方式组织起来的数据的集合，它具有数据量大、数据冗余度小、可共享等特点。

数据库管理系统（DataBase Management System，DBMS）的作用是管理数据库，一般具有建立、编辑、修改、增删数据库内容等对数据的维护功能；对数据的检索、排序、统计等使用数据库的功能；友好的交互式输入/输出功能；使用方便、高效的数据库编程语言的功能；允许多用户同时访问数据库的功能；提供数据独立性、完整性和安全性保障的功能。

不同的数据库管理系统是以不同的方式将数据组织到数据库中的。组织数据的方式称为数据模型。数据模型一般分为 3 种形式：层次型（采用树形结构组织数据）、网状型（采用网状结构组织数据）、关系型（以表格形式组织数据）。

目前，常用的数据库管理系统有 Microsoft Office Access、Visual FoxPro、SQL Server、Oracle、DB2 和 MySQL 等。

3.2.4　服务性程序

服务性程序是一类辅助性的程序，是为了帮助用户使用和维护计算机，向用户提供服务性手段而编写的程序。服务性程序通常包括编辑程序、调试程序、诊断程序、硬件维护和网络管理程序等。

其中，编辑程序、调试程序、诊断程序用来辅助用户编写程序。为了更有效、更方便地编写程序，将编辑程序、调试程序、诊断程序以及编译或解释程序集合成为一个综合的软件系统，为用户提供完善的集成开发环境，这个软件系统称为软件开发平台 IDE（Integrated Develop Environment）。例如，Visual Studio.NET、Visual C++、Delphi 等通常都是常用的 IDE 软件。

网络管理程序的主要功能是支持终端与计算机、计算机与计算机以及计算机与网络之间的通信，提供各种网络管理服务，实现资源共享和分布式处理，并保障计算机网络的畅通无阻和安全使用。

3.3　应用软件

计算机软件系统中，除了系统软件以外的所有软件都统称为应用软件。应用软件是由计算机生产厂家或软件公司为支持某一应用领域、解决某个实际问题而专门研制的应用程序，包括科学计算类软件、工程设计类软件、数据处理类软件、信息管理类软件、自动控制类软件、情报检索类软件等。例如，文字处理类软件 Office、WPS；信息管理类软件 Access 数据库、MySQL 数据库；辅助设计软件 AutoCAD、CAXA；媒体播放软件 Windows Media Player、RealPlayer；图形图像软件 CorelDraw、3D MAX、Maya、Photoshop；数学软件 MATLAB；杀毒软件诺顿、卡巴斯基、江民、瑞星等。

根据软件的应用领域，我们将应用软件分为通用软件和专用软件两大类。通用软件的应用范围很广，可以不分领域地应用，如 Office、WPS 等；而专用软件则是有针对性地对于某些专业领域而开发的软件，如超市收银软件、高校学籍管理系统等。

3.3.1 通用软件

Office 办公自动化软件是现代办公室使用率非常高的一款办公处理软件，主要包括文字处理软件 Word、表格处理软件 Excel，以及演示文稿软件 PowerPoint 等。

1. 文字处理软件

文字处理软件是办公室软件的一种，主要用于文档的编辑、修改、保存、打印等。用户通过文字处理软件，可以将文字输入到计算机、存储在外存中，需要时可以对输入的文字进行修改、编辑，并能将输入的文字以多种字体、多种字形及各种格式打印。

文字处理软件的发展和文字处理的电子化是信息社会发展的标志之一。现有的中文文字处理软件主要有微软公司的 Word 和金山公司的 WPS。Word 依靠 Windows 的绑定而世界化流行。

Word 是微软公司推出的文字处理软件。它继承了 Windows 友好的图形界面，可方便地进行文字、图形、图像和数据的处理，制作具有专业水准的文档。Word 2010 的窗口如图 3-4 所示。

图 3-4　Word 2010 窗口视图

WPS（Word Processing System，文字处理系统）是金山软件公司开发的一种办公软件，最初出现于 1989 年。由于其简单、易用，集编辑与打印于一体，具有丰富的全屏幕编辑功能，而且还提供了各种控制输出格式及打印功能，使打印出的文稿既美观又规范，因此在国内受到各行各业的普遍欢迎。

2. 表格处理软件

表格处理软件主要用来处理各式各样的表格。它可以根据用户的要求自动生成各种表格，表格中的数据可以输入也可以从数据库中取出。可根据用户给出的计算公式，完成繁琐的表格计算，计算结果自动填入对应栏目中。如果修改了相关的原始数据，计算结果栏目中的数据也会自动更新，不需要用户重新计算。一张表格制作完成后，可存入外存，方便以后重复使用，也可以通过打印机输出。目前，最常用的表格处理软件是微软公司的 Excel。

Excel 不仅具有强大的数据组织、计算、分析和统计功能，还可以通过图表、图形等多重形式对处理结果加以形象地显示，从而更方便地与 Microsoft Office 软件中的其他组件相互调用数据，实现资源共享。Excel 2010 的窗口如图 3-5 所示。

图 3-5　Excel 2010 窗口视图

3. 演示文稿软件

PowerPoint 是目前最常用的一种演示文稿软件，用于制作和演示多媒体投影片。演示文稿中的每一页称为幻灯片，每张幻灯片都是演示文稿中既相互独立、又相互联系的内容。将制作好的幻灯片集合起来，就形成了一个完整的演示文稿。利用 PowerPoint，可以非常方便地制作各种文字，绘制图形，如加入图像、声音、动画、视频影像等各种媒体信息，并根据需要设计各种演示效果。上课时，老师只需轻点鼠标，就可以播放制作好的一幅幅精美的文字和画面（也可按事先安排好的时间自动连续播放）。用户不仅可以在投影仪或者计算机上进行演示，也可以将演示文稿打印出来，制作成胶片，以便应用到更广泛的领域中。PowerPoint 2010 的窗口如图 3-6 所示。

Office 系列的 PowerPoint 软件目前的主流版本是 PPT 2010 和 PPT 2013。

除了 PowerPoint 外，还有一些多媒体制作软件，如 Action、ToolBook、Authorware 等。

Action 也是一种面向对象的多媒体创作工具，既可用来制作投影演示，亦可用于制作简单的交互式多媒体课件。与 PowerPoint 相比，Action 的交互功能大大增强，可通过定义"热字"按钮等实现主题跳转，还可以制作简单的动画，操作方法也比较简单，适用于初学者或者制作功能简单的多媒体课件时使用。

图 3-6　Powerpoint 2010 窗口视图

　　ToolBook 是美国 Asymetrix 公司推出的一种面向对象的多媒体开发工具,同该软件名称一样,用 ToolBook 制作多媒体课件的过程就像写一本书。这种"电子书"的制作尽管稍显复杂,但表现力强、交互性好,制作的节目具有很大的弹性和灵活性,适用于创作感丰富的多媒体课件和多媒体读物。现在最新的版本是 ToolBook10.0。

　　Authorware 是一种基于流程图的可视化媒体开发工具,它和 ToolBook 一起,成为多媒体创作工具事实上的国际标准。Authorware 中的整个制作过程以流程图为基本依据,非常直观,且具有较强的整体感,制作者通过流程图可以直接掌握和控制系统的整体结构。Authorware 共提供了10 种系统图标和 10 种不同的交互方式,被认为是目前交互功能最强的多媒体工具之一。该工具软件和 Action 同是美国 Macromedia 公司的产品。

　　除了上述介绍的几种软件外,常用的多媒体创作工具还有国外的 Director、国内的摩天、银河等,它们各自都有不同的特点,用户可以根据开发要求、个人喜好以及现有条件加以选择。

3.3.2　专用软件

　　专用软件指的是用在特定的某些行业或者有着特殊专业用途的软件,并不是对绝大多数计算机使用者有用。

1. 辅助设计软件

　　计算机辅助设计(Computer Aided Design, CAD)技术是近 20 年来最具成效的工程技术之一。由于计算机有快速的数值计数、较强的数据处理以及模拟能力,因此目前在汽车、飞机、船舶、超大规模集成电路 VISI 等的设计、制造过程中,CAD 占据着越来越重要的地位。计算机辅助设计软件能高效地绘制、修改、输出工程图纸。设计中的常规计算帮助设计人员寻找较好的方案。使设计周期大幅度缩短,而设计质量却大为提高。该技术能将各行各业的设计人员从繁琐的绘图设计中解脱出来,使设计工作计算机化。目前,常用的计算机辅助设计软件有 AutoCAD、CAXA、Photoshop 等。

2. 实时控制软件

在现代化工厂里，计算机普遍用于生产过程的自动控制。例如，在化工厂中，用计算机控制配料、温度、阀门的开关等；在炼钢车间中，用计算机控制加料、炉温、冶炼时间等；在发电厂中，用计算机控制发电机组等。

用于生产过程自动控制的计算机一般都是实时控制，对计算机的速度要求不高，但对可靠性要求很高，否则会生产出不合格产品，或造成重大事故。

用于控制的计算机，其输入信息往往是电压、温度、压力、流量等模拟量，要先将模拟量转换成数字量，然后计算机才能进行处理或计算，处理或计算后，再根据预定的控制方案对生产过程进行控制。这类软件一般统称为监察控制和数据采集（Supervisory Control And Data Acquisition，SCADA）软件。目前，比较流行的 PC 上的 SCADA 软件有 FIX、InTouch、Lookout 等。

当然，还存在很多专门为解决某些特定领域的专业问题而开发的软件，如超市支付清算系统、医院挂号系统等，它们也属于专用软件范畴。

3.4　操作系统概述

根据冯·诺依曼的指导思想，计算机硬件系统是由运算器、控制器、存储器、输入/输出设备等部件通过计算机主板连接构成的。要使硬件系统能够充分发挥其效能，尽可能地按照人们预期的目的和要求来运行各类程序，就需要一套管理（控制、分配）硬件和组织运行程序有序完成的程序（也就是管理应用程序的程序），通常将这个程序统称为操作系统。可将其做一个形象地比喻：人们修建高速公路，其目的是提高运输和通行能力，但有了高速公路（硬件）还不行，还必须有一套管理高速公路运行的规章制度（操作系统），在高速公路上行驶的车辆必须严格执行该规章制度，这样才能发挥高速公路的作用。

通常将计算机硬件称为裸机，它的功能非常弱，仅能完成简单的运算（只能进行"0"和"1"的二进制运算）。将计算机操作系统运行在计算机硬件上，可以使计算及功能变得非常强大、服务质量非常高、使用非常方便，为人们使用计算机提供了一个安全、可靠的应用环境，以满足各种应用需求。同时，操作系统可以有效而合理地组织安排多个用户共享计算机系统中的各种资源，最大限度地提高资源的利用率。

操作系统是一种管理计算机硬件的接口，为应用程序提供基本的运行条件，是计算机用户和计算机硬件之间的人机接口。操作系统的类型具有丰富的多样性。大型计算机操作系统的目标是优化对硬件的使用，而个人计算机（PC）的操作系统提供了对商业应用、个人娱乐，以及对介于二者之间的其他应用软件的支持。有些操作系统追求易用性，有些操作系统追求效率，还有些操作系统则是两者折中。

3.4.1　操作系统的基本概念

一般认为，操作系统（Operating System，OS）是管理计算机系统资源、控制程序执行、改善人机界面、提供各种服务、合理组织计算机工作流程和为用户使用计算机提供良好运行环境的一类系统软件。

广义上说，操作系统或者说整个计算机系统都是为人类服务的，但具体功能则是用于完成计算机系统硬件的管理和控制，对各类信息的编辑、运行、输入/输出等进行控制。因为在计算机系统中，有多个程序（作业）是并发执行的（类似田径跑步一样，每个运动员都想争第一名，而"第一名"只有一个，谁得第一名，就要看哪位运动员的水平发挥得更好以及裁判的规则了，这是一个很复杂的问题。"第一名"是资源，运动员们要通过竞争使用这个资源）。在计算机系统中也一样，CPU 只有一个或是少于运行程序的数目，多个程序就要竞争 CPU 资源。这时操作系统则根据资源的状态和运行程序的优先级并按一定的算法将资源分配给具备条件的程序（进程或线程）。所以，可以将操作系统视为计算机系统资源的管理者。

在计算机系统中，人们是通过操作系统或者说是通过操作系统提供的各种相关命令来使用计算机的，操作系统是用户与计算机硬件的接口，如图 3-7 所示。

图 3-7　用户、操作系统、计算机硬件三者之间的关系

整个操作系统的构成用层级结构来划分和实现，可以使各个部分的关系十分清晰、一目了然。图 3-8 和图 3-9 说明了在层级结构中，操作系统在整个计算机系统中的地位。

图 3-8　计算机系统中软、硬件的层级结构　　　图 3-9　计算机系统中的分层结构

从图 3-9 中我们可以看到，计算机系统中的分层结构由硬件、内核层、服务层、命令层和用户构成。

1. 硬件

该层是操作系统赖以工作的基础，也是操作系统设计者可以使用的功能和资源。

2. 内核层

该层是操作系统的最里层，是唯一直接与计算机硬件"打交道"的部分，它使得操作系统与计算机硬件相互独立。只要改变操作系统的内核层就可以使同一操作系统运行于不同的计算机硬件环境下。内核提供了操作系统中最基本的功能，它包括调入执行程序以及为程序分配各种硬件资源的子系统。将软件与硬件所传递的各类信息在内核中完成，对普通用户来说，可以使复杂的计算机系统变得简单、易操作。

3. 服务层

该层接收来自于应用程序或命令层的服务请求，并将这些请求译码为传送给内核的执行指令，然后再将结果回送到请求服务的程序中。服务层是由众多程序组成的，可以提供以下服务。

① 访问 I/O 设备：将数据进行输入/输出。

② 访问存储设备（内存或者外存）：读或写磁盘中的数据。

③ 文件操作：打开（关闭）文件、读写文件。

④ 特殊服务：窗口管理、通信网络和数据库访问等。

4. 命令层

该层主要提供用户接口界面，是操作系统中唯一直接与用户（应用程序）"打交道"的部分（如 UNIX 的 Shell）。

5. 用户

用户是指应用程序。

通过以上阐述，说明了操作系统在计算机系统中的重要地位，没有操作系统，计算机硬件就不能充分发挥作用，用户也不能随心所欲地操作计算机系统。所以说，操作系统是裸机上的第一层软件，它是对硬件系统功能的首次扩充，填补了人与机器之间的鸿沟。

3.4.2　操作系统的基本特征

1. 并发性

我们在讲某一问题时，可能会用到"并发性"和"并行性"两个词，它们分别是什么意思？又有什么不同？

"并发性"和"并行性"的含义有相似之处而又有所区别。

并行性是指两个或多个事件在同一时刻发生（强调一个时间点），而并发性是指两个或两个以上的事件或活动在同一时间间隔内发生（强调一个时间段）。

在多道程序环境下，并发性是指在一段时间内，宏观上有多个程序在同时运行，但实际上在单 CPU 的运行环境中，每一个时刻仅有一个程序在执行。因此，从微观上来说各个程序是交替、轮流执行的。如果计算机系统中有多个 CPU，这些存放在内存中的可以并发执行的程序则被分配到多个 CPU 上实现并行运行。一般来说，有多少个 CPU 就有多少个程序可以同时执行。

由于程序可以打印输出，也可以存储在磁介质上，所以是静态实体，是不可以并发执行的。怎样才能使多道程序并发执行？简单地说，系统把需要运行程序的一部分调入内存，并给其分配必要的系统资源，做好运行前的一切准备。这个过程就是为每个程序建立进程（Process）。程序是以进程为单位在 CPU 中运行的，系统也是以进程为单位为其分配所需资源的。进程是由一组机器指令、数据、堆栈和数据结构（表格）等组成的，是活动实体。进程是某正在执行程序（作业）的一部分（可能是极小一部分）。图 3-10 给出了进程的组成示意图。

那么，操作系统为什么要以进程为单位来控制和管理程序的运行？是为了使多个程序能并发执行。并发执行使操作系统变得非常复杂，因为操作系统需要增加多个完成控制和管理的功能模块，分别用于 CPU、内存、I/O 设备和文件系统等资源的管理，并控制系统中程序的运行。

图 3-10　进程的组成示意图

20 世纪 80 年代，计算机专家又提出了比进程更小的运行单位——线程（Thread）。一个进程可以包含多个线程。在引入线程的系统中，由于线程比进程小，基本上不拥有系统资源，所以线程的运行比进程更轻松（切换迅速）。目前，用户使用的操作系统一般都引入了线程。

PCB（Process Control Block，进程控制块）是记录每个进程相关信息（如进程标识符、所需要的系统资源、优先级等）的数据结构，它描述了进程在其生命周期中动态变化的全过程，是进程存在的唯一标志。

2. 共享性

共享是指操作系统中的资源（包括硬件资源和信息资源）可被多个并发执行的进程（线程）共同使用，而不是被一个进程（线程）所独占。出于经济上的考虑，一次性向每个用户程序分别提供它所需的全部资源不但是浪费的，有时也是不可能的。现实的方法是让操作系统和多个用户程序共用一套计算机系统的所有资源，因而，必然会产生共享资源的需要。资源共享的方式可以分成以下两种。

（1）同时共享。系统中有许多资源，允许在一段时间内由多个进程同时对它们进行访问。这里所谓的"同时"往往是宏观上的说法。而在微观上，这些进程可能是交替地对该资源进行访问。典型的可供多进程"同时"访问的资源是磁盘，一些用重入码编写的文件，也可以被"同时"共享，即若干个用户同时访问该文件。

（2）互斥共享。系统中的某些资源如打印机、磁带机、卡片机，虽然它们可提供给多个进程使用，但在同一时间内却只允许一个进程访问，即要求互相排斥地使用这些资源。当一个进程还在使用该资源时，其他要访问该资源的进程必须等待，仅当该进程访问完毕并释放资源后，才允许另一个进程对该资源访问。这种同一时间内只允许一个进程访问的资源被称为"临界资源"，许多物理设备，以及某些数据和表格都是临界资源，它们只能互斥地被共享。

值得注意的是，共享性和并发性是操作系统的两个最基本的特性，它们又是互为存在的条件。一方面，资源的共享是因为程序的并发执行而引起的，若系统不允许程序并发执行，自然也就不存在资源共享问题；另一方面，若系统不能对资源共享实施有效的管理，必然会影响到程序的并发执行，甚至使程序无法并发执行，操作系统也就失去了并发性，导致整个系统效率低下。

3. 虚拟性

虚拟性是指操作系统中的一种管理技术，它是把物理上的一个实体变成逻辑上的多个对应物，或把物理上的多个实体变成逻辑上的一个对应物的技术。前者是实际存在的，而后者是虚构假想的，是用户感觉上的东西。采用虚拟技术的目的是为用户提供易于使用、方便高效的操作环境。

现代计算机系统中使用了多种虚拟技术，分别用来实现虚拟处理机、虚拟存储器、虚拟外部设备和虚拟信道等。

在虚拟处理机技术中，就是通过多道程序设计技术，让多道程序并发执行来分时使用一台（物理）处理机。这台处理机的处理速度应该非常快，功能特别强，使得各用户终端在执行自己的进程（程序）时，总感觉自己是独占计算机系统一般。

虚拟存储器就是通过某种技术，把有限的内存容量变得无限大，用户在运行远大于实际内存容量的程序时，不会发生内存不够的错误。用户所运行的程序大小与实际内存容量无关。

虚拟设备是通过虚拟技术把一台物理 I/O 设备虚拟为多台逻辑上的 I/O 设备供多个用户使用，每个用户可以占用一台逻辑上的 I/O 设备，实现 I/O 设备的共享。

其实，操作系统本身就是一个虚拟机，将很多资源进行抽象以便于用户使用。例如，将各类数据抽象为文件，并提供统一接口和友好的图形界面，以方便用户的存取。而用户所感受到的只是使用上的方便，其实这种方便都是源于操作系统的虚拟性。

4. 不确定性

操作系统的第 4 个特征是不确定性，也称随机性。在多道程序环境中，允许多个进程并发执行。但由于资源有限而进程众多，在多数情况下进程的执行不是一贯到底的，而是"走走停停"。例如，一个进程在 CPU 上运行一段时间后，由于等待资源满足或事件发生，它被暂停执行，CPU 将其转让给另一个进程执行。系统中的进程何时执行，何时暂停，以什么样的速度向前推进，进程总共要花多少时间执行才能完成……这些都是不可预知的，或者说该进程是以不确定的方式运行的，其导致的直接后果是程序执行结果可能不唯一。不确定性给系统带来了潜在的危险，有可能导致进程产生与时间有关的错误，但只要运行环境相同，操作系统必须保证多次运行的进程都能获得完全相同的结果。

操作系统中的随机性处处可见。例如，作业到达系统的类型和时间是随机的；操作员发出命令或按按钮的时刻是随机的；程序运行发生错误或异常的时刻是随机的；各种各样硬件和软件中断事件发生的时刻是随机的等。操作系统内部产生的事件序列有许多种可能，而操作系统的一个重要任务是必须确保捕捉任何一种随机事件，正确处理可能发生的随机事件和任何一种产生的事件序列，否则将会导致严重后果。

3.4.3　操作系统的基本功能

操作系统是用户与计算机硬件之间的接口，同时也是对计算机硬件系统的一次扩充，从而使得用户能够方便、可靠、安全、高效地操纵计算机硬件和运行自己的程序。操作系统合理地组织计算机的工作流程，协调各个部件有效地工作，为用户提供一个良好的运行环境。用户可以直接调用操作系统提供的各种功能，而无需了解许多软、硬件本身的细节。

操作系统是计算机系统的资源管理者。在计算机系统中，能分配给用户使用的各种硬件和软件设施统称为资源。资源包括两大类：硬件资源和软件资源。其中，硬件资源包括处理机、存储器、I/O 设备等，I/O 设备可具体分为输入型设备、输出型设备和存储型设备。软件资源包括程序、数据等。操作系统的重要任务是有序地管理计算机中的硬件资源和软件资源，跟踪资源的使用情况，监视资源的状态，满足用户对资源的需求，协调各程序对资源的使用冲突，为用户提供简单、有效的使用资源的手段，最大限度地实现各类资源的共享，提高资源的利用率。

总的来说，操作系统的功能包括以下 4 个方面。

1. 处理机管理和进程调度

CPU 是计算机系统中最核心的资源。处理机管理的主要工作包括处理机中断事件和处理机调度。其目的是最大限度地提高处理机的使用效率，发挥其作用。

在单用户、单任务的情况下，处理机仅为一个用户的一个任务所独占，组织多个作业或任务执行时，要解决处理机的调度、分配和回收等问题。多处理机系统的处理管理更加复杂。为了实现处理机的管理功能，描述多道程序的并发执行，操作系统引入了进程的概念，处理机的分配和执行以进程为基本单位。随着并行处理技术的发展，为了进一步提高系统的并行性，使并发执行单位的粒度变细，并发执行的代价降低，操作系统又引入了线程的概念。对处理机的管理和调度最终归结为对进程和线程的管理和调度。

（1）处理机调度的 3 个级别。处理机调度可以分为高级调度、中级调度和低级调度 3 个级别，如图 3-11 所示。

图 3-11　处理机调度的 3 个级别

① 高级调度，又称为作业调度，通常发生在新进程的创建过程中，它决定一个进程能否被创建，或者是创建后能否被置为就绪状态，以参与竞争处理机，获得运行。在纯粹的分时或者实时操作系统中，通常不需要配备高级调度。

② 在分时系统或具有虚拟存储器的操作系统中，为了提高内存利用率和作业吞吐量，专门引入了中级调度。中级调度反映到进程状态上就是挂起和解除挂起，它根据系统当前的负荷情况决定停留在主存中的进程数量。

③ 低级调度，又称为进程调度，是各类操作系统都必须具有的功能，它根据一定的算法和策略来决定哪一个就绪进程或线程优先占用 CPU 运行。

（2）进程的状态和转换。在一个进程因创建而产生直到因撤销而消亡的整个生命周期中，有时占有处理机，有时虽可运行但分不到处理机，有时虽有空闲处理机但因某个事件的发生而无法执行，这一切都说明进程和程序不同，它是活动的且有动态变化，这可以用一组状态来加以刻画。为了便于进程的管理，一般来说，可按进程在其生命周期中的动态变化情况，定义以下一些进程状态。

① 新建状态：进程刚被创建时的状态，系统为新进程创建必要的管理信息。

② 就绪状态：进程已获得了除处理机以外的所有资源，已具备运行条件，等待系统分配处理机以便运行。

③ 运行状态：进程占有处理机正在运行。

④ 阻塞状态：进程不具备运行条件，正在等待某个事件的完成。

⑤ 挂起就绪状态：进程具备运行条件但目前在辅存中，只有当它被对换到主存后才能被调度执行。

⑥ 挂起阻塞状态：进程正在等待某一个事件且在辅存中。

⑦ 终止状态：表明进程不再执行，保留在操作系统中等待善后，然后退出主存。

2. 存储管理

操作系统的第 2 个功能是管理存储器，为需要运行的程序或作业按照一定的分配算法分配所需的存储空间，当使用结束后，操作系统负责将这部分存储空间回收。存储管理主要是针对计算机系统的重要资源——主存储器的管理，也就是对内存进行管理。主存储空间一般分为两部分：一部分是系统区，存放操作系统核心程序以及标准子程序、例行程序等；另一部分是用户区，存放用户的程序和数据等，供当前正在执行的应用程序使用。存储管理主要是对主存储器中的用户区进行管理。

（1）存储器的层次。计算机系统采用层次结构的存储子系统，以便在容量、速度、成本等各因素中取得平衡，获得较好的性能价格比。存储器分为寄存器、高速缓存、主存储器、磁盘缓存、固定磁盘和可移动存储介质 6 层层次结构，如图 3-12 所示。层次越高，CPU 的访问越直接，访问速度越快，硬件成本越高，配置的容量越小。其中，寄存器、高速缓存、主存储器和磁盘缓存均属于存储管理的管理范畴。固定磁盘和可移动存储介质属于设备管理的管辖范畴。磁盘缓存本身并不是一种实际存在的存储介质，它依托于固定磁盘，提供对主存储器存储空间的扩充。

可执行的程序必须被保存在计算机的主存储器中，与外围设备交换的信息一般也保存在主存储器的地址空

图 3-12　计算机系统存储器的层次

间。由于处理机在执行指令时主存访问时间远大于其处理时间，因此引入寄存器和高速缓存来加快指令的执行。

（2）虚拟存储管理。在传统的存储管理方式中，必须为作业分配足够的存储空间，以装入与作业有关的全部信息，作业的大小不能超出内存的可用空间，否则这个作业无法运行，即存储空间的大小限制了作业的规模。然而，实际研究发现，作业的信息在执行时实际上不是同时使用的，有些部分运行一遍后就不再使用。运行时暂时不用的，或某种条件下才用到的程序和数据，全部驻留在内存中是对宝贵的内存资源的一种浪费，大大降低了内存的利用率。

为提高内存的利用率，同时也为扩展内存以便处理规模更大的作业，提出了这样的设计：作业提交时，先全部进入辅助存储器中，其余暂时不用的部分先存放在作为内存扩充的辅助存储器中，待用到这些信息时，再由系统自动把它们装入到主存储器中，这就是虚拟存储器的基本思路。这样，不仅能使内存空间被充分利用，而且用户编制程序时也可以不必考虑主存储器的实际容量大小，允许用户的逻辑地址空间大于主存储器的绝对地址空间，为用户提供了一个比实际内存空间更大的虚拟存储空间。

3. 设备管理

现代计算机外围设备种类繁多、功能各异，设备管理成为操作系统中最庞杂的部分，其主要任务是控制外围设备和 CPU 之间的 I/O 操作。设备管理模块在控制各类设备和 CPU 进行 I/O 操作的同时，还要尽量提高设备与设备、设备与 CPU 的并行性，使得系统效率得到提高，同时，要为用户使用外围设备屏蔽硬件细节提供方便易用的接口。

4. 文件管理

操作系统的第 4 个功能是对系统中各类信息（也称文件）进行管理。计算机系统中的信息种类众多，如何按照用户的要求，分门别类地加以管理和控制，按照用户的需要检索文件，提供操作文件的各种命令，都是操作系统中相应的软件（程序）应该具备的功能。

操作系统中负责管理和存储文件信息的软件机构称为文件管理系统，简称文件系统。它用统一的方式进行用户的管理和系统信息的存储、检索、更新、共享和保护，并为用户提供一整套方便、有效的文件使用和操作方法。文件系统的主要功能包括存储文件的外存空间的组织和管理、文件目录的管理、文件的读写管理以及文件的共享和保护。

3.4.4　操作系统的发展与分类

操作系统的基本类型有批处理操作系统、分时操作系统和实时操作系统 3 种。具备全部或兼有两者功能的系统统称为通用操作系统。随着硬件技术的发展和应用的需要，新发展和形成的操作系统又有微机操作系统、网络操作系统、分布式操作系统和嵌入式操作系统。

1. 批处理操作系统

在计算中心的大型计算机上一般采用批处理操作系统。用户将要计算的用户作业集中，并成批量地输入到计算机中，然后由操作系统来调度和控制用户作业的执行，形成一个自动转接的连续处理的作业流，最后把运算结果返回给用户。采用这种批处理作业方式的操作系统称为批处理操作系统。

批处理操作系统的主要优点是系统资源利用率高、作业的吞吐量大；缺点是作业周转时间长、不具备人机交互能力。

批处理操作系统的特征主要有以下几个方面。

（1）用户脱机工作。用户提交作业之后直至获得结果之前不再和计算机及其他的作业交互。

这种工作方式发现程序错误不能及时修正，因此对调试和修改程序极为不方便。

（2）成批量处理作业。集中一批用户提交的作业，将其输入计算机成为后备作业。后备作业由批处理操作系统一批批地选择调入内存执行。

（3）单/多道程序运行。根据处理机的数量和能力分别采用单/多道批处理。单道批处理同一时间只能处理一道作业流；多道批处理可以同时选取多个作业进入主存运行。

2. 分时操作系统

允许多个联机用户同时使用一台计算机系统的操作系统称为分时操作系统。其实现思想是：每个用户在各自的终端上以问答的方式控制程序运行，系统把中央处理机的时间划分为时间片，轮流分配给各个联机终端用户，每个用户只能在极短的时间内执行，若时间片用完，而程序还未做完，则挂起等待下次分得时间片。由于调试程序的用户常常只发出简短的命令，这样一来，每个用户的每次要求都能得到快速响应，使其感觉好像独占这台计算机一样。实质上，分时系统是多道程序的一个变种，CPU 被若干个交互式用户多路分用，不同之处在于每个用户都有联机终端。

分时操作系统具有以下特性。

（1）多路性。允许在一台主机上同时联接多台联机终端，系统按分时原则为每个用户服务。宏观上，是多个用户同时工作，共享系统资源；而微观上，则是每个用户作业轮流运行一个时间片。这样提高了资源利用率，从而促进了计算机更广泛的应用。

（2）独立性。每个用户各占一个终端，彼此独立操作，互不干扰，因此，每个终端用户在感觉上好像独占这台计算机。

（3）及时性。用户的请求（即不要求大量 CPU 处理时间的请求）能够在足够快的时间内得到响应，此时间间隔是以人们所能接受的等待时间来确定的，通常为 2～3 秒。这一特性与计算机 CPU 的处理速度、分时系统中联机终端用户数目和时间片的长短密切相关。

（4）交互性。用户可通过终端与系统进行广泛的人机对话。其广泛性表现在，用户可以请求系统提供多方面的服务，如文件编辑、数据处理和资源共享等。

3. 实时操作系统

实时操作系统是指当外界事件或数据产生时，能够接受并以足够快的速度予以处理，其处理的结果又能在规定的时间内来控制生产过程或对处理系统做出快速响应，并控制所有实时任务协调一致运行的操作系统。提供及时响应和高可靠性是其主要特点。实时操作系统有过程控制系统、信息查询系统和事务处理系统 3 种类型，如飞机自动驾驶系统、情报检索系统、银行业务处理系统等。实时操作系统要求响应快捷、安全保密、可靠性高。

4. 微机操作系统

微型计算机是使用最广泛的计算机，其使用方式与大型计算机不同，操作系统也有自己的特点。早期微型计算机上运行的一般是单用户、单任务操作系统，如 CP/M、MS-DOS，后来逐步发展为支持多用户、多任务和图形界面的操作系统，如 Windows，Mac OS，Linux 等。

现代微机操作系统具有以下特点。

（1）开放性。支持不同系统互联、支持分布式处理和多 CPU 系统。

（2）通用性。支持应用程序的独立性和在不同平台上的可移植性。

（3）高性能。随着硬件性能的提高、64 位机的逐渐普及以及 CPU 速度的进一步提高，微机操作系统中引入了许多在以前中、大型机上才能实现的技术，支持虚拟存储器，支持多线程，导致计算机系统性能大大提高。

（4）采用微内核结构。提供基本支撑功能的内核极小，大部分操作系统功能由内核之外运行的服务程序（也称服务器）来实现。

5. 并行操作系统

随着并行处理技术的发展，出现了并行计算机，为充分发挥其并行处理性能，需要有并行算法、并行语言等许多软件的配合，从而出现并行操作系统。典型的并行操作系统有 Stanford 大学的 V-Kernel、Bell 实验室的 Meglos、卡内基梅隆大学的 Mach 等。并行计算机有阵列处理机、流水线处理机、多处理机。并行处理技术已成为近年来计算机的热门研究课题，在气象预报、石油勘探、空气动力学、基因研究、核技术、航空航天飞行器等领域均有广泛应用。

6. 网络操作系统

网络操作系统能够控制计算机在网络中方便地传送信息和共享资源，并能为网络用户提供各种服务。网络操作系统主要有两种工作模式。第一种工作模式是客户机/服务器（Client/Server）模式，这类网络中有两类站点，一类作为网络控制中心或数据中心的服务器，提供文件打印、通信传输、数据库等各种服务；另一类是本地处理和访问服务器的客户机。第二种工作模式是对等（P2P）模式，这种网络中的站点都是对等的，每一个站点既可作为服务器，又可作为客户机。典型的网络操作系统有 Netware 和 Windows Server。

7. 分布式操作系统

用于管理分布式计算机系统的操作系统称为分布式操作系统。分布式系统是指在通信网络互联的多处理机体系结构上执行任务的系统，它包括分布式操作系统、分布式程序设计语言及其编译（解释）系统、分布式文件系统、分布式数据库系统等。

在以往的计算机系统中，处理和控制能力都高度地集中在一台计算机上，所有的任务都由它完成，这种系统称为集中式计算机系统。分布式计算机系统是由多台分散的计算机，经互联网连接而成的系统。每台计算机高度自治，互相协同，能在系统范围内实现资源的任务分配，能并行地运行分布式程序。

分布式操作系统负责管理分布式处理系统资源和控制分布式程序运行，它和集中式操作系统的区别在于资源管理、进程通信和系统结构等方面。

分布式操作系统与网络操作系统的区别在于，分布式操作系统将多台计算机以透明的方式组织为一套完整的系统，而网络操作系统中的用户明确知道各节点仍是独立的，且可以有各自不同的操作系统。分布式操作系统的耦合程度高于网络操作系统。对用户透明是指，对于用户而言处理过程是感觉不到的、不可见的、隐藏的，用户不知道原理或者其整个过程，甚至根本感觉不到它的存在。

8. 嵌入式操作系统

嵌入式（计算机）系统硬件不以物理上独立的装置或设备的形式出现，大部分甚至全部隐藏和嵌入到各种应用系统中。嵌入式操作系统（Embedded Operation System，EOS）需要专门的软件，是嵌入式软件的基本支撑。

嵌入式操作系统在系统实时高效性、硬件的相关依赖性、软件固态化以及应用的专用性等方面具有较为突出的特点。

目前，国际上嵌入式操作系统有 40 余种，其中具有代表性的有 Palm OS（3com 公司），VxWork、Windows CE、嵌入式 Linux 系统等。

3.4.5　典型操作系统

目前，计算机用户较为熟悉的操作系统主要有 Windows、UNIX 和 Linux。

Windows 是 Microsoft 公司的产品，多用于个人计算机。UNIX 是一个通用的、交互型分时操作系统，现已成为操作系统标准，而不仅仅是指一个具体的操作系统。许多公司和大学都推出了自己的 UNIX 系统，用于专业领域的计算机。Linux 是一个开放源代码、UNIX 类的操作系统，作为自由软件，它广泛用于构建 Internet 服务器。

1. DOS 操作系统

DOS（Disk Operation System）的含义就是磁盘操作系统。DOS 操作系统起源于 Seattle Computer 公司，微软公司取得其专利后，改名为 MS-DOS，并与 IBM 公司联合对其功能进行了扩充。由于 DOS 是广泛运行在 IBM PC 及其兼容机上的单用户操作系统，所以又称为 PC-DOS。

MS-DOS 操作系统的最早版本是 1981 年 8 月推出的 DOS V1.0 版，几经修改扩充，发展为 1993 年的 DOS V6.0 版。微软公司推出的最后一个 MS-DOS 操作系统版本是 DOS V6.22，以后不再推出新的 DOS 操作系统版本。自 DOS V4.0 开始，该系统具有多任务处理功能。

DOS 操作系统所具备的功能不能满足人们的需求和微型计算机发展的进程。例如，DOS 操作系统对内存的空间大小有限制，它只能寻址 1 MB 的内存空间，又把这 1 MB 的内存空间分为 0～640 KB 的基本内存和 640 KB～1 MB 的高端扩展内存。

由于 DOS 操作系统基本上不支持鼠标，所以该系统提供了如图 3-13 所示的命令供用户通过键盘来操作计算机。

人们把存放在磁盘上的各种信息统称为文件。在一台计算机中有用户文件和操作系统文件，而管理这些文件的软件就被称为文件系统。

（1）文件名。文件名的长度最多不超过 11 个字符，其中又分为主文件名（最多为 8 个字符）和扩展名（最多为 3 个字符）。主文件名与扩展名之间用小数点"."分隔，如 myfile.txt。

命令的功能	DOS操作系统的命令
显示文件列表	dir/w dir
显示文件内容	type
复制文件	copy
重命名文件	rename OR ren
删除文件	erase OR del
获取帮助	help
显示磁盘剩余空间	chkdsk
打印文件	print

图 3-13　DOS 操作系统的基本命令

（2）文件类型。DOS 操作系统中，以文件的扩展名来区分文件的类型。例如，myfile.txt 是文本文件；如果文件名为 command.com，则说明此文件是一个命令文件；myfile.c 是一个 C 语言编写的源程序。DOS 操作系统中有数十种类型的文件。

（3）说明。在 DOS 操作系统中，文件名的组成是有限制的，文件名中不能出现 "+" "–" "*" "/" "?" ">" "<" 等字符，因为这些符号已经在操作系统中给予了定义。

2. Windows 系列

Microsoft 公司是现在世界上最大的软件公司，其开发的 Windows 操作系统目前在个人计算机操作系统中大约占 90%。

Microsoft 公司于 1983 年 11 月发布的 Windows 开始并不成功。直到 1990 年发布 Windows 3.0 版，对以前的版本进行了彻底改造，在功能上进行了很大扩充，用户数量才逐步增加。1992 年 4 月发布的 Windows 3.1 版，是第一个真正广泛使用的版本。

从 Windows 1.x 到 Windows 3.x，系统都必须依靠 DOS 提供的基本硬件管理功能才能工作，因此严格意义上说，它还不能算是一个真正的操作系统，只能称为图形化用户界面操作环境。1995 年 8 月，Microsoft 公司推出了 Windows 95 并放弃开发新的 DOS 版本，Windows 95 能够独立地在硬件上运行，是真正的新型操作系统。以后，Microsoft 公司又相继推出了 Windows 98、Windows 98 SE 和 Windows Me 等后继版本。Windows 3.x 和 Windows 9x 都属于个人操作系统范畴，主要运行于个人计算机系列。

　　除了个人操作系统版本外，Windows 还有其商用操作系统版本 Windows NT，它主要运行于小型机、服务器，也可以在个人机上运行。Windows NT 3.x 于 1993 年 8 月推出，以后又相继发布了 NT 4.x 版本。基于 NT 内核，Microsoft 公司于 2000 年 2 月正式推出了 Windows 2000。2001 年 1 月，Microsoft 公司宣布停止对 Windows 9x 内核的改进，把个人操作系统版本和商用操作系统版本合二为一，命名为 "Windows XP"。Windows XP 包括家庭版、专业版和一系列服务器版。

　　2009 年 7 月 14 日，Windows 7 正式开发完成，并于同年 10 月 22 日正式发布。10 月 23 日，微软于中国正式发布 Windows 7。Windows 7 的设计主要围绕 5 个重点——针对笔记本电脑的特有设计、基于应用服务的设计、用户的个性化、视听娱乐的优化、用户易用性的新引擎。跳跃列表、系统故障快速修复等新功能令 Windows 7 成为最易用的 Windows 版本。

　　2015 年 1 月，微软正式终止了对 Windows 7 的主流支持，但仍然继续为 Windows 7 提供安全补丁支持，直到 2020 年 1 月 14 日正式结束对 Windows 7 的所有技术支持。2015 年，微软宣布，自 2015 年 7 月 29 日起一年内，除企业版外，所有版本的 Windows 7 SP1 均可以免费升级至 Windows 10，升级后的系统将永久免费。

　　3. UNIX

　　UNIX 操作系统是一个通用的、交互型分时操作系统。它最早由 AT&T 公司贝尔实验室于 1969 年在 DEC 公司的小型系列机 PDP-7 上开发成功。用 C 语言改写后的第 3 版 UNIX 具有高度易读性、可移植性，为迅速推广和普及走出了决定性的一步。1978 年的 UNIX 第 7 版，可以被视为当今 UNIX 的先驱，该版为今天 UNIX 的繁荣奠定了基础。20 世纪 70 年代中后期，UNIX 源代码的免费扩散引起了很多大学、研究所和公司的兴趣，大众的参与为 UNIX 的改进、完善、传播和普及起到了重要的作用。

　　UNIX 取得成功的最重要的原因是系统的开放性。由于公开源代码，用户可以方便地向 UNIX 操作系统中逐步添加新功能和工具，这样可使 UNIX 越来越完善，能提供更多服务，成为有效的程序开发支撑平台。它是目前唯一可以安装和运行在从巨型机、大型机到微型机和工作站上的操作系统。

　　UNIX 具有以下主要特点。

　　（1）多用户、多任务操作系统，用 C 语言编写，具有较好的易读、易修改和可移植性。

　　（2）结构分核心部分和应用子系统，便于做成开放系统。

　　（3）具有分层可装卸卷的文件系统，提供文件保护功能。

　　（4）提供 I/O 缓冲技术，系统效率高。

　　（5）抢占式动态优先级 CPU 调度，有力地支持分时功能。

　　（6）命令语言丰富齐全，提供了功能强大的 Shell 语言作为用户界面。

　　（7）具有强大的网络与通信功能。

　　（8）请求分页式虚拟存储管理，内存利用率高。

　　实际上，UNIX 已成为操作系统标准，而不仅仅指一个具体操作系统。许多公司和大学都推出了自己的 UNIX 操作系统，如 IBM 公司的 AIX 操作系统、SUN 公司的 Solaris 操作系统、Berkeley 大学的 UNIX BSD 操作系统、HP 公司的 HP-UX 操作系统、SGI 公司的 Irix 操作系统、SCO 公司的 SCO UnixWare 和 Open Server 操作系统以及 AT&T 公司的 SVR 操作系统等。为解决各个版本间的兼容问题，使同一个程序能在所有不同的 UNIX 版本上运行，IEEE 拟定了一个 UNIX 标准并已被多数 UNIX 操作系统支持，同时，其他一些操作系统也支持 POSIX 标准。此外，还有一些 UNIX 标准和规范，如 SVID（System V Interface Definition）、XPG（X-open Portability Guideline），这些均进一步推动了 UNIX 的发展。

在计算机的发展历史上，没有哪个程序设计语言像 C 语言那样得到如此广泛的流行，也没有哪个操作系统像 UNIX 那样获得普遍的青睐和应用，它们对整个软件技术和软件产业都产生了深远的影响。为此，UNIX 的创建者 Ritchie 和 Thompson 共同获得了 1983 年度的"ACM 图灵奖"和"软件系统奖"。

下面简单介绍一下 UNIX 操作系统的结构。

UNIX 系统主要是由系统"内核"（Kernel）、Shell、各类应用工具（程序）和用户应用程序等组成。通常，我们也可以把 UNIX 系统的结构分为 4 层，如图 3-14 所示。它的最底层是硬件，也是整个系统的基础；第 2 层是操作系统的核心，包括进程管理、存储器管理、设备管理和文件管理所具备的功能；第 3 层是操作系统与用户的接口（Shell）、编译程序等；最外层则是应用层（用户程序）。

UNIX 操作系统是多用户、多任务的分时操作系统，主要运行在大、中型计算机系统中，其功能非常强大，可以供成百上千的用户同时使用一台主机。

| 用户程序 |
| 接口 |
| 内核 |
| 硬件 |

图 3-14　UNIX 系统的结构示意

4. 自由软件和 Linux 操作系统

Linux 是由芬兰籍科学家 Linus Torvals 首先编写内核，并在自由软件爱好者的共同努力下完成和丰富的一个操作系统。Linux 的发展见证了自由软件运动的强大力量，并形成了一个广泛的开放源代码社区。

（1）自由软件。自由软件（Free Software or Freeware）是指遵循通用公共许可证 GPL（General Public License）规则，保证用户有使用上的自由、获得源程序的自由、可以自己修改的自由、可以复制和推广的自由及收费的自由的一种软件。

自由软件的出现意义深远。众所周知，科技是人类社会发展的阶梯，而科技知识的探索和积累是组成这个阶梯的一个个台阶。人类社会的发展是以知识积累为依托，不断地在前人获得知识的基础上发展和创新才得以一步步提高的。软件产业也是如此，如果能把已有的成果加以利用，避免每次都重复开发，将大大提高目前软件的生产率。带有源程序和设计思想的自由软件对学习和进一步开发，起到了极大的促进作用。自由软件的定义确定了它是为了人类科技的共同发展和交流而出现的。"Free"指的是自由，但并不是免费。"自由软件之父"Richard Stallman 先生将自由软件划分为以下若干等级。

0 级：是指对软件的自由使用。

1 级：是指对软件的自由修改。

2 级：是指对软件的自由获利。

自由软件赋予了人们极大的自由空间，但这并不意味着自由软件是完全无规则的。例如，GPL 是自由软件必须遵循的规则，由于自由软件是贡献型的，而不是索取型的，只有人人贡献出自己的一份力量，自由软件才能得以健康发展。比尔·盖茨早在 20 世纪 80 年代，曾大声斥责"软件窃取行为"，警告世人这样会破坏整个社会享有好的软件。而自由软件的出现则是软件产业的一个分水岭，在拥护自由软件的人们眼中，Microsoft（微软）公司的做法实质上是阻止帮助邻人，抑制了软件对社会的作用，剥夺了人们共享与修改软件的自由。

GPL 协议可以被视为一个伟大的协议，是征求和发扬人类智慧和科技成果的宣言书，是所有自由软件的支撑点。没有 GPL，就没有今天的自由软件。

（2）Linux 操作系统。Linux 是由芬兰籍科学家 Linus Torvalds 于 1991 年编写完成的一个操作系统内核。当时，他还是芬兰赫尔辛基大学计算机系的学生，在学习操作系统课程中，他自己动手编写了一个操作系统原型，从此，一个新的操作系统诞生了。Linux 把这个系统放在 Internet 上，允许自由下载，许多人对这个系统进行改进、扩充、完善，并做出了关键性的贡献。Linux 由最初的一个人写原型变成了在 Internet 上由无数志同道合的程序高手们参与的一场运动。

Linux 属于自由软件，短短几年，Linux 操作系统已得到广泛使用。1998 年，作为构建 Internet 服务器使用的操作系统，Linux 已超越 Windows NT。许多计算机大公司如 IBM、Intel、Oracle、Sun、HP 等都大力支持 Linux 操作系统，各种成名软件纷纷移植到 Linux 平台上，运行在 Linux 下的应用软件也越来越多。当前，Linux 的中文版早已开发出来，Linux 已经在中国流行，这也为我国自主操作系统的发展提供了良好条件。

Linux 是一个开放源代码、UNIX 类的操作系统。它除了继承历史悠久和技术成熟的 UNIX 操作系统的特点和优点外，还做了许多改进，成为了一个真正的多用户、多任务通用操作系统。1993 年，第一个产品版 Linux 1.0 问世的时候，全部按自由扩散版权进行扩散，即公开源码，不准获利。不久后，人们发现这种纯粹理想化的自由软件会阻碍 Linux 的扩散和发展，特别是限制了商业公司参与并提供技术支持的积极性。于是，Linux 转向 GPL 协议，除允许享有自由软件的各项许可权外，还允许用户出售自由软件拷贝程序。这一版权上的转变在后来证明对 Linux 的进一步发展十分重要。

从 Linux 的发展史可以看出，是 Internet 孕育了 Linux，没有 Internet 就不可能有 Linux 今天的成功。从某种意义上说，Linux 是 UNIX 和 Internet 结合的一个产物，其特点主要如下。

① 继承了 UNIX 的优点，又有了许多改进；开发、协作的开发模式是集体智慧的结晶，能紧跟技术发展潮流，具有极强的生命力。

② 是真正的多用户、多任务通用操作系统，可作为 Internet 上的服务器；可作为网管路由器；可作为数据库、文件和打印服务器；也可供个人使用。

③ 全面支持 TCP/IP，内置通信联网功能，并可方便地与 LAN Manager、Windows for Workgroups、Novell Netware 网络集成，让异种机方便地联网。

④ 符合 POSIX 1003.1 标准，各种 UNIX 应用可方便地移植到 Linux 下，反之也是一样。支持在 DOS 和 Windows 上应用，对 UNIX BSD 和 UNIX System V 应用程序提供代码级兼容功能；也支持绝大部分 GNU 软件。

⑤ 是完整的 UNIX 开发平台，支持一系列 UNIX 开发工具，几乎所有主流语言如 C、C++、FORTRAN、ADA、PASCAL、Modual2/3、SmallTalk 等都可移植到 Linux 下。

⑥ 具有提供强大的远程管理功能，并支持大量外部设备。

⑦ 支持 32 种文件系统，如 EXT2、EXT、XI AFS、ISO FS、HPFS、MS-DOS、UMS-DOS、PROC、NFS、SYSV、Minix、SMB、UFS、NCP、VFAT、AFFS 等。

⑧ 提供 GUI，有图形接口 X-Windows 和多种窗口管理器。

⑨ 支持并行处理和实时处理，能充分发挥硬件性能。

⑩ 开放源代码，可自由获得；在 Linux 平台上开发软件成本低，有利于发展各种特色的操作系统。

小　结

（1）软件是指在硬件系统上运行的各种程序及相关资料，是程序加文档的集合体。软件是用户与硬件之间的接口界面，用户主要是通过软件与计算机进行交流的。计算机的软件分为系统软件和应用软件两大类。

（2）系统软件主要负责管理计算机系统中各种独立的硬件，使它们之间可以协调工作，并为用户使用计算机提供最基本的功能。系统软件主要包括操作系统、语言处理程序、数据库管理系统和一些服务性程序等。其中，操作系统是最重要的系统软件。

（3）应用软件是指用户自己开发或外购的能满足各种特定用途的应用软件包。根据应用领域的不同，又可将应用软件分为通用软件和专用软件两大类。

（4）操作系统是指管理计算机系统的所有软、硬件资源，合理组织计算机的工作流程，并为用户提供方便、友好服务界面的程序及数据的集合。操作系统是直接运行在裸机上的最基本的系统软件，是系统软件的核心。

（5）程序设计语言通常分为机器语言、汇编语言和高级语言。机器语言是直接用二进制代码表示机器指令的计算机语言，是计算机唯一可以识别和直接执行的语言。汇编语言是面向机器的程序设计语言，是为特定的计算机或计算机系统设计的，并使用助记符来表示机器指令，因此也称汇编语言为符号语言。我们通常将机器语言和汇编语言统称为低级语言。

（6）高级语言是用数学语言和接近于自然语言的语句来编写，并用于解决实际问题的程序设计语言。高级语言具有良好的通用性和可移植性，因此更易于人们编写和掌握，但是用高级语言编写的程序不能直接被计算机识别，需要通过一些编译程序或解释程序将其翻译成机器语言的目标程序后才能被执行。

（7）数据库（DB）是按一定方式组织起来的数据的集合，具有数据量大、数据冗余度小、可共享等特点。而数据库管理系统（DBMS）的作用就是管理数据库。不同的 DBMS 是以不同的方式将数据组织到数据库中的。组织数据的方式称为数据模型。数据模型一般分为层次型、网状型和关系型 3 种形式。

（8）服务型程序是一类辅助性的程序，是为了帮助用户使用和维护计算机，向用户提供服务性手段而编写的程序，通常包括编辑程序、调试程序、诊断程序、硬件维护和网络管理程序等，它们也是系统软件的重要组成部分。

（9）操作系统的基本特征有并发性、共享性、虚拟性和不确定性。

（10）操作系统的功能包括 4 个方面，即处理机管理与进程调度、存储管理、I/O 设备管理和文件管理。

（11）操作系统的基本类型主要有 3 种，即批处理操作系统、分时操作系统和实时操作系统。具备全部或兼有两者功能的系统统称为通用操作系统。随着硬件技术的发展和应用的需要，新发展和形成的操作系统又有微机操作系统、网络操作系统、分布式操作系统和嵌入式操作系统等。

（12）目前市面上流行的、用户较为熟悉的操作系统主要有 Windows、UNIX 和 Linux。

习 题 3

一、单项选择题

1. 计算机软件由（   ）组成。
   A. 数据和程序　　　　B. 程序和工具　　　　C. 文档和程序　　　　D. 工具和数据

2. C 语言编译系统是（　　　）。

　　A. 操作系统

　　C. 系统软件

　　B. 应用软件

　　D. 数据库管理系统

3. 下列 4 种软件中属于应用软件的是（　　　）。

　　A. Basic 解释程序　　　B. UCDOS 系统　　　C. 财务管理系统　　　D. PascaL 编译程序

4. 以下应用软件主要用于播放音乐和视频的是（　　　）。

　　A. PowerPoint

　　C. Adobe Photoshop

　　B. Media Player

　　D. Macromedia Flash

5. Excel 与 Word 的区别下列描述中不正确的是（　　　）。

　　A. Excel 是一个数据处理软件

　　C. Word 是一个文档处理软件

　　B. 两者同属于 Office

　　D. Excel 与 Word 的功能相同

6. 用 C 语言编写的源程序要变为目标程序，必须经过（　　　）。

　　A. 编辑　　　　　　　B. 编译　　　　　　　C. 解释　　　　　　　D. 汇编

7. 操作系统在计算机系统中位于（　　　）。

　　A. CPU 和用户之间

　　C. 中央处理器之间

　　B. 计算机硬件和用户之间

　　D. 计算机硬件和软件之间

8. 操作系统是为了提高计算机的（1）和方便用户使用计算机而配置的基本软件。它负责管理计算机系统中的（2），其中包括（3）、（4）、外部设备和系统中的数据。操作系统中的（3）管理部分负责对进程进行管理。操作系统对系统中的数据进行管理的部分通常称为（5）。

　　（1）A. 速度　　　　　B. 利用率　　　　　C. 灵活性　　　　　D. 兼容性

　　（2）A. 程序　　　　　B. 功能　　　　　　C. 资源　　　　　　D. 进程

　　（3）（4）A. 主存储器　　B. 虚拟存储器　　C. 运算器　　　　　D. 控制器

　　　　　　　E. 微处理器　　　　　　　　　F. 处理机

　　（5）A. 数据库系统　　B. 文件系统　　　　C. 检索系统　　　　D. 数据库

　　　　　E. 数据存储系统　F. 数据结构　　　　G. 数据库管理系统

9. （　　　）不是操作系统关心的主要问题。

　　A. 管理计算机裸机

　　B. 设计、提供用户程序与计算机硬件系统的界面

　　C. 管理计算机系统资源

　　D. 高级程序设计语言的编译器

10. 操作系统的基本类型主要有（　　　）。

　　A. 批处理系统、分时系统及多任务系统

　　B. 实时操作系统、批处理系统及分时操作系统

　　C. 单任务系统、多任务系统及批处理系统

　　D. 实时系统、分时系统和多任务系统

11. 下列有关操作系统的叙述中正确的是（　　　）。

　　A. 批处理作业必须具有作业控制信息

　　B. 分时系统不一定都具有人机交互能力

　　C. 从响应时间的角度看，实时系统与分时系统差不多

　　D. 由于采用了分时技术，用户可以独占计算机的资源

12. 采用多道程序设计的主要目的是（　　　）。

    A. 提高 CPU 利用率   B. 充分利用内存

    C. 充分利用 I/O 设备   D. 充分利用磁盘

13. 某进程在运行过程中需要等待从磁盘上读入数据，此时该进程的状态是（　　　）。

    A. 从就绪变为运行   B. 从运行变为就绪   C. 从运行变为阻塞   D. 从阻塞变为就绪

14. 下列关于虚拟存储器的论述中，正确的是（　　　）。

    A. 要求作业在运行前，必须全部装入内存，且在运行过程中也必须一直驻留内存

    B. 要求作业在运行前，不必全部装入内存，且在运行过程中不必一直驻留在内存

    C. 要求作业在运行前，不必全部装入内存，但在运行过程中必须一直驻留内存

    D. 要求作业在运行前，必须全部装入内存，但在运行过程中不必一直驻留内存

15. 下列文件名中，非法文件名是（　　　）。

    A. LX5.WPS   B. YUANS.LF   C. MINamp?FN.COM   D. 123.456

二、填空题

1. 编译程序、数据库管理系统和服务程序属于＿＿＿＿＿＿＿。

2. 用计算机把高级语言源程序变成机器可直接执行的程序或目标程序的方法通常有＿＿＿＿＿＿和＿＿＿＿＿＿两种。

3. 操作系统是对计算机的系统资源进行控制与管理的软件，这里系统资源指的是＿＿＿＿＿＿、＿＿＿＿＿＿、＿＿＿＿＿＿和＿＿＿＿＿＿。

4. 操作系统的基本特征包括＿＿＿＿＿＿、＿＿＿＿＿＿、＿＿＿＿＿＿和＿＿＿＿＿＿。

5. 批处理系统的主要缺点是＿＿＿＿＿＿。

6. 分时系统具有的 4 个基本特征是＿＿＿＿＿＿、＿＿＿＿＿＿、＿＿＿＿＿＿和＿＿＿＿＿＿。

7. 实时操作系统追求的目标是＿＿＿＿＿＿。

8. 进程主要由＿＿＿＿＿＿、＿＿＿＿＿＿和＿＿＿＿＿＿3 部分组成。其中，＿＿＿＿＿＿是进程存在的唯一标志，而＿＿＿＿＿＿部分也可以为其他进程共享。

9. 按操作系统中文件的性质与用途，可将文件分为＿＿＿＿＿＿、＿＿＿＿＿＿和＿＿＿＿＿＿。

10. DOS 是＿＿＿＿＿＿＿＿＿＿的缩写。

三、简答题

1. 简述计算机系统的组成，并说明硬件与软件之间的关系。

2. 什么是软件？简述软件的分类。

3. 系统软件和应用软件的区别是什么？请分别列举一些常见的系统软件和应用软件。

4. 什么是操作系统？它在系统中的地位如何？

5. 简述操作系统的基本特征和基本功能。

6. 操作系统是如何分类的？并简述一下各种操作系统的特点。

7. DOS 和 Windows 操作系统有什么联系？它的主要特点有哪些？

8. 简述 UNIX 操作系统的基本结构和基本特点。

9. Linux 和 UNIX 操作系统有什么联系？它的主要特点是什么？

10. 任选一款本章中提到的应用软件，谈一谈使用该软件的体会。

第4章
算法与数据结构基础

计算机程序就是告诉计算机如何解决问题的一系列指令的有序集合。但是，写程序比写信要难得多，计算机编程非常强调结构性和严谨性，丝毫不能马虎。计算机程序设计首先从问题的描述开始，它是算法的基础，而算法则是程序的基础。要设计一个结构好、效率高的程序，还必须要研究数据的特性和数据间的相互关系及其对应的存储表示，并利用这些特性和关系设计出相应的算法和程序。

本章学习目标

- 理解算法的基本含义、基本特性、描述算法的基本方法以及评价算法的主要标准。
- 理解程序设计语言的发展历程、分类以及它们各自的特点。
- 掌握结构化程序设计的 3 种基本控制结构。
- 理解和掌握数据结构及其相关概念的含义、数据的逻辑结构和存储结构之间的关系。
- 理解和掌握几种典型的数据结构中数据之间的关系以及常用的基本操作。

4.1 算 法

4.1.1 解决实际问题的步骤——从问题到程序

在计算机技术发明的初期，人们使用计算机的目的主要是处理数值计算问题。当人们使用计算机解决具体问题时，一般需要经过以下几个步骤。

1. 从具体问题抽象出数学模型（数学建模）

解决各类实际问题时，建立数学模型是十分关键的第一步，同时也是十分困难的一步。数学模型一般是实际事物的一种数学简化，建立数学模型的过程，是把错综复杂的实际问题简化、抽象为合理的数学结构的过程。要通过调查、收集数据资料，观察和研究实际对象的固有特征和内在规律，建立起反映实际问题的数量关系，然后利用数学的理论和方法去分析和解决。这就需要人们不但具有深厚、扎实的数学基础，而且还要具有敏锐的洞察力、想象力和广博的知识面。

2. 算法设计

在建立起数学模型之后，就需要建立一个确定求解步骤的算法。算法是由一系列规则组成的过程，这些规则确定了一个操作的顺序，以便能在有限的步骤内得到特定问题的解。算法的描述可以是粗略的，也可以是详细的。我们通常可以采用"自顶向下、逐步求精"的方法，即先建立一个抽象、粗略的算法，然后将其逐步细化，更精确地描述出来。

3. 程序设计

问题求解的算法确定之后必须通过程序设计（编码）将其转换为程序，才能在计算机上实现。程序设计是一个将算法转换为用程序设计语言表示的过程。根据实际情况可以采用汇编语言或高级程序设计语言来进行程序设计。

4. 调试

调试是为了发现程序中的错误而运行程序的过程。为此，需要预先设计足够的测试数据。使用该测试数据来测试程序是否能够获得预期的正确结果。如果正确，则结题结束；否则进一步测试程序是否有错。如果程序有错，则转去修改程序；否则需要检查算法是否有错。如果算法有错，则转去修改算法；否则将需要重新进行数学建模，检查问题的数学模型与实际要求是否相符。

由此可见，即使算法设计和程序设计没有发现错误，但如果数学建模阶段得出的模型与实际要求不相符合，则整个工作都要推倒重来。这说明了数学建模在整个解题过程中是何等重要，必须予以充分的重视。

4.1.2 什么是算法

1. 算法及其特性

算法（Algorithm）是对特定问题求解步骤的一种描述，是指令的有限序列。其中，每一条指令表示一个或多个操作。一个算法应该具有以下特性。

（1）有穷性（Finiteness）。一个算法必须在有穷步之后结束，即必须在有限时间内完成。实际应用中，算法的有穷性应该包括执行时间的合理性。

（2）确定性（Definiteness）。算法的每一步必须有确切的含义，无二义性，且在任何条件下算法只有唯一一条执行路径，即对于相同的输入只能得出相同的输出。

（3）可行性（Effectiveness）。算法中的每一步都可以通过已经实现的基本运算的有限次执行得以实现。

（4）输入（Input）。一个算法具有零个或多个输入，这些输入取自特定的数据对象集合。

（5）输出（Output）。一个算法具有一个或多个输出，这些输出同输入之间存在某种特定的关系。

算法的含义与程序十分相似，但又有所区别。一个程序不一定满足有穷性。例如，操作系统，只要整个系统不遭到破坏，它将永远不会停止，即使没有作业需要处理，它仍处于动态等待中，因此，操作系统不是一个算法。另外，程序中的指令必须是机器可执行的，而算法中的指令则无此限制。算法代表了对问题的解，而程序则是算法在计算机上特定的实现。如果用程序设计语言来描述一个算法，那么它就是一个程序。

2. 算法的描述

为了让算法清晰易懂，需要选择一种好的描述方法。常用的算法描述方法有自然语言、伪代码、流程图等。

（1）自然语言描述。自然语言就是用人们日常使用的语言描述解决问题的方法和步骤。这种描述方法通俗易懂，即使是不熟悉计算机语言的人也很容易理解程序。但是，自然语言在语法和语义上往往具有多义性，并且比较烦琐，对程序流向等描述不明了、不直观。

（2）伪代码描述。伪代码是介于自然语言和计算机语言之间的文字和符号，它与一些高级编程语言（如 C 和 C++）类似，但是不需要真正编写程序时所要遵循的严格规则。伪代码用一种从顶到底、易于阅读的方式表示算法。在程序开发期间，伪代码经常用于"规划"一个程序，然后再转换成某种语言程序。

例如，用伪代码描述商家给客户打折的问题，规定一种商品一次消费金额超过 200 元的客户可以获得折扣（10%）。伪代码如下。

```
sum =数量*单价;
if (sum > 200)
  { discount = sum * 0.1;
    total = sum - discount;
  }
else
    total= sum;
```

（3）流程图描述。流程图使用不同的几何图形来表示不同性质的操作。使用流程线来表示算法的执行方向，比起前两种描述方式，其具有直观形象、逻辑清楚、易于理解等特点，但它占用篇幅较大，流程随意转向，规模较大的流程图不易读懂。表 4-1 列出了流程图的基本符号及其含义。

表 4-1　　　　　　　　　　　　　流程图的基本符号及其含义

流程图符号	名　　称	说　　明
⬭	起止框	表示算法的开始和结束
▭	处理框	表示完成某种操作，如初始化或运算赋值等
◇	判断框	表示根据一个条件成立与否，决定执行两种不同操作中的一种
▱	输入输出框	表示数据的输入输出操作
↓→	流程线	用箭头表示程序执行的流向
◯	连接点	用于流程分支的连接

例如，用流程图描述商家给客户打折的问题，规定一种商品一次消费金额超过 200 元的客户可以获得折扣（10%），如图 4-1 所示。

图 4-1　用流程图描述商家给客户打折的算法

4.1.3 算法的评价标准

在算法设计时通常从以下几个方面来评价算法的优劣。

1. 正确性

算法的执行结果应当满足预先规定的功能和性能的要求。正确性表明算法必须满足实际需求，达到解决实际问题的目的。

2. 可读性

一个算法应当思路清晰、层次分明、简单明了、易读易懂。可读性要求表明，算法主要是人与人之间交流解题思路和进行软件设计的工具，因此可读性必须强。同时，一个可读性强的算法，其程序的可维护性、可扩展性都要好许多，因此，许多时候人们往往在一定程度上以牺牲效率来提高可读性。

3. 健壮性

当输入不合法数据时，应能做适当处理，不至于引起严重后果。健壮性要求表明，算法要全面、细致地考虑所有可能出现的边界情况，并对这些边界条件做出完备的处理，尽可能使算法没有意外的情况。

4. 高效性

一个算法应当有效使用存储空间且有较好的时间效率。高效性要求主要是指时间效率，即解决相同规模的问题的时间要尽可能短。

4.2 程序设计基础

4.2.1 程序设计语言

程序设计语言是人与计算机交互的工具。人要把需要由计算机完成的工作告诉计算机，就需要使用程序设计语言编写程序，让计算机去执行。随着计算机科学技术的发展，程序设计语言也经历了机器语言、汇编语言和高级程序设计语言3个阶段。

我们曾在第三章做过介绍，详见 3.2.2 小节，这里不再赘述。

4.2.2 结构化程序设计

结构化程序设计一般是指采用自顶向下、逐步求精的设计方法和单入口、单出口的控制成分的程序设计技术。采用自顶向下、逐步求精的设计方法符合人们解决复杂问题的普遍规律，因此可以显著提高程序设计的成功率和生产率。用先全局后局部、先整体后细节、先抽象后具体的逐步求精过程开发出的程序有清晰的层次结构，容易阅读和理解。

单入口、单出口控制成分是指在程序中只能使用顺序、分支和循环3种控制结构，如图4-2所示，而不能使用 GOTO 语句随意地进行控制的转移。这使得程序的静态结构和它的动态执行情况比较一致，开发时比较容易保证程序的正确性，并且程序易阅读、易理解、易调试、易修改。

（a）顺序结构　　　　　（b）分支结构　　　　　（c）循环结构

图 4-2　3 种基本的控制结构

4.2.3　良好的程序设计风格

程序设计风格是指程序员在编制程序时所表现出来的特点、习惯、逻辑思路等。在程序设计中要使程序结构合理、清晰，形成良好的编程习惯，对程序的要求不仅是可以在机器上执行，得出正确的结果，而且还要便于程序的调试和维护，这就要求编写的程序不仅自己看得懂，而且也要让别人看得懂。

为了做到这一点，应该遵循以下一些规则。

1．源程序文档化原则

源程序文档化原则包括恰当的名称、适当的注解和程序的视觉组织等方面。

（1）按意取名。选取含义鲜明的名字，使它能正确地提示程序对象所代表的实体，这对于帮助阅读者理解程序是很重要的。如果使用缩写，那么缩写规则应该一致，并且应该给每个名字加注释。

（2）程序应加注释。注释是程序员与日后读者之间通信的重要工具，通常用自然语言或伪代码来描述。它说明了程序的功能，特别在维护阶段，给理解程序提供了明确的指导。注释分为序言性注释和功能性注释。

① 序言性注释应置于每个模块的起始部分，主要内容如下。

● 说明每个模块的用途和功能。

● 说明模块的接口：调用形式、参数描述以及从属模块的清单。

● 数据描述：重要数据的名称、用途、限制、约束及其他信息。

● 开发历史：设计者、审阅者姓名及日期，修改说明及日期。

② 功能性注释通常嵌在源程序内部，说明程序段或语句的功能以及数据的状态。应注意以下几点。

● 注释用来说明程序段，而不是每一行程序都要加注释。

● 使用空行、缩格或括号，以便于区分注释和程序。

● 修改程序也要同时修改注释。

（3）程序的视觉组织。程序清单的布局对于程序的可读性也有很大影响，因此应利用适当的阶梯形式使程序的层次结构清晰明了。

2．数据说明原则

虽然在设计期间已经确定了数据结构的组织和复杂程度，但数据说明的风格却是在编写程序时确定的。为了使数据更容易理解和维护，有以下一些简单的原则应当遵循。

（1）数据说明的次序应规范化。有次序就容易查阅，因此能够加速测试、调试和维护的过程。

（2）当多个变量名在一条语句中说明时，应该按字母顺序排列这些变量。

（3）对于使用的一个复杂的数据结构，应该用注解说明来实现这个数据结构的方法和步骤。

3. 语句构造原则

语句构成时应该遵循的原则是使每个语句都尽量简单而直接，使语句简单明了。其规则有以下一些。

（1）不要为了节省空间而把多个语句写在同一行。

（2）尽量避免复杂的条件判断。

（3）尽量减少对"非"条件的判断。

（4）尽量避免大量使用循环嵌套和条件嵌套。

（5）利用括号使逻辑表达式或算术表达式的运算次序清晰直观。

4. 输入/输出原则

在编写输入和输出程序时应遵循以下原则。

（1）输入操作步骤和输入格式应尽量简单。

（2）应检查输入数据的合法性、有效性，报告必要的输入状态信息及错误信息。

（3）输入一批数据时，使用数据或文件结束标志，而不要用计数来控制。

（4）交互式输入时，提供可用的选择和边界值。

（5）当程序设计语言有严格的格式要求时，应保持输入格式的一致性。

（6）输出数据表格化、图形化。

5. 追求效率原则

效率主要是指处理机时间和存储空间两个方面。对效率的追求要注意以下几点。

（1）效率是一个性能要求，目标在需求分析中给出。

（2）追求效率应建立在不损害程序的可读性或可靠性的基础上，首先要保证程序正确、逻辑结构清晰，然后再提高程序的效率。

（3）提高程序效率的根本途径在于选择良好的设计方法和数据结构算法，而不是靠编程时对程序语句做局部调整。

4.3　数据结构基础

计算机科学是一门研究信息表示和处理的科学，它不仅涉及算法与程序的结构，同时也涉及程序的加工对象——数据（信息）的结构。数据的结构直接影响算法的选择和程序的效率。一个好的算法，一定要使用好的数据结构，一个好的数据结构也是在研究好的算法的过程中产生的。

4.3.1　数据与数据结构

1. 数据（Data）

这里所说的"数据"，是指凡是能输入到计算机中，并能被计算机程序所处理的符号的总称。因此，在现代计算机科学中，"数据"的含义十分广泛，它不仅包括用于科学计算的数值，还包括其他如字符、图像、声音、动画、视频等信息。

2. 数据元素（Data Element）

数据集合中的每一个个体称为数据元素，它是数据的基本单位，又可称为结点或记录。同类数据元素的集合称为数据对象。

3. 数据结构（Data Stucture）

数据结构是指带有结构的数据元素的集合。结构反映了数据元素相互之间存在的某种逻辑联系（如一对一的关系、一对多的关系或多对多的关系）。

4. 数据结构研究的内容

（1）从学科的角度来看。数据结构是计算机科学与技术的一个分支，它主要研究数据的逻辑结构、物理结构以及数据结构上的基本数据运算。

① 数据的逻辑结构。数据的逻辑结构是指数据元素之间的逻辑关系，它与数据在计算机中的存储方式无关。数据的逻辑结构分为以下 3 类。

● 线性结构。数据元素之间存在前后依次相邻的逻辑关系，除第一个元素和最后一个元素外，其余都有唯一一个直接前驱和直接后继，即元素之间是一对一的关系，如图 4-3 所示。线性结构包括线性表、栈、队列、数组、广义表以及串等。

图 4-3　线性结构

● 树形结构。数据元素之间存在顺序关系，除第一个根结点外，其余结点都有唯一一个前驱结点，但可以有多个后继结点，即元素之间是一对多的关系，如图 4-4 所示。树形结构包括树、二叉树、森林等。

图 4-4　树形结构

图 4-5　网状结构

● 网状结构。每个结点都可以有多个前驱和多个后继结点，即元素之间是多对多的关系，如图 4-5 所示。

② 数据的物理结构。数据的物理结构是指数据在计算机中是如何表示的，即数据的逻辑结构在计算机存储器上的实现。它有多种不同的方式，其中顺序存储结构和链式存储结构是最常用的两种存储方式。

● 顺序存储结构。顺序存储结构即逻辑上相邻的数据元素存储在物理上也相邻的存储单元里。它主要存储线性结构的数据。其主要特点如下。

➤ 元素之间的逻辑关系由物理相邻关系体现，每个结点仅存储元素的数据信息，存储密度大，空间利用率高。

➤ 第 i 个数据元素的存储地址可由以下公式求得。

$$\text{Loc}(a_i) = \text{Loc}(a_1) + (i-1) * L$$

上式中，$\text{Loc}(a_1)$ 为第一个元素的存储地址，L 为每个元素所占存储单元的大小。

➤ 对任意数据元素的访问都可采用直接访问的方式，因此速度快、效率高。

➢ 插入和删除运算会引起相应元素的大量移动，因此效率较低。

● 链式存储结构。链式存储结构即逻辑上相邻的数据元素可以存放在物理上不相邻的存储单元中。每个结点分为数据域和指针域两部分，其中指针域指示元素之间的逻辑联系。其重要特点如下。

➢ 结点除数据外，还有表示地址信息的指针域，因此与顺序存储结构相比，占用更大的存储空间。

➢ 逻辑上相邻的结点物理上不一定相邻，因此可用于线性表、树、图等多种逻辑结构的存储。

➢ 插入和删除操作灵活方便，不需要大量移动结点，只需修改结点的指针值即可。

③ 基本数据运算（操作）。数据的每一种逻辑结构都有相应的基本运算或操作，主要包括建立、查找、插入、删除、修改、排序等。数据结构连同以上定义的基本操作可封装在一起构成抽象数据类型（Abstract Data Type，ADT）。很多程序设计语言都支持抽象数据类型，用 C++或 JAVA 面向对象语言来实现更方便，这些语言用"类"来支持抽象数据类型的表示。

（2）从课程的角度来看。数据结构是计算机科学与技术专业的一门核心专业课程，其中将系统介绍线性表、栈、队列、串、数组与广义表、树和二叉树、图等基本类型的数据结构及其相应运算的实现算法，并将讨论在程序设计中经常会遇到的查找和排序问题。这些知识和技术不仅是一般非数值计算程序设计的基础，而且也是设计和实现编译程序、操作系统、数据库管理系统等系统软件以及大型应用程序的重要基础。

4.3.2　典型的数据结构

1. 线性表

（1）线性表的定义。线性表是一种最简单且最常用的数据结构。一个线性表是由 n 个数据元素组成的有限序列，每一个数据元素根据不同的情况可以是一个数、一个符号或者一个记录等信息。例如，英文字母表（A，B，C，……，Z）就是一个线性表，其中的数据元素是单个的英文字母。表 4-2 所示的学生成绩表也是一个线性表。其中，数据元素是由一个学生的课程成绩组成的记录，记录由学号、姓名、专业及各科成绩等数据项组成，这些数据项又称为字段。

表 4-2　　　　　　　　　　　　　　　　学生成绩表

学号	姓名	专业	计算机导论	数据结构	操作系统	计算机网络	计算机组成原理
13406101	王刚	软件工程	86	75	77	67	66
13406102	李健	软件工程	78	80	68	54	70
13406103	张明	网络工程	92	76	89	84	69
13406104	李强	网络工程	80	78	73	89	64
…	…	…	…	…	…	…	…

不同的线性表中的数据元素可以是各种各样的，如在上面两个例子中分别为单个的英文字母和记录。但是，在同一个线性表中的数据元素必须具有相同的特性。

（2）线性表的存储结构。在计算机中，线性表通常可采用顺序存储和链式存储两种存储结构。

① 顺序存储结构的线性表（顺序表）。顺序表使用一组地址连续的存储单元来依次存放线性表中的每个数据元素，如图 4-6 所示。采用这种存储结构实现对线性表的某些操作比较简单，如计算线性表的长度和访问第 i 个位置的元素。但是，如果要实现插入或删除表元素，则因为需要

移动大量相关元素而需花费较多的时间。

图 4-6　顺序表结构示意图

② 链式存储结构的线性表（链表）。链表使用不一定连续的存储单元来存放线性表中的每个数据元素。为了表示某一个元素与其后继元素的位置关系，每个存储单元除了存放数据元素本身的数据信息之外，还需要存储一个指示其直接后继元素的指针。这样，线性表中每一个元素的存储区域包括数据域和指针域两部分，如图 4-7 所示。整个线性表的各个数据元素的存储区域之间通过指针连接成为一个链式的结构，因此称其为链表，如图 4-8 所示。采用链式存储结构可以充分利用零星的存储单元来存放表元素，此外，还可以高效地实现元素的插入与删除等操作（因为只需改变指针域，不需移动元素）。但是，由于每一个数据元素都需要额外增加一个指针域，这将会增加存储空间的开销，而且对元素的访问效率也大大降低（顺序表是直接访问，而链表是顺序访问）。

图 4-7　存储单元结构　　　　图 4-8　链表结构示意图

（3）线性表的运算。设 L 为一个线性表，则对 L 可以进行以下一些基本运算。

① 求表的长度 Length（L）。该运算用来求线性表 L 的长度，即 L 中数据元素的个数，作为其函数值。

② 取表元素 Get（L，i）。该运算用来取得线性表 L 的第 i 个数据元素的值（或地址）作为其函数值。

③ 查找特定元素 Locate（L，x）。该运算用来在线性表 L 中查找指定的数据元素 x。如果线性表 L 中存在值为 x 的数据元素，则返回该数据元素的位置 i 作为其函数值，否则返回 0。

④ 插入新元素 Insert（L，i，x）。该运算的功能是将指定的新元素 x 插入到线性表 L 的第 i 个位置（第 i 个元素的前面）。如果线性表 L 原有 n 个数据元素，则执行了该运算后其数据元素的个数变为 $n+1$。

⑤ 删除表元素 Delete（L，i）。该运算的功能是将线性表 L 的第 i 个数据元素删除。如果线性表 L 原有 n 个数据元素，则执行了该运算后其数据元素的个数变为 $n-1$。

2. 堆栈

（1）堆栈的定义。堆栈（Stack）简称栈，是一种操作受限制的特殊线性表，它只能够在表的一端（表尾）进行插入和删除操作，表尾称为栈顶（Top）。设栈 S=（a_1，a_2，…，a_n），a_1 是最先进栈的元素，a_n 是最后进栈的元素，则称 a_1 是栈底元素，a_n 是栈顶元素。进栈和出栈的操作遵循"先进后出"（First In Last Out，FILO）的原则进行，如图 4-9 所示。

（2）堆栈的存储结构。与线性表类似，堆栈也可分为顺序存储结构的栈（顺序栈）和链式存储结构的栈（链栈）两种。但在实际应用中一般都采用顺序存储结构，即使用一个连续的存储区域来存放栈元素，并设置一个指针 top 来指示栈顶的位置。图 4-10 分别表示了栈的初始状态（空

图 4-9　进栈和出栈操作示意图

栈）以及栈元素 A、B、C 依次进栈的过程。

（a）空栈　　　　　（b）A元素进栈　　　　（c）B元素进栈　　　　（d）C元素进栈

图 4-10　顺序栈进栈操作示意图

（3）堆栈的运算。设 S 为一个栈，则对 S 可以进行以下一些基本运算。

① 初始化空栈 InitStack（S）。该运算将栈 S 初始化为空栈。

② 进栈 Push（S，x）。该运算将新元素 x 压入栈 S 中，作为 S 的栈顶元素。

③ 出栈 POP（S）。该运算删除栈 S 的栈顶元素。

④ 取栈顶元素 Gettop（S）。该运算取得栈 S 的栈顶元素作为其函数值。

3. 队列

（1）队列的定义。队列（Queue）也是一种操作受限制的特殊线性表。与栈不同的是，队列中规定只能在表的一端（表尾）进行插入操作，而在表的另一端（表头）进行删除操作。允许插入元素的一端称为队尾（Rear），允许删除元素的一端称为队首（Front）。设队列 Q=（a_1，a_2，…，a_n），其中 a_1 是最先入队列的元素，a_n 是最后入队列的元素，则称 a_1 是队首元素，a_n 是队尾元素。入队列和出队列操作遵循"先进先出"（First In First Out，FIFO）的原则进行，如图 4-11 所示。

图 4-11　入队列和出队列操作示意图

队列是在程序设计中经常用到的一种数据结构。例如，在操作系统中，对进程的组织和调度是按照队列来进行的；对设备的分配也要按照请求的先后次序排队，依次进行分配。

（2）队列的存储结构。队列的存储结构也可分为顺序存储结构的队列（顺序队列）和链式存储结构的队列（链队列）两种。如果队列中的数据元素要频繁地变化，那么队列通常采用链式存储结构。用链表表示的队列即为链队列，它需要设置两个指针，一个为队首指针 Front，另一个为队尾指针 Rear，分别指向队列的一头和一尾。链队列的结构如图 4-12 所示。

图 4-12　链队列结构示意图

（3）队列的运算。设 Q 为一个队列，则对 Q 可以进行以下一些基本运算。

① 初始化空队列 InitQueue（Q）。该运算将队列 Q 初始化为空队列。

② 入队列 AddQueue（Q，x）。该运算是在队列 Q 的队尾插入一个新元素 x。

③ 出队列 DelQueue（Q）。该运算是删除队列 Q 的队首元素。

④ 取队首元素 Getfront（Q）。该运算是取得队列 Q 的队首元素作为其函数值。

小　　结

（1）当人们使用计算机解决具体问题时，一般需要经过以下 4 个步骤：数学建模、算法设计、程序设计和调试。

（2）算法（Algorithm）是对特定问题求解步骤的一种描述，是指令的有限序列。算法具有有穷性、确定性、可行性、输入和输出 5 个基本特征。常用的算法描述方法有自然语言、伪代码、流程图等。

（3）衡量一个算法优劣的标准主要有正确性、可读性、健壮性和高效性。

（4）程序设计语言是人与计算机交互的工具。随着计算机科学技术的发展，程序设计语言经历了机器语言、汇编语言和高级程序设计语言 3 个阶段。

（5）结构化程序设计具有的 3 种基本的控制结构是顺序结构、分支结构和循环结构。

（6）良好的程序设计风格应遵循源程序文档化原则、数据说明原则、语句构造原则、输入/输出原则、追求效率原则等。

（7）数据是指凡是能输入到计算机中，并能被计算机程序所处理的符号的总称；数据元素是数据集合中的每一个个体，它是数据的基本单位，又可称为结点或记录；数据结构是指带有结构的数据元素的集合，结构反映了数据元素相互之间存在的某种逻辑联系。

（8）数据的逻辑结构是指数据元素之间的逻辑关系，它与数据在计算机中的存储方式无关。数据的逻辑结构分为线性结构、图形结构和网状结构 3 类；数据的物理结构是指数据在计算机中是如何表示的，即数据的逻辑结构在计算机存储器上的实现。顺序存储结构和链式存储结构是最常用的两种存储方式。数据的每一种逻辑结构都有相应的基本运算或操作，主要的数据运算有建立、查找、插入、删除、修改、排序等。

（9）线性表是一种最简单且最常用的数据结构。一个线性表是由 n 个数据元素组成的有限序列。线性表通常可采用顺序存储和链式存储两种存储结构。线性表的基本运算包括计算表长、取表元素、查找特定元素、插入新元素和删除表元素等。

（10）栈（Stack）是一种操作受限制的特殊线性表，它只能够在表的一端（表尾）进行插入和删除操作，栈的操作遵循"先进后出"的原则。栈也可采用顺序存储和链式存储两种存储结构，但在实际应用中一般都采用顺序存储结构。栈的基本运算包括初始化空栈、进栈、出栈和取栈顶元素等。

（11）队列（Queue）也是一种操作受限制的特殊线性表，它只能在表的一端（表尾）进行插入操作，而在表的另一端（表头）进行删除操作。队列的操作遵循"先进先出"的原则。队列也可采用顺序存储和链式存储两种存储结构，如果队列中的数据元素要频繁地变化，那么队列通常采用链式存储结构。队列的基本运算包括初始化空队列、入队列、出队列和取队首元素等。

习 题 4

一、单项选择题

1. 计算机算法指的是（   ）。
   - A. 计算方法
   - B. 排序方法
   - C. 解决问题的有限运算序列
   - D. 调度方法

2. 算法分析的目的是（   ）。
   - A. 找出数据结构的合理性
   - B. 研究算法中的输入和输出的关系
   - C. 分析算法的效率以求改进
   - D. 分析算法的易懂性和文档性

3. 算法分析的两个主要方面是（   ）。
   - A. 时间复杂度和空间复杂度
   - B. 正确性和简明性
   - C. 可读性和文档性
   - D. 数据复杂度和程序复杂度

4. 能够把用高级程序设计语言编写的源程序翻译为目标程序的系统软件称为（   ）。
   - A. 解释程序
   - B. 编译程序
   - C. 汇编程序
   - D. 操作系统

5. 无需了解计算机内部构造的语言是（   ）。
   - A. 汇编语言
   - B. 机器语言
   - C. 高级语言
   - D. 操作系统

6. 以下（   ）不属于结构化程序设计的控制成分。
   - A. 顺序结构
   - B. GOTO 结构
   - C. 循环结构
   - D. 分支结构

7. 具有线性结构的数据结构是（   ）。
   - A. 图
   - B. 树
   - C. 二叉树
   - D. 栈

8. 以下数据结构中，（   ）是非线性数据结构。
   - A. 图
   - B. 字符串
   - C. 数组
   - D. 堆栈

9. 数据结构中，与所使用的计算机无关的是数据的（   ）结构。
   - A. 存储
   - B. 物理
   - C. 逻辑
   - D. 物理和存储

10. 线性表是（   ）。
    - A. 一个有限序列，可以为空
    - B. 一个有限序列，不能为空
    - C. 一个无限序列，可以为空
    - D. 一个无限序列，不能为空

11. 下面关于线性表的叙述中，错误的是（   ）。
    - A. 线性表采用顺序存储，必须占用一片连续的存储单元
    - B. 线性表采用顺序存储，便于进行插入和删除操作
    - C. 线性表采用链式存储，可以占用一片连续的存储单元
    - D. 线性表采用链式存储，便于插入和删除操作

12. 用行主顺序存放一维数组 A，若 A 的下限为 1，元素长度为 L，则 A 的第 i 个元素的存放地址 loc（A_i）为（   ）。
    - A. loc（A_1）+（$i-1$）*L
    - B. loc（A_1）+i*L
    - C. loc（A_1）+i*L+1
    - D. loc（A_1）+（$i+1$）*L

13. 链表不具有的特点是（   ）。
    - A. 插入、删除不需要移动元素
    - B. 可随机访问任一元素

C. 不必事先估计存储空间　　　　　D. 所需空间与线性长度成正比

14. 栈和队列的共同点是（　　）。

　　A. 都是先进先出　　　　　　　　B. 都是先进后出

　　C. 只允许在端点处插入和删除元素　D. 没有共同点

15. 如果一个栈的进栈序列是 a、b、c、d，则栈的不可能的出栈序列是（　　）。

　　A. e、d、c、b、a　　B. d、e、c、b、a　　C. d、c、e、a、b　　D. a、b、c、d、e

二、填空题

1. 数据的逻辑结构是对数据之间关系的描述，主要有＿＿＿＿和＿＿＿＿两大类。

2. 线性结构中元素之间存在＿＿＿＿关系，树形结构中元素之间存在＿＿＿＿关系，图形结构中元素之间存在＿＿＿＿关系。

3. 程序设计是＿＿＿＿的选用和＿＿＿＿设计的组合。

4. 一个"好"的算法应考虑达到以下目标：＿＿＿＿、＿＿＿＿、＿＿＿＿、＿＿＿＿。

5. 数据元素在计算机中最常用的两种存储结构是＿＿＿＿和＿＿＿＿。

6. 顺序表中，逻辑上相邻的元素，其物理位置＿＿＿＿相邻。单链表中，逻辑上相邻的元素，其物理位置＿＿＿＿相邻。

7. 在一个长为 n 的顺序表中，若要在第 i 个元素（$1 \leq i \leq n$）之前插入一个元素，则需向后移动＿＿＿＿个元素；若要删除第 i 个元素（$1 \leq i \leq n$），则需要向前移动＿＿＿＿个元素。

8. 一个栈的输入序列为 $123 \cdots\cdots n$，若输出序列的第一个元素是 n，输出的第 i 个元素（$1 \leq i \leq n$）是＿＿＿＿。

9. 一个队列的入队序列是 a、b、c、d，则该队列的输出序列为＿＿＿＿。

10. 设栈 S 和队列 Q 的初始状态为空，元素 e_1、e_2、e_3、e_4、e_5 和 e_6 依次通过栈 S，一个元素出栈后即进入队列 Q，若 6 个元素出队的顺序是 e_2、e_4、e_3、e_6、e_5、e_1，则栈 S 的容量至少应是＿＿＿＿。

三、简答题

1. 简述人们使用计算机解决一个实际问题时需要经历哪几个步骤。

2. 什么是算法？算法的主要特征有哪些？

3. 常用的算法描述方法有哪些？它们各自具有什么特点？

4. 简述衡量一个算法优劣的标准。

5. 简述程序设计时应遵循哪些基本原则。

6. 分别简述数据、数据元素和数据结构的基本定义。

7. 简述顺序存储结构和链式存储结构的区别以及各自的优、缺点。

8. 什么是线性表？线性表常用的存储方法有哪些？线性表有哪些常用运算？

9. 什么是栈？栈常用的存储方法有哪些？栈有哪些常用运算？

10. 什么是队列？队列常用的存储方法有哪些？队列有哪些常用运算？

第5章
多媒体技术

多媒体技术是当前最受人们关注的热点技术之一。传统的计算机系统已成为多媒体计算机系统，各种多媒体应用已进入人类生活的各个领域，我们的生活也由此变得更加丰富多彩。多媒体技术已发展成为独立的、与多领域交叉的信息技术。本章我们将首先介绍多媒体的基本概念和基本类型、多媒体技术的应用领域，然后进一步探讨视觉媒体和听觉媒体的处理技术、压缩与解压缩技术，最后介绍一些常用的多媒体开发软件等。

本章学习目标

- 掌握媒体、多媒体及其相关概念。
- 理解多媒体的主要特征、关键技术及其应用领域。
- 掌握视觉媒体和听觉媒体常用的处理方法和处理过程。
- 理解多媒体数据的压缩与解压缩过程及其常用的技术标准。
- 了解常用的一些多媒体开发软件及其功能。

5.1 多媒体技术概述

5.1.1 多媒体技术的发展

多媒体的直接起源是计算机工业界、家用电器工业界和通信工业界对各自领域未来发展的预测。最早提出和研究多媒体系统的计算机工业界代表有 IBM、Intel、Apple、Commdore 公司，家用电器公司代表有 Philips、Sony 等。IBM 和 Intel 公司联合推出的 DVI（Digital Video Interactive）使计算机能够处理影像视频信息。Microsoft 等一大批软件开发商推出的各类多媒体软件和 CD 光盘，造就了一大批计算机的多媒体用户。而可视电话、视频会议、远程服务等是通信业务在多媒体技术上的新发展。

多媒体技术出现于 20 世纪 80 年代初，并迅速成为计算机界最热门的话题之一。进入 90 年代以后，由于"信息高速公路"计划的兴起和 Internet 的广泛应用，刺激了多媒体信息产业的发展，计算机、通信、家电和娱乐业的大规模联合，造就了新一代的信息领域。

5.1.2 什么是多媒体

1. 媒体的定义及类型

媒体（Media）是指分布和表示信息的方法，如文本、图形、图像、声音等。国际电信联盟

（International Telecommunication Union，ITU）定义了以下 5 种媒体。

（1）感觉媒体（Perception Media）。感觉媒体表示人对外界的感觉，如声音、图像、文字、动画等。

（2）表示媒体（Representation Media）。表示媒体说明交换信息的类型，定义信息的特征，一般以编码的形式描述，如声音编码、图像编码、文字编码等。

（3）存储媒体（Storage Media）。存储媒体即存储数据的物理设备，如磁盘、磁带、光盘、内存等。

（4）显示媒体（Presentation Media）。显示媒体即获取和显示信息的设备，如显示器、打印机、音箱等输出设备，键盘、鼠标、摄像机等输入设备。

（5）传输媒体（Transmission Media）。传输媒体即传输数据的物理设备，如光纤、无线电波、微波等。

2．多媒体与多媒体技术

多媒体（Multimedia）是指文本、图形、图像、声音、动画等多种媒体的有机集成体。人们常说的"多媒体"更多地是被归结为一种"技术"，因为正是由于通信技术、计算机技术、数据信息处理技术的发展才使我们今天拥有了处理多媒体信息的能力，也使得"多媒体"成为一种现实。所以，所谓"多媒体"常常不是指多种媒体本身，更主要地是指处理和应用它的一整套技术，因此也常常被视为"多媒体技术"的同义词。此外，还应该注意到，多媒体技术往往与计算机联系在一起，这是由于计算机的数字化及交互式处理能力极大地推动了多媒体技术的发展。通常可以将多媒体视为先进的计算机技术与视频、音频和通信等技术融为一体而形成的新技术或新产品。人们利用多媒体计算机综合处理多种媒体信息，使文字、声音、图像、视频、动画等媒体建立逻辑连接，集成为一个系统并具有交互性。

5.1.3　多媒体技术的特征

相对单一媒体技术，多媒体技术具有以下一些主要特征。

1．集成性

集成性体现在以计算机为中心综合处理多种信息媒体，它包括信息媒体的集成和处理这些媒体的设备的集成。信息媒体的集成不仅指文字、图像、音频、视频等多个媒体的综合应用，而且包括对这些多媒体信息的处理技术。例如，Flash 动画软件就集成了对文本、声音、图形、图像、动画及视频的处理。多媒体设备集成包括硬件和软件两个方面。其中，硬件是指高速 CPU、大容量存储设备、输入/输出设备以及电视机、音响设备、视频播放器等。软件包括多媒体操作系统、创作工具、应用软件等。总之，集成性能使多种不同形式的信息综合地表现某个内容，从而取得更好的效果。

2．交互性

交互性是多媒体技术的特色之一，即用户可以与计算机的多种信息媒体进行交互操作。用户不仅能使用信息，还能控制信息，这也正是它和传统媒体最大的不同。这种改变，除了让使用者可以按照自己的意愿来解决问题外，还可借助交互沟通来帮助自己学习和思考，以达到增进知识及解决问题的目的。多媒体处理过程的交互性使得人们更加注意和理解信息，更加具有主动性，增加了有效控制和使用信息的手段，使人们与计算机之间的交流变得更加亲切友好。

3．实时性

多媒体技术中的声音及活动的视频图像是和时间密切相关的，这就决定了多媒体技术必须支持实时处理，如播放声音和视频图像时都不能出现停顿的现象。

4. 数字化

早期的媒体技术在处理音频和视频信息时，采用模拟方式进行信息的存储和播放。但由于衰减和噪声干扰较大，且传播中存在逐步积累的误差等，模拟信号的质量较差。而多媒体技术以数字化方式加工和处理信息，精确度高，播放效果好。

5.1.4 多媒体中的关键技术

多媒体技术研究的内容可划分为 6 个领域：媒体处理与编码技术、多媒体系统技术、多媒体信息组织与管理技术、多媒体通信网络技术、多媒体人机接口与虚拟现实技术、多媒体应用技术。其中，关键技术主要集中在以下几个方面。

1. 多媒体数据压缩技术

数字化的声音和图像包含了大量的数据。例如，一分钟的声音信号用 22.05 kHz 的采样频率表示，每个采样用 8 bit 表示，所占的数据量约为 1.26 MB。又如，一幅 640×480 的真彩色图像，每个像素用 24 位二进制表示，所占的数据量约为 900 KB。如果不经过数据压缩，巨大的数据量不但需要大容量的存储设备，而且实时处理数字化声音和图像信息所需要的传输率和计算速度都是计算机难以承担的。所以，为了使多媒体技术达到实用水平，除了采用新技术手段增加存储空间和通信带宽外，对数据进行有效压缩是必须解决的关键难题。

压缩技术经过 40 多年的研究和发展，已经产生了各种针对不同用途的压缩算法、压缩手段和实现这些算法的大规模集成电路或软件。选用合适的数据压缩技术，就有可能将字符数据量压缩到原来的 1/2 左右，将语音数据量压缩到原来的 1/10～1/2，将图像数据量压缩到原来的 1/60～1/2。由此形成了压缩编码/解压缩编码的国际标准 JPEG 和 MPEG。

（1）JPEG。JPEG（Joint Photographic Experts Group，联合图像专家组）是最常用的图像文件格式，适合于静态图像的压缩，文件后缀名为 jpg。它是一种有损压缩格式，图像中重复或不重要的数据会被忽略，压缩比率通常在 10∶1 到 40∶1 之间。压缩比率越大，图像品质就越低；相反，压缩比率越小，图像品质就越高。JPEG 格式压缩的主要是高频信息，对色彩的信息保留较好，支持 24 位真彩色，适合于互联网传输，可减少图像的传输时间。

（2）MPEG。MPEG（Moving Picture Expert Group，运动图像专家组）是专门制定多媒体领域内国际标准的一个组织。该标准包括 MPEG 视频、MPEG 音频和 MPEG 系统（音、视频同步）3 个部分。MPEG 标准的视频压缩编码技术主要利用运动补偿的帧间压缩编码技术以减少时间冗余度，利用 DCT 技术以减少空间冗余度，利用熵变码在信息表示方面减少统计冗余度。这几种技术的综合应用，增强了压缩性能。其平均压缩比率可达 50∶1，压缩比率不仅高而且还具有统一的格式，兼容性好。

2. 大容量的信息存储技术

数字化媒体信息虽然经过压缩处理，但仍然包含了大量的数据。当大容量的 CD-ROM、DVD-ROM、mp3 等技术普及后，多媒体信息存储的空间问题基本得到了解决。例如，一张 5 英寸的 CD-ROM 光盘上可存储 650 MB 的数据，大约可存储约 70 min 的全运动视频图像；一张同样大小的 DVD-ROM 光盘，最普通的容量也有 4.7 G，双面双层可达 17 G；TOEFL 语言磁带 24 盘 20 h 的声音信息相当于约 500 MB 的 mp3 格式的音频文件。

此外，由于存储在 PC 服务器上的数据量越来越大，使得 PC 服务器的硬盘容量需求提高得很快。为了避免磁盘损坏而造成的数据丢失，采用了相应的磁盘管理技术，磁盘阵列（Disk Array）就是在此时诞生的一种数据存储技术。它由若干个容量较小、速度较慢、稳定性较高的磁盘组合成的一个大型磁盘组。利用这项技术存储数据时，将数据切割成许多区段，分别存放在各个硬盘上。这些大容量的存储设备为多媒体应用提供了便利条件。

3. 多媒体专用芯片技术

专用芯片是多媒体计算机硬件体系结构的关键。对于需要进行大量、快速、实时的音视频数据的压缩和解压缩、图像处理（缩放、淡入/淡出等）、音频处理（滤波、去噪等）的多媒体计算机来说，专用芯片技术更是显得尤为重要。VRAM、A/D、D/A 转换芯片、数字信号处理（Digital Signal Processing，DSP）芯片的出现很好地解决了上述问题，并且也有利于产品标准化。

4. 多媒体通信技术

多媒体通信是指位于不同地理位置的用户之间进行交流时，通过局域网（Local Area Network，LAN）、广域网（Wide Area Network，WAN）、内联网（Intranet）、因特网（Internet）或电话网来传输压缩的文本、声音、图像、视频等信息的新型通信方式。电话会议、视频会议、IP 电话、IP 传真等都是多媒体通信技术的具体应用。利用多媒体通信，相隔万里的用户不仅能声、像、图、文并茂地交流信息，而且分布在不同地点的多媒体信息还能协调一致地作为一个完整的信息形式呈现在用户面前，用户可以对通信全过程进行集中控制和管理。

5. 多媒体数据库技术

传统的数据库管理系统在处理除文字以外的多媒体数据和非结构化数据方面已经力不从心，对多媒体数据库的研究成为当今的一个热点问题。随着技术的发展，产生了许多可以对多媒体数据进行管理和使用的技术，如面向对象数据库、基于内容检索技术、超媒体技术等；并且出现了声音数据库系统、图形数据库系统、图像数据库系统等专用数据库系统。在此基础上，又出现了处理包括文字、数值、声音、图像等多种媒体信息的多媒体数据库管理系统（Media DataBase Management System，MDBMS）的概念。多媒体数据库的关键技术主要有多媒体数据模型、用户接口方式以及多媒体数据结构化查询语言等。

多媒体数据库的数据模型是很复杂的，不同的媒体有不同的要求，不同的结构有不同的建模方法。在传统的关系模型的基础上通过扩展来提高关系数据库处理多媒体数据的能力，如 Visual Foxpro 中的 General 字段、Informix 中的 BLOB 等，这样就可以在数据库中增加人员的照片、声音等。这种方法的局限性很大，建模能力不够强。随着面向对象技术的兴起，面向对象的数据模型正好满足了多媒体数据库在建模方面的要求。另外，在多媒体数据库中使用超媒体数据模型能较好地建立多媒体数据之间的联系，因此它成为了一种使用很普遍的多媒体数据模型。

用户接口方式是多媒体数据库系统最关键的部分之一。多媒体数据库的用户接口包括两个方面的内容：如何将用户的请求转换为系统所能识别的形式并转换为系统的动作；如何将系统查询的结果按要求进行显示。前者是输入，后者是输出。多媒体数据库系统是否能够提供友好的用户接口，其中最主要的是数据结构化查询语言的设计。

5.1.5　多媒体的应用领域

多媒体的应用领域十分广泛。多媒体与 CD-ROM 结合，造就了新型的出版业；多媒体与网络结合，就会使人类跨越时空的限制；多媒体、光盘、网络的融合会改变信息的存储、传输和使用方式。多媒体已经对人类的工作方式、信息方式、生活方式产生了深刻的影响。

1. 多媒体教学和远程会诊

在教育中引入多媒体，正在改变传统的教学模式，变被动学习为主动学习。以计算机教学为例，面对白纸黑字的教科书，既没有声音又没有实际操作，难免会让人觉得乏味。如果给这样的教材配上声音、图解、操作、交互功能等，让学生身临其境，去感受、去体验，并根据自己的实际情况去选择学习内容，学习效果就会大不一样。这样，以往以教师为中心的教学模式就会转变成以学生为中心的教学模式，增加了学生学习的主动性，使学生自发地产生一种学习积极性。现在，我国已有很多家庭配置了计算机，而且借助于通信网络，还可以建立远程学习系统来参加其他学校的听课、讨论和考试。我国的远程教育早已开展实施。

1999 年 1 月 16 日，中华医学会远程医疗会诊中心正式宣布在北京成立。远程医疗会诊中心的网络系统将对解决我国偏远地区的医疗服务及教学工作中的资源分布不均等问题起到积极的作用。

2. 电子出版

电子出版物的诞生、普及和应用，正在给图书这一古老的概念赋予全新的内容。一张光盘可以存储高达 650 MB 的信息，相当于 20 万页文本或者 1 000 幅未压缩扫描图像的数据量。以 CD-ROM 为载体的电子图书是多媒体应用的一个重要方面，另外还可以把软件游戏、电影、杂志、报纸等都以电子出版物的形式来进行发行，用户通过多媒体计算机或其他多媒体终端设备就可进行阅读和使用。

3. 家庭娱乐

多媒体进入家庭能改变业余生活的娱乐方式。借助多媒体技术，人们可以在计算机上欣赏光盘节目、玩多媒体电子游戏、作曲、演唱卡拉 OK 等。人们还可以应用多媒体学习开车、浏览美丽风光，甚至破解悬案。

4. 产品演示

由于激烈的市场竞争，产品种类变化很快。图、文、声、像并茂的多媒体演示更能够打动顾客的心。多媒体改变了以往产品演示的方式，多媒体演示系统成了企业推销产品的最好手段。

5. 咨询服务

公共场所和咨询机构可以用多媒体技术制作图、文、声、像并茂的多媒体咨询系统，人们可以用触摸屏幕图表的选取方式选择感兴趣的内容，从而大大提高服务质量和效果。例如，在餐饮业，好的咨询服务会招揽更多的顾客。多媒体给经营者创造了新的商业机会。

6. 多媒体电子邮件

现在利用多媒体提供的功能，可以在传统的电子邮件中嵌入语音和增加图像说明。例如，在文字编辑过程中，可以为某一段文字嵌入语音解说。然后，当用户用鼠标双击代表语音解说的图标时，便会听到相应的声音。同样，也可以把图片和视频等附加到文档中去。

7. 通信领域

多媒体技术与通信技术相结合是必然的趋势。多媒体通信技术使计算机的交互性和真实性融为一体。多媒体通信技术的广泛应用将极大地提高人们的工作效率，减轻社会的交通运输负担，改变人们传统的教育和娱乐方式。可以认为，多媒体通信将成为 21 世纪人们通信的基本方式。与多媒体通信相关的产品有数字图像电话系统、多媒体网络数据库、可视电话、交互式电视等。

5.2　媒体处理技术

5.2.1　听觉媒体的处理

声音是由物质振动所产生的一种物理现象。当物质振动时，它在其周围的大气中产生不断变化的压力，这个高低变化的压力通过大气以波状传播。当该声波到达人的耳朵时，就能听到声音。

1. 模拟音频和数字音频

在计算机内，所有的信息都是以 0、1 二进制形式表示的，声音信号也不例外，我们称之为数字音频。

模拟音频是以模拟电压的幅度来表示声音的强弱，它在时间上是连续的；而数字音频是一个离散的数据序列。数字音频是通过采样和量化，把模拟量表示的音频信号转换成由许多二进制数 0 和 1 组成的数字序列。

2. 模拟音频转换成数字音频的过程

将模拟音频转换成数字音频包括采样和量化两个过程，如图 5-1 所示。

（1）采样是指将在时间上连续的波形模拟信号按特定的时间间隔进行取样，以得到一系列的离散点，如图 5-2 所示。根据奈奎斯特采样定律，只要采样频率高于信号中最高频率的 2 倍，就可以从采样中完全恢复出原始信号波形。因为人耳所能听到的频率范围为 20 Hz～20 kHz，所以在实际的采样过程中，为了达到高保真的效果，通常采用 44.1 kHz 作为高质量声音采样频率，如果达不到那么高的频率，声音的恢复效果就要差一些，如电话质量、调幅广播质量、高保真质量等就是不同的质量等级。一般说来，频率越高，声音的质量越接近于原始声音，当然所需的存储量也会越大。标准的采样频率有 3 个，即 44.1 kHz、22.05 kHz 和 11.025 kHz。

（2）量化就是用数字表示采样得到的离散点的信号幅值，如图 5-2 所示。每个采样点的二进制位数用来描述采样点测量的精度，采样的信息量是通过将每个波形采样垂直等分而形成的，8 位采样指的是将采样幅度划分为 256（2^8）等份，16 位采样就可以划分为 65 536（2^{16}）等份。显然，用来描述波形特征的垂直单位数量越多，就越接近于原始的模拟波形，但存储量也会越大。

图 5-1 音频信号转换示意图

图 5-2 声音的采样和量化示意图

3. 声音的容量大小

通常，声音系统可能有多个通道，声音通道的个数表明声音记录是只产生一个波形（单声道）还是产生两个波形（立体声双声道）或者更多。立体声听起来要比单声道的声音丰满且有一定的空间感，但需要两倍的存储空间。质量越高，声音的数据量就越大。未经压缩的声音的数据量可由下式推算。

$$数据量 =（采样频率 \times 采样位数 \times 声道数 \times 时间）/8$$

例如，1 分钟的声音，单声道、8 位采样位数、采样频率为 11.025 kHz，数据量为

$$（11.025 \times 1\,000 \times 8 \times 1 \times 60）/（8 \times 1\,024 \times 1\,024）\approx 0.63（MB）$$

又如，若采样频率为 22.05 kHz，双声道、16 位采样位数，则每分钟的数据量为

$$（22.025 \times 1\,000 \times 16 \times 2 \times 60）/（8 \times 1\,024 \times 1\,024）\approx 5.04（MB）$$

4. 数字音频的文件格式

数字音频信息的主要文件格式有 WAV、AIF、CDA、MIDI、MP3、WMA 等。

（1）WAV 文件和 AIF 文件。WAV 文件又称波形音频文件，其文件扩展名为 wav。WAV 文件是微软公司的音频文件格式，被 Windows 平台及其应用程序广泛支持。AIF 文件是苹果计算机的波形音频文件格式。这两种文件的数据均来源于直接对模拟声音波形的采样（44.1 kHz 的采样频率，16 位量化位数），因此文件所占存储空间很大，不便于交流和传播。

（2）CDA 文件即 CD 音乐格式的文件，其文件扩展名为 cda。跟 WAV 文件一样，其采样频率为 44.1 kHz，16 位量化位数，但 CD 存储采用了音轨的形式，又叫"红皮书"格式，记录的是波形流，因此音质极佳。但 CD 格式的文件容量也很大，而且不能进行编辑。

（3）MIDI 文件即数字化乐器接口（Musical Instrument Digital Interface），其文件扩展名为 mid。MIDI 是一种将电子乐器与计算机相连接的标准，以便能够利用计算机控制和演奏电子乐器，或利用程序记录电子乐器演奏的音乐，然后进行回放。与波形声音相比，MIDI 数据不是声音而是指令，所以它的数据量要比波形声音小得多。由于数据量小，所以可以在多媒体应用中与其他波形声音配合使用，形成伴乐的效果。另外，对 MIDI 的编辑也很灵活，用户可以自由地改变音调、音色等属性，使其达到自己想要的效果，而波形文件就很难做到这一点。

（4）MP3 文件即 MPEG 中的第 3 层音频编码格式，对信号进行 12∶1 的压缩。每分钟 MP3 格式约为 1 MB 大小。相同长度的音乐文件，用 MP3 格式来存储，一般只有 WAV 文件的 1/10，但它的音质要次于 CD 格式或 WAV 格式。MP3 已成为网络音频文件格式的主流。

（5）WMA 文件即微软音频格式（Windows Media Audio），它是微软力推的一种音频格式。它是以减少数据流量但保持音质的方法来得到更高的压缩比，其压缩比一般可达 18∶1。它生成的文件容量更小，大约只有 MP3 文件的一半。目前，WMA 音频文件在网络上已十分流行。

5. 处理音频信息的设备——声卡

计算机中处理音频信息的重要设备是声卡，如图 5-3 所示。声卡是多媒体技术中最基本的组成部分，是实现模拟信号/数字信号相互转换的硬件电路。

图 5-3　声卡

声卡在多媒体系统中的主要功能可具体归纳为以下几点。

（1）录制（采集）数字声音文件。通过声卡及相应驱动程序的控制，采集来自话筒（麦克风）、收录机等音源的信号，压缩后存放于计算机的内存或硬盘中。

（2）播放声音文件。将硬盘或光盘压缩的数字化声音文件还原，重建高质量的声音信号，放大后，通过扬声器输出。

（3）音频编辑处理。对数字化的声音文件进行编辑加工，以达到某一特殊的效果。

（4）混音和控制。控制音源的音量，对各种音源进行混合。

（5）压缩和解压缩。采集数据时，对数字化声音信号进行压缩，以便存储。播放时，对压缩的数字化声音文件进行解压缩。

（6）提供 MIDI 功能。使计算机可以控制多台具有 MIDI 接口的电子乐器。同时，在驱动程序的控制下，声卡将以 MIDI 格式存放的文件输出到相应的电子乐器中，发出相应的声音。

5.2.2　视觉媒体的处理

视觉类媒体主要有图形（Graphic）、图像（Image）、视频（Video）、动画（Animation）等。

1．图形和图像

（1）图形。图形是由计算机绘制的直线、圆、矩形、曲线、图表等，它是由外部轮廓构成的矢量图。对图形的描述是一组描述点、线、面等几何图形的大小、形状及其位置、维数的指令集合。在图形文件中只记录生成图的算法和图上的某些特征点。通常用绘图程序编辑和产生矢量图形，可对矢量图形及图元进行移动、缩放、旋转和扭曲等变换。由于图形只保存算法和特征点，所以它占用的存储空间也较小。但由于每次屏幕显示时都需要重新计算，因此显示速度相对较慢。

矢量图形常见的格式有 SVG、WMF、EMF、DXF 等。

① SVG 格式。它是基于 XML 的矢量图格式，由 World Wide Web Consortium（W3C）联盟为浏览器定义的标准。用户可以用任何文字处理工具打开 SVG 图像，通过改变部分代码来使图像具有互交功能，并可以随时插入到 HTML 中通过浏览器来观看。

② WMF 格式。它是 Windows 图元文件格式，是系统存储矢量图和光栅图的格式。它具有文件短小、图案造型化的特点，整个图形常由各个独立的组成部分拼接而成，但其图形比较粗糙，并且只能在 Microsoft Office 中调用编辑。

③ EMF 格式。它是微软公司开发的一种 Windows 32 位扩展图元文件格式，其目标是要弥补使用 WMF 的不足，使得图元文件更加易于使用。

④ DXF 格式。它是 AutoCAD 中的矢量文件格式，以 ASCII 码的方式存储图形，在表现图形的大小方面十分精确，而且可被 CorelDraw、3DS 等大型软件调用编辑。

（2）图像。计算机中，图像是由像素（Pixel）点阵构成的位图，每个像素的亮度通过一个整型量表示。如果图像只有两种亮度值，即黑白图像，则可由 0 或 1 表示。而对于具有灰度或彩色的图像，每个像素就需要由多位二进制表示。例如，当使用 8 位二进制表示一个像素时，该图像从黑到白具有 2^8=256 种不同的灰度或 256 种不同的颜色。

① 图像的重要技术参数。

● 分辨率。分辨率分别有以下 3 种。

➢ 屏幕分辨率。这是指在某种显示方式下，计算机屏幕上最大的显示区域，以水平和垂直的像素来表示。例如，某种显示方式具有 640×480 的屏幕分辨率，说明在这种显示方式下，屏幕在水平方向上最多可显示 640 个像素，在垂直方向上最多可显示 480 个像素。需要说明的是，大部分计算机显示系统支持多种显示方式，不同的显示方式具有不同的屏幕分辨率。

➢ 图像分辨率。这是指数字化图像的大小，以水平和垂直的像素点表示。声明一幅图像的大小时，往往采用"一幅 600×400 的图像"之类的说法。当需要确定图像在显示器上显示的物理尺寸时，就需要用到屏幕分辨率。例如，一幅 640×480 的图像在屏幕分辨率为 640×480 的屏幕上显示的时候，图像充满整个屏幕；若屏幕分辨率为 1020×768，则图像只占据屏幕的一部分；若屏幕分辨率为 320×240，则只能显示图像的一部分，需要添加滚动浏览机制才能看到图像的全貌。

➢ 像素分辨率。这是指一个像素的宽和长的比例。不同的像素分辨率将可能导致图像变形。

● 图像深度。图像深度是对一幅图像最多能拥有多少种颜色的说明。若图像深度为 4，则最多可以使用 $2^4 = 16$ 种颜色；若图像深度为 8，则最多可以使用 $2^8 = 256$ 种颜色；依次类推，具有 24 位深度的位图，最多可以拥有 $2^{24} = 16\,777\,216$ 种颜色，即平常所说的"真彩色"。

在多媒体项目中，最常用的是真彩色图像，用来表示人物或自然风景。而具有 4 位色深的 16 色图像常用来表示控制图标、按钮和卡通形象。

图像深度越大，可以使用的颜色数就越多，图像的数据量也就越大。

● 调色板。在生成一幅位图图像时，要对图像中的不同色调进行采样，随之就产生了包含此幅图像中各种颜色的颜色表。该颜色表就被称为调色板。调色板中的每种颜色可以用红、绿、蓝（R、G、B）3 种颜色的组合来定义，位图中每一个像素的颜色值就来源于调色板。调色板中的颜色数取决于图像深度，当图像中的像素颜色在调色板中不存在时，一般都会用相近的颜色来代替。所以，在两幅图像同时显示时，如果它们的调色板不同，就会出现颜色失真现象。对于这种情况，需要采用一定的方法使两幅图像具有相同的调色板才能一起显示。

● 图像的数据量。无论是存储、传输还是显示，都与图像的数据量有关。而图像的数据量与分辨率、颜色深度有关。设图像的水平方向分辨率为 w 像素，垂直方向分辨率为 h 像素，颜色深度为 c 位，则该图像所需数据空间大小 B 为

$$B=（w×h×c）/8（字节）$$

例如，一幅二值图像，图像分辨率为 640×480，则 B=（640×480×1）/8=38 400（字节）。

又如，一幅同样大小的图像，可显示 256 色（颜色深度为 8 位），则 B=（640×480×8）/8=307 200（字节）。

② 图像的文件格式。图像文件在计算机中的存储格式常见的有 BMP、JPG、GIF、TIFF 等。

● BMP 格式。BMP 格式即位图文件格式，是 Windows 操作系统中的标准图像文件格式，在 Windows 环境中运行的图形图像软件都支持 BMP 图像格式。它采用位映射存储格式，除了图像深度可选以外，不采用其他任何压缩，因此，BMP 文件所占用的空间很大。

● JPG 格式。它是使用 JPEG 方法对图像数据进行压缩之后得到的，其特点是文件非常小，但它是一种有损压缩的静态图像存储格式，支持灰度图像、RGB 真彩色图像和真彩色图像。

● GIF 格式。其原意是"图像交换格式"，是由 CompuServe 公司开发的图像文件格式。它使用 LZW 压缩算法，压缩比较高，文件长度较小，最多支持 256 种色彩。一个 gif 文件中可以存放多幅彩色图像，如果把存放于一个文件中的多幅图像数据逐幅读出并显示在屏幕上，就可构成一种最简单的动画。

● TIFF 格式。其原意是"标签图像文件格式"，是由 Aldus 公司与微软公司为扫描仪和桌面出版系统而研制开发的较为通用的图像文件格式。TIFF 格式在业界得到了广泛的支持，它的出现使得图像数据交换变得简单，但它不受 Web 浏览器的支持。

③ 常用的图像处理方法。图像可通过专门的绘图软件来创建，通过扫描仪来扫描等。但原始采集的图像一般不能直接使用，要经过图像预处理。对于图像的预处理不仅要根据实际的需要选择处理的方法，还需要考虑图像的实际效果和算法的优化，以缩短处理的时间。

● 图像的编辑。图像的编辑包括图像的裁减、旋转、缩放、修改、叠加等。通过图像的编辑可以将图像中的不足之处去掉，也可以将几幅图像综合成一幅，还可以把图形和文字等增加到图像中。

● 图像的压缩。由于原始图像的数据量很大，因此一般都要经过压缩后才能进行存储和传输。

● 图像的优化。原始采集的图像可能效果不太好、清晰度不够。图像的优化就是对图像进行增强、噪声过滤、亮度调整、色度调整等，使图像满足表现的需要。但是，图像的优化只能是一种补救措施，获得一幅好的图像更取决于原始图像的效果。

● 图像格式的转换。图像格式的转换存在于应用与应用、软件与软件和网络上各用户之间。

2. 视频和动画

（1）视频。视频可以看成是配有相应声音效果的图像的快速更替，是由一幅幅单独的画面序列——帧（Frame）组成的。这些画面以一定的速率（帧/秒）连续地投射在屏幕上，使观察者具有图像连续运动的感觉。电影就是一系列的帧一张接一张地播放而形成的运动图像，从而可以使肉眼以为看到的是连续的动作。所以，如果知道如何将图像存储在计算机中，也就知道了如何存储视频，即将每一幅图像（帧）转化成一系列位模式并存储，这些图像组合起来就形成了视频。视频通常是被压缩存储的。

数字视频用二进制位来存储每个视频帧的颜色和亮度。这个过程类似于存储一系列位图图像的数据，其中每个像素的颜色都由二进制数字来表示。用于数字视频的连续镜头可以由数字来源或模拟来源提供，不过模拟视频需要经过转换。用户一般可采用微型摄像机、Web 摄像头、手机摄像头或数码相机来采集数字视频和拍摄视频短片。

视频文件的存储格式主要有 AVI、MPEG、RMVB、ASF、WMV 等。

① AVI 格式。该文件将视频和音频混合交错地存储在一起。采用 Intel 公司的 Indeo 视频有损压缩技术，较好地解决了视频信息与音频信息同步的问题，但文件容量很大。

② MPEG 格式。严格来说，MPEG 不是一种简单的文件格式，而是编码方案，以满足用户对不同数字影像质量的要求。MPEG 有 MPEG-1、MPEG-2、MPEG-4 3 个版本。由于在一开始它就是作为一个国际化的标准来研究制定的，所以，MPEG 具有很好的兼容性。其次，MPEG 能够比其他算法提供更好的压缩比，最高可达 200∶1。更重要的是，MPEG 在提供高压缩比的同时，对数据的损失也很小。

③ RMVB 格式。RMVB 格式是由 RM 视频格式升级而延伸出的新型视频格式，在保证平均压缩比的基础上更加合理地利用比特率资源，从而大幅提高了运动图像的画面质量，并且在图像质量和文件大小之间达到了平衡。例如，一部大小为 700 MB 左右的 DVD 影片，如转换成同样品质的 RMVB 格式，则大小仅为 400 MB 左右。另外，RMVB 视频格式还具有内置字幕和无需外挂插件支持等优点。

④ ASF 格式。ASF 格式即高级流格式，也称为流媒体格式。它是微软推出的一种可以直接在网上观看视频节目的文件压缩格式，由于它使用了 MPEG-4 的压缩算法，所以压缩率和图像的质量都较为理想。

⑤ WMV 格式。它也是微软推出的一种采用独立编码方式并且可以直接在网上实时观看视频节目的文件压缩格式。其主要优点有：支持本地或网络回放、支持多种媒体类型、支持多语言、

丰富的流间关系以及良好的可扩展性等。

（2）动画。动画是活动的画面，实质上是一幅幅静态图像的连续播放。动画的连续播放既是指时间上的连续，也是指图像内容上的连续。动画与视频的主要区别在于，视频是基于真实对象的电影胶片，而动画通常是艺术家在计算机的帮助下"全新"制作的。动画的创作有两种：一种是帧动画，另一种是造型动画。帧动画是由一幅幅位图图像组成的连续画面，就如视频画面一样要设计每一个屏幕要显示的画面。造型动画是对每一个运动的物体分别进行设计，赋予每个动作单元一些特征，然后用这些动作单元构成完整的帧画面。动画制作的辅助工具有 Flash、3DSMax、Maya 等。

动画文件的主要格式有 SWF 和 FLIC 等。

① SWF 格式是一种基于矢量的 Flash 动画文件。它采用曲线方程描述其内容，不是由点阵组成内容，因此这种格式的动画在缩放时不会失真，非常适合描述由几何图形组成的动画，如教学演示等。另外，此类文件所占用的存储空间较小，而且还可以与 HTML 文件充分结合，并能添加 MP3 音乐，因此被广泛地应用于网页上。

② FLIC 格式是 Autodesk 公司在其出品的动画制作软件 Autodesk Animator 等采用的动画文件格式。FLIC 是 FLI 和 FLC 的统称。其中，FLI 是最初的基于 320×200 像素的动画文件格式，而 FLC 则是 FLI 的扩展格式，采用了更高效的数据压缩技术，其分辨率也不再局限于 320×200 像素。FLIC 文件具有相当高的数据压缩率，被广泛用于动画图形中的动画序列、计算机辅助设计和计算机游戏等。

5.2.3 压缩与解压缩

多媒体计算机处理的音频和视频数字化信息涉及的数据量非常大，巨大的数据量对设备的存储容量提出了很高的要求，且影响数据的传输、运行和处理。为了对多媒体数据的实时处理，必须采用数据压缩技术降低多媒体的数据量。数据压缩技术是多媒体计算机技术的重要内容。

多媒体数据中存在着大量的数据冗余，尤其是图像和语音数据，这是多媒体数据能够压缩的原因。多媒体数据一般存在 5 种数据冗余：统计冗余、信息熵冗余、结构冗余、知识冗余、视觉冗余。例如，一幅图像中相对规则有序的物体或背景的表面物理特征具有相关性或相似性，在数字图像中表现为数据的重复，这种空间冗余是统计冗余的一种。另外，动态图像序列的相邻帧之间的信息只有部分信息变化，这就是时间冗余等。

数据压缩包括两个过程：一个是数据编码，即对原始数据进行编码，以减少数据量；另一个是数据解码，把压缩的数据还原成原始表示形式。解码后的数据与原始数据完全一致的解码方法叫无失真编码；解码后的数据与原始数据有一定的偏差或失真，但视觉效果基本相同的编码方法叫失真编码。数据编码的方法有多种，各种不同的数据在压缩时有自己的数据压缩标准。

随着数字通信技术和计算机技术的发展，数据压缩技术也日趋成熟。常用的音频压缩标准有国际电话电报咨询委员会（Consultative Committee for International Telegraph and Telephone，CCITT）音频压缩标准 G.711、G.721、G.722、MPEG 音频压缩编码等。G.711 标准于 1972 年制定，是适合电话质量语音信号的压缩标准；G.721 于 1978 年制定，广泛适用于电话语音信号、调幅广播的音频信号、交换式激光唱盘的音频信号的压缩；G.722 于 1988 年制定，适合于视频会议、视听多媒体等领域。MPEG 音频标准是当前的高保真音频信号压缩标准。

常用的音频视频数据压缩标准包括动态图像专家组（Moving Picture Expert Group，MPEG）制定的 MPEG 标准以及 ISO 组织和 CCITT 制定的 ISO H.261 或 CCITT P×64 标准。H.261 的目标是要在世界范围的数字电话通道上实现视频和音频的传输。它用于电视会议和视频电话领域。MPEG 则是用于动态图像压缩的标准算法。

压缩和解压缩的过程既可以由硬件实现，也可以由软件实现。硬件实现速度快、效率高，但成本较高。随着计算机性能的提高，现在基本上都采用软件实现的方式，以降低硬件投资。

5.3　多媒体软件

5.3.1　多媒体软件的划分

多媒体软件可以划分为不同的层次或类别，这种划分是在发展过程中形成的，并没有绝对的标准。多媒体软件一般可分为多媒体核心软件、多媒体工具软件和多媒体应用软件。

1. 多媒体核心软件

多媒体核心软件包括多媒体驱动软件和多媒体操作系统。多媒体驱动软件是直接和硬件打交道的，完成设备的初始化以及设备的各种操作。这类软件一般由硬件生产厂商提供，如随声卡销售的声卡驱动程序等。

多媒体操作系统是多媒体软件的核心，它负责提供多媒体的各种基本操作和管理，多媒体环境下多任务的调度，保证音频、视频同步控制以及信息处理的实时性。Microsoft 的 Windows 操作系统是目前多媒体软件常用的开发环境。

2. 多媒体工具软件

多媒体工具软件是指多媒体开发人员用于获取、编辑、处理多媒体数据，编制多媒体软件、处理多媒体应用系统的一系列程序。它包括多媒体数据处理软件、多媒体创作工具和多媒体编辑软件等。

多媒体数据处理软件，是指用于采集多媒体数据的应用软件，如声音录制、编辑软件；图像扫描及预处理软件；全动态视频采集软件；动画生成编辑软件等。从层次角度来看，多媒体数据处理软件不能单独算为一层，它实际上是创作软件的一个工具类部分。

多媒体创作工具，是指多媒体开发人员用于开发多媒体应用软件的软件。它包括程序设计语言、多媒体硬件开发工具或函数库和多媒体编辑软件。在 Windows 环境下的程序设计语言有很多，如 C、C++、VB、VC++、JAVA 等。多媒体硬件开发工具或函数库一般是由硬件厂商或多媒体操作系统厂商提供的。使用程序设计语言和硬件开发工具开发多媒体应用程序对开发人员的水平要求较高，一般是计算机工程师，而且工序复杂、开发周期长。

多媒体编辑软件，又常被称为多媒体创作工具。它是利用程序设计语言调用多媒体硬件开发工具或者函数库而实现的，能被普通计算机操作人员用来方便地编写程序、组合各种媒体，并生成多媒体应用程序的工具。多媒体编辑软件综合了程序设计语言和多媒体硬件开发工具或函数库的功能，并大大简化了其使用方式，能直观、简单地编写程序、调度需要的媒体、设计用户界面等。

多媒体编辑软件适用于内容丰富的应用程序，其特点是包含大量的文字、图像、声音乃至视频片段，这些工具一般都可以以所见即所得的方式生成用户界面，可以简单、有效地控制各种媒体效果的呈现，但不如程序设计语言灵活有效。

3. 多媒体应用软件

多媒体应用软件是在多媒体硬件平台上设计开发的面向应用的软件系统，由于与应用密不可分，有时也包括那些用软件工具开发出来的应用软件。目前，多媒体应用软件的种类已经十分繁多，既有可以广泛使用的公共型应用支持软件，也有不需要二次开发的软件应用。这些软件广泛应用于教育、培训、电子出版、视频特技、动画制作、电视会议、咨询服务、演示系统等各个方面，也可以支持各种信息系统过程，如通信、I/O、数据管理等各种系统。

5.3.2 图片的制作与处理软件

图像处理是一个非常复杂的问题，现在已经有了许多优秀的图像处理软件如 Photoshop 等，通过方便的界面来制作各种媒体的成品。用户可以应用 Photoshop 创作高质量的数字图像，能够将空白的计算机屏幕变成一幅幅艺术佳品的展台。Photoshop 图像编辑软件可以处理来自扫描仪、幻灯片、数码照相机、摄像机等的图像，可以对这些图像进行修改、着色、校正颜色、增加清晰度等操作。经过 Photoshop 处理的图像文件可以送到幻灯仪、打印机中去。Photoshop 功能强大，它集绘图编辑工具、色彩修正工具、产生特殊效果于一身。

5.3.3 动画的制作与处理软件

计算机动画是将人类的艺术创作以科技手法呈现出来的效果。一般媒体所展现出的视觉效果已无法满足人们追求丰富视觉感官的要求，在多媒体计算机中，计算机动画扮演着非常重要的角色，它已被广泛地应用到了各行各业，如工业设计、建筑设计、卡通及电影、辅助教学及广告设计等。

近年来，三维动画的发展非常迅速。三维动画，最重要的两点是三维造型和动画制作。目前，各种广告、电影和电视中几乎都应用到了三维动画技术。现在比较流行的动画制作软件是 Autodesk 公司开发的 3DS MAX 系列，这个软件自面世以来，功能日益完善，受到了广大用户的好评。

3DS MAX 具有友好的用户界面和强大的制作功能，并且简单易学、容易操作，是广大动画制作人员和动画爱好者的极佳选择。3DS MAX 主要有以下特色。

1. 先进的体系结构

（1）基于 Windows NT 架构设计。3DS MAX 是完全地面向对象和多线程的。对于所有部件来说，常见的 Windows 接口使用可扩展的动态链接库 DLL 体系结构。

（2）完全地面向对象。场景中的所有操作都是对象，并且遵守同样的操作规则，这使得 3DS MAX 非常易学。选定灵敏的命令、智能的光标、统一的方法和类引用都得益于这种体系结构。

（3）所有东西都是可以运动的。只要在总是可用的 Animate 按钮上单击，再改变 3DS MAX 中几乎任何一个参数就可以创建关键帧。从创建参数到立体光照（Volumetric Lighting）的所有内容都可以通过这个方法来实现，并且每一个可以用图形表示的操作都由交互的功能曲线控制。

（4）所有东西都是可以编辑的。建模中的修改过程被保存在一个可以编辑的栈中，该过程可以根据需要与对象一起保存到任何时候。

（5）所有东西都是可以扩展的。插入式（Plug-In）部件可有效地支持第三方应用开发商和用户增加的新功能。Plug-In 知道相互之间怎样协调工作，就像核心功能模块一样。

（6）真正的引用结构超出了简单的对象引用。允许引用和从基本对象衍生，并且在有自己建模操作的情况下还可共享引用历史。

2. 良好的交互性

3DS MAX 具有统一的用户环境；快速、交互的纹理着色视窗；自适应的显示级别调整。同时，它没有模式的概念，在操作时，用户不需要考虑模式问题，不同命令和方法之间可以自由地交替使用。

3. 强大的渲染特性

渲染器内部使用 64 位的超级真彩色，而且可扩展的渲染系统支持第三方开发商提供的渲染算法和效果，因此有效地为用户提供了渲染速度和质量的最优组合。

另外，3DS MAX 还具有强大的建模能力、出色的动画能力以及强大的材质编辑能力等。

5.3.4　多媒体集成软件

Authorware 是美国 Macromedia 公司的产品，该软件采用面向对象的设计思想，不但大大提高了多媒体系统的开发质量和速度，而且使非专业程序员开发多媒体作品成为可能。Authorware 是目前世界上应用最多的多媒体创作平台，广泛地用于交换式教学系统、军事指挥及模拟系统、多媒体交互式数据库、多媒体咨询系统等各个领域。美国波音 777 飞机的操作培训模拟系统，全部都是用 Authorware 制作的；美国宇航局（National Aeronautics and Space Agency，NASA）也使用 Authorware 作为计算机模拟训练的标准，并将其用于空间站计划和航天飞机计划。

Authorware 的特点主要有以下一些。

1. 面向对象的创作

Authorware 提供了直观的图标（Icon）控制界面，利用各种图标的逻辑结构布局来实现整个系统的制作，从而取代了复杂的编程语言，使编程更加简便和快捷。

2. 丰富的图形、文本管理

Authorware 支持多种图像文件格式，如 BMP、DIB、PCX、TIFF、PICT、RLE、EPS、PICS、UMF 等，并可设定图形的层次，实施多种叠加、透明处理、效果和视觉上的多种切换方式，支持 16 色、256 色及 24 位真彩色方式。文字处理方面，Authorware 支持标准的 Windows True Type 字体，具有加黑、斜体、下划线等多种文字处理效果，并可以通过设定滚动条窗口来显示较长的文本，还具有超文本（Hypertext）功能，为知识的无缝链接提供了可靠的保证。

3. 丰富而便捷的动画管理和数字影像集成功能

Authorware 可移动图标来设定物体的运动轨迹，共有多种不同的运动方式，可结合不同的对象制作出多种运动效果。Authorware 的数字影像图标是专门用来播放已生成的动画文件和电影文件的，支持 FLC、MOV、AVI、MOE、DIR 等格式的动画文件，并可控制其播放的时间和速度，而且可以利用函数和变量直接控制和播放动画。

4. 灵活多样的交互方式

Authorware 提供了 10 余种交互方式给开发者选择，这对交换式教学多媒体系统的制作尤为重要。除此之外，Authorware 丰富的函数和变量也提供了对数据进行采集、存储和分析的手段。

5. 提供逻辑结构管理、模块及数据库功能

Authorware 虽没有完整的编程语言，但同其他语言一样，它提供了控制程序运行的逻辑结构（条件、分支、循环等）。实现应用程序流程，主要使用基于图标控制的流程式方式，并辅以函数和变量，完成所需的控制。Authorware 提供了 200 余种变量和函数，这些变量和函数使整个应用程序的开发具有更大的灵活性。同时，Authorware 还提供了标准的程序接口，在 Windows 下支持 UCD 和 DLL 格式的外部动态链接库，使具有 Windows 编程背景的程序员自定义函数功能，从而使自身的功能得以大大扩充。

模块功能的引入使 Authorware 应用软件的开发和运行得以优化，通过模块功能，可以最大限度地重复利用已有的 Authorware 代码，避免了不必要的重复开发。Authorware 的后期版本还提供了在窗口环境下的 ODC（Open Database Connectivity，开放数据库互联），使用户可以在 Authorware

环境中直接连接到目前使用的数据库软件中，如 Access、SQL Server、Oracle 等；还可以使用 SQL 下达指令给数据库软件，然后接收由数据库软件传回的信息。

6. 支持多种声源和声卡

Authorware 支持多种声卡，如 Sound Blaster pro 等；支持声音的 3:1 和 6:1 压缩，支持 PCM、WAV、MIDI 及 CD 等多种声源。

7. 模拟视频管理

Authorware 的视频图标用来在应用程序中播放影碟机中的视频，它直接支持多种视频卡，如 True Vision Bravdo、M-Motion、Video Blaster 等，并支持 Pioneer LDV4200、6000、8000 和 SONY Lop 系列等多种影碟机，可通过 DLL 动态链接库支持其他类型的设备。

8. 支持高级开发

Authorware 支持用户自定义代码和动态链接，具有对象链接与嵌入（Object Linking and Embedding，OLE）功能，提供媒体控制接口（Media Control Interface，MCI）和动态数据交换 DDE，并支持网络操作。

小　结

（1）媒体是指分布和表示信息的方法。媒体可分为感觉媒体、表示媒体、存储媒体、显示媒体和传输媒体 5 类。

（2）多媒体是指文本、图形、图像、声音、视频、动画等多种媒体的有机集成体。多媒体技术是通信技术、计算机技术、数据信息处理技术等多种技术的发展相结合的产物，其主要特征有集成性、交互性、实时性和数字化。

（3）多媒体中的关键技术主要包括多媒体压缩技术、大容量信息存储技术、专用芯片技术、多媒体通信技术、多媒体数据库技术等。

（4）模拟音频是以模拟电压的幅度表示声音强弱，它在时间上是连续的。数字音频是一个离散的、由 0 和 1 组成的二进制数据序列。将模拟音频转换成数字音频包括采样和量化两个过程。

（5）采样是指将在时间上连续的波形模拟信号按特定的时间间隔进行取样，以得到一系列的离散点。量化就是用数字表示采样得到的离散点的信号幅值。采样频率越高，量化的位数越大，声音的质量就越好，但容量也越大。音频文件的主要格式有 WAV、AIF、CDA、MIDI、MP3、WMA 等。

（6）计算机中处理音频信息的重要设备是声卡，其主要功能有录制和播放数字声音文件、音频编辑处理、混音和控制、压缩和解压缩、提供 MIDI 功能等。

（7）图形是指由计算机绘制的直线、圆、矩形、曲线、图表等，它是由外部轮廓构成的矢量图。矢量图形常见的格式有 SVG、WMF、EMF、DXF 等。图像是指由像素点阵构成的位图，其主要技术参数有分辨率、图像深度、调色板、数据容量等。图像文件常见的格式有 BMP、JPG、GIF、TIFF 等。

（8）视频可以看成是配有相应声音效果的图像的快速更替，它是由一幅幅单独的画面序列——帧组成的。视频文件的常见格式有 AVI、MPEG、RMVB、ASF、WMV 等。动画是指一幅幅静态图像的连续播放，这既是指时间上的连续，也是指图像内容上的连续。动画的创作有两种：一种是帧动画，另一种是造型动画。动画文件的主要格式有 SWF、FLIC 等。

（9）多媒体数据中的的音频和视频信息的数据量十分巨大，因此为了实时处理，必须采用数据压缩技术以降低数据容量。数据压缩包括两个过程：一个是数据编码，另一个是数据解码。常用的音频压缩标准有 G.711、G.721、G.722、MPEG 音频压缩编码等。常用的音频视频数据压缩标准有 MPEG 标准和 H.261 标准等。

（10）媒体软件一般可分为多媒体核心软件、多媒体工具软件和多媒体应用软件。

习 题 5

一、单项选择题

1. 多媒体计算机系统中，内存和光盘属于（　　）。
   A. 感觉媒体　　　　　　B. 传输媒体　　　　　C. 表现媒体　　　　　D. 存储媒体
2. 多媒体的关键特性主要包括信息载体的数字化、交互性和（　　）。
   A. 活动性　　　　　　　B. 可视性　　　　　　C. 规范化　　　　　　D. 集成性
3. （　　）不是多媒体中的关键技术。
   A. 光盘存储技术　　　　　　　　　　　　　B. 信息传输技术
   C. 视频信息处理技术　　　　　　　　　　　D. 声音信息处理技术
4. 将模拟声音信号转变为数字音频信号的声音数字化过程是（　　）。
   A. 采样→编码→量化　　　　　　　　　　　B. 量化→编码→采样
   C. 编码→采样→量化　　　　　　　　　　　D. 采样→量化→编码
5. 以下（　　）不是数字图形、图像的常用文件格式。
   A. BMP　　　　　　　　B. TXT　　　　　　　C. GIF　　　　　　　D. JPG
6. 目前，多媒体计算机中对动态图像数据压缩常采用（　　）。
   A. JPEG　　　　　　　　B. GIF　　　　　　　C. MPEG　　　　　　D. BMP
7. 同样一块大小的光盘，存储信息量最大的是（　　）光盘。
   A. LV　　　　　　　　　B. VCD　　　　　　　C. DVD　　　　　　　D. CD-DA
8. 通用的音频采样频率有 3 个，（　　）是无效的。
   A. 11.025 kHz　　　　　B. 22.05 kHz　　　　C. 44.1 kHz　　　　　D. 88.2 kHz
9. 数字音频采样和量化过程所用的主要硬件是（　　）。
   A. 数字编码器　　　　　　　　　　　　　　B. 数字解码器
   C. 模拟到数字的转换器（A/D 转换器）　　　D. 数字到模拟的转换器（D/A 转换器）
10. 数字音频文件数据量最小的是（　　）文件格式。
    A. MID　　　　　　　　B. MP3　　　　　　　C. WAV　　　　　　　D. WMA
11. 一分钟双声道、8 位量化位数、22.05 kHz 采样频率的声音数据量是（　　）。
    A. 2.523 MB　　　　　　B. 2.646 MB　　　　C. 5.047 MB　　　　　D. 5.292 MB
12. 矢量图与位图相比，以下结论不正确的是（　　）。
    A. 在缩放时矢量图不会失真，而位图会失真
    B. 矢量图占有的存储空间较大，而位图则较小
    C. 矢量图适合于表现变化曲线，而位图适合于表现自然景物
    D. 矢量图侧重于绘制和艺术性，而位图侧重于获取和技巧性

13. 一幅 320×240 的真彩色图像，未压缩的图像数据量是（　　　）。

    A．225 KB   B．230.4 KB   C．900 KB   D．921.6 KB

14. 在数字摄像头中，200 万像素相当于分辨率（　　　）。

    A．640×480   B．800×600   C．1 024×768   D．1 600×1 200

15. 下面（　　　）不是衡量数据压缩技术性能的重要指标。

    A．压缩化   B．算法复杂度   C．恢复效果   D．标准化

二、填空题

1. 在计算机中，多媒体信息都是以_____形式存储的。

2. 构成位图图像的最基本的单位是_____。

3. 灰度模式是采用_____位表示一个像素；16 位增强色能表示_____种颜色；真彩色的颜色深度为_____位。

4. 李明的优盘有 64 MB，他想从同学的电脑里拷贝一批 1 024×768 的真彩色照片，他大约能拷贝_____张。

5. 数字化声音的数据量是由_____、_____、_____以及声音持续时间所决定的。

6. _____是 Flash 导出影片的默认格式。

7. 动画的创作有两种，即_____和_____，后者属于矢量动画。

8. 高保真立体声的音频压缩标准是_____。

9. MPEG 是一个完整的多媒体压缩编码方案，编码标准包括_____、_____和_____ 3 部分；ASF 声音格式使用的是_____压缩技术。

10. 多媒体软件可分为_____、_____、_____。

三、简答题

1. 什么是媒体？它是如何分类的？

2. 什么是多媒体？多媒体技术有哪些主要特征？

3. 简述多媒体中的关键技术及其主要应用领域。

4. 什么是图形和图像？两者有何区别？

5. 什么是图像分辨率？单位是什么？

6. 用同一幅图片来实验，试比较 BMP 格式文件与其他格式文件的数据量大小以及图片质量。

7. 什么是 MPEG 和 JPEG 标准？两者有什么区别？

8. 请计算对于双声道立体声、采样频率为 44.1 kHz、采样位数为 16 位的激光唱盘（CD），用一个 650 MB 的 CD-ROM 可存放多长时间的音乐？

9. 请分别列举出几个计算机中常用的音频和视频文件格式，并做简要说明。

10. 简述音频压缩编码的分类及常用算法和标准。

11. 列举一至两种你所熟悉的多媒体制作软件，并说明怎么使用这个软件创建一个多媒体演示。

第6章
数据库技术

数据库技术是计算机科学的重要分支，主要研究数据的存储、使用和管理，是现代信息管理技术的核心。在信息技术高速发展的今天，数据库技术的应用已深入到了各个领域，几乎所有的应用系统都以数据库方式存储数据。

本章学习目标

- 理解数据库的基本概念、发展历程、优点以及与文件系统的区别。
- 掌握数据库系统的基本组成以及各部分的功能。
- 掌握 3 种数据模型以及各自的特点。
- 了解常用的数据库管理系统开发工具。

6.1 数据库技术概述

6.1.1 数据库技术的发展

数据库技术是随着计算机应用的发展而产生的。其发展过程大致分为 3 个阶段，即人工管理阶段、文件系统阶段和数据库系统阶段。

1. 人工管理阶段

计算机诞生后的前 10 年，它主要用于科学计算，数据处理都是批处理，数据由应用程序自己管理，运算得到的结果也不保存，所用的存储设备也只有磁带、纸带和卡片。

2. 文件系统阶段

20 世纪 50 年代后期，计算机开始用于信息管理。此时，硬件方面出现了磁盘、磁鼓等高速的直接存取设备，软件方面出现了操作系统和高级语言。数据可以长期保存在磁盘上，由操作系统的文件系统负责数据和程序之间的接口。文件系统把数据组织成数据文件，可以按文件名访问。但文件仍然是面向应用的，一个文件基本上是对应一个应用程序，难以共享，独立性差。

3. 数据库系统阶段

20 世纪 60 年代后期，计算机大规模用于信息管理，这对计算机数据管理提出了更高的要求。首先，要求数据作为公共资源而集中管理控制，为许可的各种用户所普遍共享，从而大量地消除数据冗余，节省存储空间。其次，当数据变更时，能节省对多个数据副本的多次变更操作，从而大大缩短计算机的时间开销，且更为重要的是不会因遗漏某些副本的变更而使系统给出一些不一致的数据。再次，还要求数据具有更高的独立性，不但具有物理独立性，而且具有逻辑独立性，即当数据逻辑结构改变时，不影响那些不要求这种改变的用户的应用程序，从而节省应用程序开发和维护的代价。所有这些，用文件系统的数据管理方法都不能满足，数据库技术便应运而生。此时，出现了统一管理数据的专门软件系统——数据库管理系统，其标志是 IBM 公司于 20 世纪 60 年代末研制成功的第一个层次模型的数据库管理系统 IMS（Information Management System，信息管理系统）。

数据库技术从产生、发展到今天，已经走过了 40 多年的历程，它又可分为 3 个阶段。

（1）第一代数据库系统的代表是 1968 年 IBM 公司研制的层次模型的数据库管理系统——IMS（Information Management System，信息管理系统）和 20 世纪 70 年代美国数据库系统语言协会 CODASYL 下属数据库任务组（Date Bace Task Group，DBTG）提议的网状模型。这两种数据库奠定了现代数据库发展的基础。

（2）第二代数据库技术产生于 20 世纪 70 年代末，其主要特征是支持关系数据模型。

（3）第三代数据库技术产生于 20 世纪 80 年代，其主要特征如下。

① 支持多种数据模型（如关系模型和面向对象模型），支持标准数据库语言（如 SQL），支持标准网络协议（如 TCP/IP）。

② 与诸多新技术相结合，如分布式处理技术、并行计算技术、人工智能技术、多媒体技术、模糊技术等。

③ 应用领域广泛，如商业管理、计划统计、GIS 等。

④ 对其他系统开放，具有良好的可移植性、可连接性、可扩展性和互操作性。

6.1.2　数据库系统与文件系统的区别

数据库系统与文件系统相比，在许多方面有了长足的进步。

（1）文件系统中，各个文件之间的数据是非结构化的，即不同文件之间的数据没有任何联系；而数据库中的数据是结构化的。

（2）文件系统是面向应用的，存在大量的冗余数据；而数据库系统是面向系统的，减少了数据冗余，实现了数据共享。

（3）文件系统中，数据只能用文件读/写操作存取；而数据库系统中，用户可以用结构化查询语言 SQL 对数据库中的数据进行操作，不但更加方便，而且拓宽了数据库的应用范围。

6.1.3　数据库的优点

数据库的主要优点主要有以下几个方面。

1. 数据集成

数据集成是数据库管理系统的主要目的。通过数据集成来统一计划与协调遍及各相关应用领域的信息字，这样可使数据得到最大程度的共享，且冗余最少。例如，在一个企业中，公司的职工工资文件、人事文件，业务文件、劳资文件等都将被人事部门、管理部门等多个部门所共享，因此在这个蜘蛛网式的错综复杂的系统中，数据冗余量是很大的，而且修改或扩充系统的任何一部分都极其困难，花费的代价也极高，其原因在于，存储数据的高度重叠或冗余以及一个应用到另一个应用存在复杂的转换。

因此，可通过建立共享的数据库来解决共享数据的集成性。因为在数据库中通过相关联的数据间定义的逻辑联系，数据被组织成统一的逻辑结构（这些工作由数据库管理软件实现），与数据的物理组织与定位分离，而应用的修改与增加只与数据的逻辑结构发生关系。

2. 数据共享

数据共享是指在数据库中一个数据可以为多个不同的用户共同使用，即各个用户可以为了不同的目的来存取相同的数据。这种共享实际上是数据库集成的产物。例如，在一个企业的人事工资管理系统中，关于职工记录中的 "姓名" "性别" "部门" "工资" 等数据可以为人事部门、劳资部门、工资发放部门以及业务档案管理部门的各个用户所共享。由数据库集成而产生的另一个结果是，任何给定的用户通常只与整个数据库的某一子集相关，而且不同用户的相关子集在许多方面可以重叠。换句话说，不同的用户可以从各种不同的角度来看待数据库，即一个数据库有多种不同的用户视图。这些用户视图简化了数据的共享，因为它们可给每一个用户提供执行其业务职能所要求的数据的准确视图，使用户无需知道数据库的全部复杂组成。

共享不只是指同一数据可以为多个不同的用户所存取，还包含了并发共享，存在多个不同用户同时存取同一数据的可能性。此外，不仅为现有的应用（用户）所共享，还可开发新的应用来针对数据库中同样的数据进行操作。换句话说，现有数据库中的数据可能满足将来新应用的需要而无需重新建立任何新的数据文件。当前大多数数据库系统允许多个用户并发地共享一个数据库，尽管可能会有某些限制。

3. 数据冗余少

在非数据库系统中，每个应用拥有各自的数据文件，这常常带来大量的数据冗余。例如，我们上述所提到的企业人事工资管理系统中的工资发放应用、人事应用、劳资应用和业务档案应用，每一个都可能拥有一个包含职工信息（如职工号、姓名、性别、职称、工资等）的文件。对于数据方法，如前所述，这些分立而有冗余的数据文件都被集成为单一的逻辑结构，而且每个数据值可以仅存储一次。

并不是所有的冗余都可以或应该消除，有时，由于应用业务或技术上的原因，如数据合法性检验、数据存取效率等方面的需要，同一数据可能在数据库中保持多个副本。但是，在数据库系统中，冗余是受控的，在系统中保留必要的冗余也是系统预定的。

4. 数据的一致性

通过消除或控制数据冗余，可以在一定范围内避免数据的不一致性。例如，在工资管理系统中，某一员工王强的工资额 "2 500 元" 这个数据存储在数据库的两个不同记录中，那么当王强的工资变动而要更新他的工资额时，若无控制，且只更新一个记录，则会引起同一数据的两个副本的不一致性。

显然，引起不一致性的根源是数据冗余。若一个数据在数据库中只存储一次，则一般不会发生不一致性。然而，冗余在数据库中是难免的，但它又是受控的，所以当发生更新时，数据库系统本身可以通过更新所有其他副本自动保证数据的一致性。

5. 实施统一标准

数据库对数据实行集中管理控制，但数据库必须由人实现和进行维护管理，所以一个数据库系统必须包括一个称为数据库管理的组织机构。其在管理上负责制定并实施进行数据管理的统一标准和控制过程。统一标准的数据有利于共享与彼此交换，有利于数据定义的重叠或冲突问题的解决以及今后的变更。

6. 统一安全、保密和完整性控制

DBA 机构对数据库有完全的管辖权且负责建立对数据的加入、检索、修改、删除权限及有效性的检验过程，可以对数据库中各种数据的每一种类型的操作建立不同的检验过程。这种集中控

制和标准过程较之分散数据文件的系统加强了对数据库的保护，使数据的定义或结构与数据之间的使用发生冲突的可能性最小。在检验控制方面，数据库比传统的文件危险性更大，因为它牵涉的用户更多。

7. 数据独立

数据说明与使用数据的程序分离称为数据独立。换句话说，就是数据或应用程序的修改不彼此引起对方的修改（在适当的范围内）。数据库系统提供了两层数据独立。其一是，不同的应用程序（用户）对同样的数据可以使用不同的视图，这意味着应用程序在一定范围内修改时，可以只修改数据库视图而不修改数据本身的说明；反之，数据说明的修改，在一定范围内不引起应用程序的修改。这种独立称为数据的逻辑独立。其二是，可改变数据的存储结构或存取方法以适应变化的需求，而无需修改现有的应用程序，这称为数据的物理独立。这些在传统的文件系统中都是不可能的。因为数据的说明和存取，这些数据的逻辑都建立在每个应用程序内，对数据文件的任何变动都要求修改或重写那些应用程序。

8. 减少应用程序开发与维护的代价

数据库方法表现在应用方面的一个主要优点是，使得在数据库上开发新的事物所花的代价和时间大大减少了。由于数据库中的数据具有共享性、独立性及统一标准等，使程序设计员不再承担主文件（基本数据文件）的设计、建造与维护的繁重负担，所以开发新应用软件的代价和为用户提供服务所需要的时间期限等，都可大大减少。

由于应用环境、用户需求发生变化等种种原因，数据必须频繁地变动。例如，改变输出报表的内容或格式、增加新的数据类型、增加或改变数据类型之间的联系、改变数据的结构与格式、采用新存储设备或存取方法等。在数据文件环境下，这些变化必然导致相关应用程序修改或重写。但在数据库环境下，由于数据的独立性，在一定范围内，数据或相关应用程序任何一方的改变都可以彼此不必引起对方的改变。因此，程序维护量可以大量减少。这里所谓的"维护"是指修改或重写原来的程序使之适应新的数据结构、存取方法等。

9. 终端用户受益

终端用户（End User）是指使用数据库系统来完成自己业务工作的各级人员。通过提供多种处理方式和对每一数据采用多种存取路径，数据库系统给终端用户以很大的数据存储与检索的灵活性。除了通过设计好的例行程序进行常规的数据处理外，数据库系统还允许终端用户对数据库执行某些功能而根本不需要编写任何程序。

6.1.4 数据库系统的组成

数据库系统是指引进数据库技术后的计算机系统。数据库系统一般由数据库、数据库管理系统、数据库管理员、数据库应用程序以及用户5部分组成。

1. 数据库

人们收集并抽取出一个应用所需要的大量数据之后，应将其保存起来以供进一步加工处理和进一步抽取有用的信息。在科学技术飞速发展的今天，人们的视野越来越广，数据量也急剧增加。过去人们把数据存放在文件柜里，现在人们借助计算机和数据库技术科学地保存和管理大量的复杂数据，以便能方便而充分地利用这些宝贵的信息资源。

数据库（Data Base，DB）即存放数据的仓库，它是长期储存在计算机内、有组织的、可共享的数据集合。数据库中的数据按一定的数据模型组织、描述和储存，具有较小的冗余度、较高的数据独立性和易扩展性，并可为各种用户所共享。

2. 数据库管理系统

数据库管理系统（Data Base Management，DBMS）是数据库系统中对数据库进行管理的软件系统，其主要目标是使数据成为一种可管理的资源来处理。对数据库的一切操作，包括数据定义、查询、更新以及各种控制，都是通过 DBMS 来进行的。DBMS 的工作方式如图 6-1 所示。

图 6-1　DBMS 的工作方式

3. 数据库管理员

在数据库系统环境下，有两类共享资源：一类是数据库，另一类是数据库管理系统软件。因此，需要有专门的管理机构来监督和管理数据库系统。数据库管理员（Data Base Management，DBA）则是这个机构的一个（组）人员，负责全面管理和控制数据库系统。具体职责包括是决定数据库中的信息内容和结构、决定数据库的存储结构和存取策略、定义数据的安全性要求和完整性约束条件、监控数据库的使用和运行、数据库的改进和重组重构。

4. 数据库应用程序

数据库应用程序是使用数据库语言开发的、能够满足数据处理需求的应用程序。

5. 用户

用户是指终端用户，终端用户通过应用系统的用户接口使用数据库。常用的接口方式有浏览器、菜单驱动、表格操作、图形显示、报表书写等，给用户提供简明、直观的数据表示。

终端用户通常又可分为以下 3 类。

（1）偶然用户。这类用户不经常访问数据库，但每次访问数据库时往往需要不同的数据库信息，这类用户一般是企业或组织机构的高、中级管理人员。

（2）简单用户。数据库的大多数最终用户都是简单用户。其主要工作是查询和修改数据库，一般都是通过应用程序员精心设计并具有友好界面的应用程序存取数据库。银行的职员、航空公司的机票预定工作人员、旅馆总台服务员等都属于这类用户。

（3）复杂用户。复杂用户包括工程师、科学家、经济学家、科学技术工作者等具有较高科学技术背景的人员。这类用户一般都比较熟悉数据库管理系统的各种功能，能够直接使用数据库语言访问数据库，甚至能够基于数据库管理系统的 API 编制自己的应用程序。

数据库系统的 5 个部分及其相互关系如图 6-2 所示。

图 6-2　数据库系统的组成

6.2 数据模型

数据模型是对数据库系统的一个抽象模拟，它用来表明数据库系统中信息如何表示以及如何操作。一个数据模型通常由 3 部分组成，即对象类型的集合、操作集合和完整性规则集合。

对象类型是数据模型最基本的部分，它将确定任何符合模型的数据库的逻辑结构，即信息如何组织。

操作提供对数据库操纵的手段，利用这些操作（或它们的组合）得到数据库中的部分内容，这些数据可借助语言的处理功能进一步处理。

完整性规则为对数据库的有效状态的约束。

现在世界上运行的数据库系统有数百种，但根据它们的数据模型来看，可划分为层次模型、网状模型和关系模型 3 类。

6.2.1 层次数据模型

用树型结构或森林来表示实体与实体间联系的模型称为层次数据模型。实体用树中的结点表示，实体间的联系用树中的连线表示。基于层次模型的数据库管理系统 IMS（Information Management System）是 IBM 公司于 1968 年推出的世界上第一个数据库管理系统。

图 6-3 给出了层次模型的示例，其中大学实体为树根，各层父子结点之间均为一对多的关系。从此例可以看出，层次模型很容易模拟现实世界中诸如学校机构、行政结构等这样一些具有天然层次结构的系统。

图 6-3 层次数据模型示意图

6.2.2 网状数据模型

网状数据模型是一种较早出现的数据模型，其典型代表是 DBTG 数据模型，其中贡献最大的是公认的"网状数据库之父"查尔斯·巴赫曼，如图 6-4 所示。他不仅主持和开发了最早的网状数据库管理系统 IDS，而且还积极推动和促成了数据库标准的制定，及美国数据系统语言委员会（CODASYL）下属的数据库任务组（DBTG）提出的网状数据库模型以及数据定义语言（Date Definition Lauguage，DDL）和数据操纵语言（Date Manipulation Lauguage，DML）的规范说明，成为了数据库发展历史上具有里程碑意义的文献。由于查尔斯·巴赫曼对数据库发展的重要贡献工作，他于 1973 年获得了图灵奖。

与层次模型相比，网状模型具有较强的数据建模能力；与关系模型相比，网状模型缺乏形式化基础和操作的代数性质。在某些应用领域，如 CAD/CAM 图形数据库系统中，由于网状数据模型提供了描述三维图形信息的更为自然的结构形式，因此得到了广泛的应用。

我们把用记录类型为结点的网状结构来表示实体与实体间联系的模型称为网状数据模型。在网状数据模型中，用结点表示实体集（记录类型），用带箭头的连线表示实体与实体之间一对一、一对多、多对多的联系关系。图 6-5 给出了一个简单的网状数据模型示意图。

图 6-4　"网状数据库之父"查尔斯·巴赫曼（1924 年～）

图 6-5　网状数据模型示意图

6.2.3　关系数据模型

1970 年，美国 IBM 公司的研究员埃德加·科德（E.F.Codd）首次提出了数据库系统的关系模型，开创了数据库的关系方法和关系数据理论的研究，为数据库技术奠定了理论基础。由于 E.F.Codd 的杰出工作，他于 1981 年获得了图灵奖，如图 6-6 所示。

关系模型及其操作是完全建立在数据的关系理论基础之上的，它是三大经典模型中最晚发展的一种，相对来说也是建模能力最强的一种。目前应用的绝大多数数据库管理系统都是基于关系模型的。

1. 关系模型中的一些基本术语

关系模型是通过满足一定条件的二维表来表示数据及其数据间关系的一种模型。下面我们从用户的观点来介绍关系模型的一些基本术语。

图 6-6　"关系数据库之父"
埃德加·科德（1923～2003 年）

（1）关系。一个关系，即为一张二维表。一张表由若干行和列构成。任意调整表中各行或各列的位置，均不会影响表中所存放的内容。

（2）元组。表中的一行称为一个元组（又称记录）。每个表由一组同类的元组组成。

（3）属性。表中的一列称为一个属性（又称字段）。每个表都有若干个属性列，每个属性列有其唯一的属性名称。

（4）域。属性中数据的取值范围称为域，同一属性中所有数据必须属于同一数据类型。

（5）关键字。在一张表中有这样一个或几个字段，它（们）的值可以唯一地标识一条记录，我们称之为关键字（Key）。例如，在学生关系中，"学号"就是关键字

（6）关系模式。关系模式是对关系的描述，包括关系名、组成该关系的属性名。记为

关系名（属性名 1，属性名 2，……，属性名 n）

例如，下面是"学校教务管理系统"的关系模型。

学生（学号，学生姓名，专业，年级）

课程（课程编号，课程名，学分）

成绩（学号，课程编号，分数）

其中，学生表包含 4 个属性，课程表和成绩表各包含 3 个属性。学生表和课程表描述了现实世界中的实体，而学生与课程之间的联系通过成绩表建立。利用"学生表中的学号=成绩表中的学号"，可以将学生与其成绩对应起来；而通过"成绩表中的课程编号=课程表中的课程编号"，又可将学生与课程连接起来。这样，学生表、课程表和成绩表的所有属性就都可以得到了。

学生表如图 6-7 所示。表中第一行（表头）确定了表的结构，下面 n 行是表的具体数据，一条记录描述了一个学生的基本信息。

图 6-7　学生表

2. 关系运算

关系数据库中数据操作的特点是集合操作，不论查询、插入、删除或修改都是面向集合的，即以一个或多个关系作为操作对象，而操作的结果是新的关系。

常用的关系运算分为两类：传统的集合运算和专门的关系运算。

传统的集合运算，如交、并、差、广义笛卡尔积等。这类运算将关系看成元组的集合，其操作是从"行"的角度进行的。有关传统的集合运算这里不再详述。

专门的关系运算，如选择、投影、连接等。这类运算是从"行"和"列"两个方向进行的，不仅涉及元组，而且涉及属性。下面我们分别进行介绍。

（1）选择（Selection）。选择是指在关系中选择满足某些条件的元组。例如，在"学生表"中找出专业为"计算机"的学生即为关系运算。

（2）投影（Projection）。投影是指在关系中选择某些属性列。例如，在"学生表"中找出所有学生的"姓名"和"专业"即为投影运算。

（3）连接（Join）。连接是指从两个关系的广义笛卡尔积中选取属性间满足一定条件的元组。例如，对"学生表"和"成绩表"做连接运算，连接条件如下。

学生表.学号=成绩表.学号

这里，学号称为连接属性，两个关系中的连接属性应具有相同的数据类型。上例中，连接运算的结果是体现出每个学生成绩情况的新关系。

6.3　数据库语言

每一个数据库管理系统都提供了数据库语言，用户可以由此定义和操纵数据库。数据库语言包括数据定义语言和数据操纵语言两部分。在很多数据库管理系统中，数据定义语言和数据操纵语言是统一的，如关系数据库标准语言 SQL。数据库语言和数据模型密切相关，不同数据模型的数据库系统其数据库语言也不同。

6.3.1　数据定义语言

数据定义语言（DDL）用来定义数据库的数据模型。它包括数据库模型定义、数据库存储结构和存取方法定义两个方面。数据定义语言的处理程序也分为两部分：一部分是数据库模型定义处理程序，另一部分是存储结构和存取方法定义处理程序。数据库模型定义处理程序接受用 DDL 描述的数据库模型，将其转换为内部表现形式，称为数据字典。存储结构和存取方法定义处理程序接受用 DDL 描述的数据库存储结构和存取方法定义，在存储设备上创建相关的数据库文件，建立物理数据库。数据定义语言还包括数据库模型的删除和修改功能。

6.3.2　数据操纵语言

数据操纵语言（DML）用来表达用户对数据库的操作请求。一般来说，DML 能够表示的数据库操作有查询数据库中的信息、向数据库插入新的信息、从数据库中删除信息、修改数据库中的信息。

数据操纵语言分为两类：过程性语言和非过程性语言。过程性语言要求用户给出查找的目标和路径；非过程性语言只要求用户说明查找的目标，不需要说明如何搜索这些数据。非过程性语言易学、易用，但查询效率没有过程性语言高，因此在使用时需要进行查询优化。

6.3.3　SQL 语言

SQL（Structured Query Language）1974 年由 Boyce 和 Chamberlin 提出，1986 年成为美国关系数据库的标准数据库语言，1987 年国际标准化组织（ISO）批准其为国际标准，目前几乎所有流行的关系型数据库管理系统，如 Access、Microsoft SQL Server、Oracle、DB2、MySQL 等都采用了 SQL 语言标准。

SQL 语言是一个通用型的、功能强大的关系数据库语言，其功能包括 4 部分：数据定义、数据查询、数据更新和视图定义。它既可以作为交互式数据库语言使用，也可以作为程序设计语言的子语言使用。

1. 数据定义语句

数据库的定义由 CREATE TABLE（定义关系模式）、ALTER TABLE（修改关系模式）和 DROP TABLE（删除关系模式）3 种语句构成。

【例 6-1】　由下面的语句创建学生表、课程表和成绩表。

学生表表名是 student：

```
CREATE TABLE student(
s_id varchar(10) NOT NULL,          /*varchar 表示可变长度的字符串，NOT NULL 是完整性约束条件，
                                    说明不能为空值*/
s_name varchar(10) NOTNULL,
```

```
specialty varchar(20) NULL,      /*NULL 说明可以为空值*/
grade varchar(4) NULL,
)
```

课程表表名是 course：

```
CREATE TABLE course(
c_id varchar(8) NOT NULL,
c_name varchar(20) NOT NULL,
credit varchar(2) NULL,
)
```

成绩表表名是 score：

```
CREATE TABLE score(
s_id varchar(10) NOTNULL,
c_id varchar(8) NOTNULL,
score int(3) NULL,
)
```

2. 数据查询语句

数据库查询是数据库的核心操作。SQL 语言提供了 SELECT 语句进行数据库查询，其作用是从数据库表中取出符合条件的记录，并允许从一个或多个表中选择记录。

【例 6-2】 列出全部学生的所有信息。

```
SELECT * FROM student
```

【例 6-3】 找出所有计算机专业的学生信息。

```
SELECT * FROM student WHERE specialty="计算机",
```

若只显示所有同学的学号和姓名，则可用下面的语句：

```
SELECT s_id, s_name FROM student WHERE specialty="计算机"
```

【例 6-4】 找出"王强"所学课程和他的成绩。

该查询条件为"学生姓名"，查询结果为"课程名"和"分数"，属性涉及 3 个表，需要进行 3 表的连接查询。其查询语句如下。

```
SELECT c_name, score FROM student, course, score WHERE s_name="王强"
```

3. 数据更新语句

数据更新语句的作用是在当前表中添加、删除和修改记录，包括 INSERT、DELETE 和 UPDATE 3 条语句。

【例 6-5】 下面的语句将学生"李林"的信息添加到学生表中，在该语句中指定了要插入的学生的"学号、姓名、性别及年龄"。

```
INSERT INTO student (s_id, s_name, specialty, s_grade)
VALUES ("1520640101", "李林", "计算机", 2015)
```

【例 6-6】 将计算机导论课程的学分改为 3 分。

```
UPDATE score SET credit=3 WHERE c_name="计算机导论"
```

【例 6-7】 将所有年级为"2014"的学生从学生表中删除。

```
DELETE FROM student WHERE grade="2014"
```

6.4 数据库设计基础

数据库设计是指对于一个给定的应用环境，构造最优的数据库模式，建立数据库及其应用系统，使之能够有效地存储数据，满足各种用户的应用需求。这其中，数据库结构设计是核心和基础，它关系到整个数据库系统的成败。

6.4.1　数据库设计的基本步骤

数据库设计的基本步骤大致可分为需求分析、数据库结构（概念结构、逻辑结构、物理结构）设计、应用程序设计、系统运行与维护等，如图 6-8 所示。

1．需求分析

需求分析是整个数据库设计过程中最重要的步骤之一，它是后续各阶段的基础。它的主要任务是调查、收集和分析用户对数据库的需求。需求分析阶段的结果是给出用户需求说明书。内容包括反映数据及其处理过程的数据流图、描述数据及其联系的数据字典等。

2．概念结构设计

将用户的数据需求抽象为概念模型，这种模型是对现实世界的抽象，它与计算机和具体的数据库系统无关，是数据库设计人员为了方便与用户交流而采用的一种描述工具。

在关系数据库设计中，通常采用 E-R 图（实体—关系模型）来描述概念模型。其中，方框代表实体，菱形框代表关系，椭圆框代表属性。图 6-9 为学校教务管理系统的 E-R 图。

图 6-8　数据库设计的基本步骤　　　　图 6-9　学校教务管理系统 E-R 图

3．逻辑结构设计

逻辑结构设计的任务是，把概念阶段设计好的概念模型 E-R 图，按照一定的方法转换为某个数据库管理系统能支持的数据库逻辑结构（数据模型），如关系模型，并对数据模型进行优化。

将图 6-9 中的 E-R 图转化为关系模型即为

学生（学号，学生姓名，专业，年级）

课程（课程编号，课程名，学分）

成绩（学号，课程编号，分数）

对关系数据模型的优化主要根据关系的规范化理论进行，目标是消除冗余和操作异常，保持数据的完整性等。

4．物理结构设计

物理结构设计是在逻辑数据库设计的基础上，为每个关系模型选择合适的存储结构和存取方法。每个数据库管理系统都提供了很多存储结构和存取方法供设计者选用。例如，为加快查找速度，我们可以为关系模式创建各种索引，或采用 Hash 方法进行存取。

5. 应用程序设计

对数据库的操作，除了通过查询语言以交互方式进行外，更多是将其嵌入到应用程序中使用。一般由专业人员针对用户需求为其开发数据库应用的交互环境，以更加友好的界面和操作方式，实现对数据库的操作，而不是直接使用数据库语言操纵数据库。这就要求设计的各种操作界面既接近手工工作的各种表格、单据，同时又要尽量简单。该阶段的主要任务是，对系统功能及数据操作进行分析，按照模块化、结构化程序设计方法对系统的应用功能进行规划，并设计实现。

该阶段通常又可分为系统总体设计、系统详细设计、编码实现和系统测试 4 个部分。

6. 系统运行与维护

从数据库系统移交给用户使用开始，就进入了系统运行与维护阶段。在这个阶段，系统还有可能出现运行错误，或由于使用不当造成系统瘫痪，对所有可能出现的问题，开发人员和使用人员要共同分析原因，并及时加以改正。同时，由于时间的变迁，使用单位的需求也会发生变化，开发人员应充分考虑使用者的需求，逐渐加以完善和升级。

6.4.2 常用的数据库开发平台

1. Access

Access 是 Windows Office 桌面关系数据库管理系统，它结合了 Microsoft Jet Database Engine 和图形用户界面两项特点，是 Microsoft Office 的成员之一。它提供表、查询、窗体、报表、页、宏和模块 7 种数据库系统对象，并提供多种向导、生成器、模板，使数据存储、数据查询、界面设计、报表生成等操作规范化。它为建立功能完善的数据库系统提供了方便，也使得普通用户不必编写代码就可以完成大量的数据管理任务。Access 广泛用于日常办公领域，其主要优点是，存储方式单一、面向对象、界面友好、易操作、处理多种数据信息、支持 ODBC（Open Database Connectivity，开放数据库互联）。但是，Access 是小型数据库，当数据库过大、网站访问频繁或记录数过多时，数据库性能就会有所下降。

2. Visual Foxpro

Visual Foxpro 是 Windows 下的可视化关系数据库开发环境，界面友好，使用简便。其应用程序的开发具有快速、有效、灵活的特点；不过安全性较差，一般可用于小型数据库系统的开发，现在已很少商用。

3. SQL Server

SQL Server 是一个关系型数据库管理系统，最初是由 Microsoft、Sybase 和 Ashton-Tate 3 家公司共同开发而成的，于 1988 年推出了第一个 OS/2 版本。在 Windows NT 推出后，Microsoft 与 Sybase 在 SQL Server 的开发上就分道扬镳了，Microsoft 将 SQL Server 移植到 Windows NT 系统上，专注于开发推广 SQL Server 的 Windows NT 版本。而 Sybase 则专注于 SQL Server 在 UNIX 操作系统上的应用。

SQL Server 是一个全面集成的、端到端的数据库解决方案，为企业用户提供安全、可靠和高效的数据库管理平台，多用于企业数据管理和商业智能应用。目前，Microsoft 公司已经推出了 SQL Server 2014 数据库，相对于以前的版本（如 SQL Server 2008），SQL Server 2014 对大数据的处理要优越很多，更迎合商业智能（Business Intelligence，BI）。

4. Oracle

Oracle Database 又名 Oracle RDBMS，简称 Oracle，是甲骨文公司的一款关系数据库管理系统，也是世界上第一个支持 SQL 语言的数据库，包括 Oracle 数据库服务器和客户端两个部分。作为全球最大的数据库厂商之一，其数据库产品在实用性、可扩展性、数据安全性和稳定性方面都十分强大，因此在大型商用系统，如金融、保险等领域都得到了广泛的应用。

5. DB2

DB2 是美国 IBM 公司开发的一套关系型数据库管理系统，它主要应用于大型应用系统，具有较好的可伸缩性，可支持从大型机到单用户环境，应用于几乎所有常见的服务器操作系统平台下，如 UNIX、Linux 及 Windows 服务器的各个版本等。DB2 提供了高层次的数据完整性、安全性、可恢复性，以及小规模到大规模应用程序的执行能力，具有与平台无关的基本功能和 SQL 命令。

6. MySQL

MySQL 是一种开放源代码的关系型数据库管理系统（Relational Database Management System，RDBMS），由瑞典 MySQL AB 公司开发，目前该公司隶属于 Oracle 旗下。

MySQL 数据库系统使用最常用的 SQL 命令进行数据库管理，并且由于其体积小、速度快、总体成本低，尤其是开放源代码这一特点，一般中、小型网站的开发都首选 MySQL 作为网站数据库。

小　　结

（1）数据库技术的发展过程大致分为 3 个阶段，即人工管理阶段、文件系统阶段和数据库系统阶段。

（2）数据库的主要优点包括数据集成、数据共享、数据独立、数据冗余少、数据的一致性、实施统一标准、统一安全保密和完整性控制、减少应用程序开发与维护的代价、终端用户受益等。

（3）数据库系统（DBS）是指引进数据库技术后的计算机系统。数据库系统一般由数据库（DB）、数据库管理系统（DBMS）、数据库管理员（DBA）、数据库应用程序以及用户 5 部分组成。

（4）一个数据模型通常由 3 部分组成，即对象类型的集合、操作集合和完整性规则集合。数据模型通常可划分为层次模型、网状模型和关系模型 3 类。目前最常用的数据模型是关系模型。

（5）关系模型中的一些基本性质包括关系、元组、属性、域、关键字、关系模式等。常用的关系运算分为两类：传统的集合运算和专门的关系运算。本章中我们要重点理解和掌握的是 3 种专门的关系运算是选择（Selection）、投影（Projection）和连接（Join）。

（6）数据库语言包括数据定义子语言和数据操纵子语言两部分。数据定义语言（DDL）用来定义数据库的数据模型，它包括数据库模型定义、数据库存储结构和存取方法定义两个方面。数据操纵语言（DML）用来表达用户对数据库的操作请求，它通常用于实现数据库的查询、添加、删除和修改等操作。在很多数据库管理系统中，数据定义语言和数据操纵语言是统一的，如关系数据库标准语言 SQL。

（7）SQL 是关系数据库的标准数据库语言，目前几乎所有流行的关系型数据库管理系统都采用了 SQL 语言标准。SQL 的功能包括：数据定义、数据查询、数据更新和视图定义 4 部分。它既可以作为交互式数据库语言使用，也可以作为程序设计语言的子语言使用。

（8）数据库设计的基本步骤大致可分为需求分析、数据库结构（概念结构、逻辑结构、物理结构）设计、应用程序设计、系统运行与维护等。其中，数据库结构设计是核心和基础，它关系到整个数据库系统的成败。

（9）目前流行的数据库开发平台包括 Access、Visual Foxpro、SQL Server、Oracle、DB2、MySQL 等。

习 题 6

一、单项选择题

1. 最常用的一种基本数据模型是关系数据模型，它的表示采用（　　）。

    A. 树　　　　　　　　B. 网络　　　　　　　　C. 图　　　　　　　　D. 二维表

2. 有关数据库系统的描述中，正确的是（　　）。

    A. 数据库系统避免了一切冗余

    B. 数据库系统减少了数据冗余

    C. 数据库系统与文件系统相比能管理更多的数据

    D. 数据的一致性是指数据类型的一致

3. DB、DBS 和 DBMS 之间的关系是（　　）。

    A. DB 包括 DBS 和 DBMS　　　　　　　　B. DBS 包括 DB 和 DBMS

    C. DBMS 包括 DB 和 DBS　　　　　　　　D. 3 者之间没有必然的联系

4. 数据库管理系统中能实现对数据库中的数据进行查询、插入、修改和删除，这类功能称为（　　）。

    A. 数据定义功能　　　B. 数据管理功能　　　C. 数据操纵功能　　　D. 数据控制功能

5. 对于数据库而言，能支持它的各种操作软件系统称为（　　）。

    A. 命令系统　　　　　B. 数据库系统　　　　C. 操作系统　　　　　D. 数据管理系统

6. 数据库设计的根本目标是要解决（　　）。

    A. 数据共享问题　　　B. 数据安全问题　　　C. 大量数据存储问题　D. 简化数据维护

7. Microsoft SQL Server 是一种（　　）。

    A. 数据库　　　　　　B. 操作系统　　　　　C. 数据库系统　　　　D. 数据库管理系统

8. 在数据库设计中，在概念设计阶段可以用 E-R 方法设计的图称为（　　）。

    A. 实物图　　　　　　B. 数据流图　　　　　C. 实体联系图　　　　D. 实体表示图

9. 公司中有多个部门和多名职员，每个职员只能属于一个部门，一个部门可以有多名职员，从职员到部门的联系类型是（　　）。

    A. 一对一　　　　　　B. 一对多　　　　　　C. 多对一　　　　　　D. 多对多

10. 数据库中，数据的物理独立性是指（　　）。

    A. 数据库与数据库管理系统的相互独立

    B. 应用程序与 DBMS 的相互独立

    C. 用户的应用程序与存储在磁盘上数据库中的数据是相互独立的

    D. 应用程序与数据库中数据的逻辑结构相互独立

11. 下列有关数据库的描述中，正确的是（　　）。

    A. 数据处理是将信息转化为数据的过程

    B. 数据的物理独立性是指当数据的逻辑结构改变时，数据的存储结构不变

  C. 关系中的每一列称为元组，一个元组就是一个字段

  D. DBS 包括 DB 和 DBMS

12. 关系表中的每一横行称为（ ）。

  A. 元组   B. 字段   C. 属性   D. 码

13. 关系数据库管理系统能实现的专门关系运算包括（ ）。

  A. 排序、索引、统计   B. 关联、更新、排序

  C. 选择、投影、连接   D. 关联、更新、排序

14. 数据库的特点之一是数据的共享，严格来说，数据共享是指（ ）。

  A. 同一个应用中多个程序共享一个数据集合

  B. 多个用户共用同一种语言共享一个数据集合

  C. 多个用户共享一个数据文件

  D. 多种应用、多种语言、多个用户相互覆盖地使用数据集合

15. 关系数据模型可以表示（ ）。

  A. 实体间 1∶1 的联系   B. 实体间 1∶m 的联系

  C. 实体间 n∶m 的联系   D. 以上都可以

二、填空题

1. 由计算机、操作系统、DBMS、数据库、应用程序及用户等组成的一个整体称为_____。

2. 数据管理技术经历了_____、_____和_____3 个阶段。

3. 数据库技术的奠基人之一 E. F. Cood 从 1970 年发表过多篇论文，主要叙述的是_____数据模型。

4. 数据的存储结构是指_____。

5. 数据库系统中，数据模型有_____、_____和_____3 种。

6. 在数据库设计中，最常用的数据模型是_____。

7. 图书馆中，一类书有多本，借书的同学有多个，每个同学可以借多本书，一本书也可以被多个同学借，此类型是_____关系。

8. "商品"与"顾客"两个实体之间的联系一般是_____。

9. 关系数据模型上的关系运算分为_____、_____和_____。

10. 如果对一个关系实施了一种关系运算后得到了一个新的关系，而且新的关系中属性个数少于原来关系中的属性个数，则说明所实施的运算关系是_____。

三、简答题

1. 简述数据库技术的发展阶段以及各阶段的主要特点。

2. 简述数据库的基本概念以及与文件的区别。

3. 什么是数据库系统？它包括哪些组成部分？各部分的功能是什么？

4. 数据模型有哪几种？它们各自有哪些优、缺点？

5. 什么是 SQL 语言？SQL 语言具有哪些特点和功能？

6. 数据库系统的开发分为哪几个阶段？各个阶段的主要任务是什么？

第 **7** 章
计算机网络基础知识

计算机网络是当今最热门的学科之一，在过去的几十年里取得了长足的发展。近十几年来，因特网（Internet）日益深入到了千家万户，网络已经成为了一种全社会的、经济的、快速的存取信息的必要手段。因此，网络技术对未来的信息产业乃至整个社会都将产生深远的影响。

本章学习目标

- 了解计算机网络产生的历史背景及其发展的 4 个阶段。
- 理解和掌握计算机网络的功能、分类和拓扑结构。
- 理解和掌握网络体系结构和网络协议的基本概念。
- 掌握 OSI 参考模型的层次结构和各层的功能。
- 掌握 OSI 参考模型与 TCP/IP 参考模型层次间的对应关系。
- 理解局域网的概念、特点及其硬件和软件的基本组成。
- 理解局域网参考模型及 IEEE 802 协议标准。
- 理解 Internet 产生和发展的历史背景及其主要服务功能。
- 掌握 IP 地址的含义、表示方法和分类。

7.1　计算机网络的产生与发展

计算机网络是现代通信技术与计算机技术相结合的产物。网络技术的进步正在对当前信息产业的发展产生着重要的影响。纵观计算机网络的发展历史可以发现，它和其他事物的发展一样，也经历了从简单到复杂、从低级到高级、从单机到多机的过程。在这一过程中，计算机技术和通信技术紧密结合，相互促进，共同发展，最终产生了计算机网络。计算机网络的发展大体上可以分为 4 个阶段：面向终端的通信网络阶段、计算机与计算机互连阶段、计算机网络互连阶段、Internet 与高速网络阶段。

1.　面向终端的通信网络阶段

1946 年，世界上第一台数字计算机 ENIAC 的问世是人类历史上具有划时代意义的里程碑，但最初的计算机数量稀少，且非常昂贵。当时的计算机大都采用批处理方式，用户使用计算机首先要将程序和数据制成纸带或卡片，再发送给中心计算机进行处理。1954 年，出现了一种被称为收发器（Transceiver）的功能，人们使用这种终端首次实现了将穿孔卡片上的数据通过电话线路发送给远地的计算机。此后，电传打字机也作为远程终端和计算机相连，用户可以在远地电传打字机上输入自己的程序,而计算机计算出来的结果也可以传送到远地的电传打字机上并打印出来,计算机网络的基本原型就这样诞生了。

由于当初的计算机是为批处理而设计的,因此当计算机和远程终端相连时,必须在计算机上增加一个称为线路控制器（Line Controller）的接口。随着远程终端数量的增加,为了避免一台计算机使用多个线路控制器,在 20 世纪 60 年代初期,出现了多重线路控制器（Multiple Line Controller）,它可以和多个远程终端相连接,这样就构成了面向终端的第一代计算机网络。

在第一代计算机网络中,一台计算机与多台用户终端相连接,用户通过终端命令以交互的方式使用计算机系统,从而将单一计算机系统的各种资源分散到了多个用户手中,极大地提高了资源的利用率,同时也极大地刺激了用户使用计算机的热情,在一段时间内计算机用户的数量迅速增加。但这种网络系统也存在着两个缺点:一是其主机系统的负荷较重,既要承担数据处理任务,又要承担通信任务,这样就导致了系统响应时间过长;二是对于远程终端来说,一条通信线路只能与一个终端相连,通信线路的利用率较低。

为此,又出现了多机联机系统,这种系统的主要特点是在主机和通信线路之间设置前端处理机（Front End Processon,FEP）,如图 7-1（a）所示。它承担所有的通信任务,这样就减轻了主机的负荷,大大提高了主机处理数据的效率。另外,在远程终端较密集处,增加了一个称为集中器（Concentrator）的设备。集中器的一端用低速线路与多个终端相连,另一端则用一条较高速的线路与主机相连,如图 7-1（b）所示,这样就实现了多台终端共享一条通信线路,提高了通信线路的利用率。

（a）前端处理机　　　　　　　　　　（b）集中器

图 7-1　面向终端的通信网络系统示意图

多机联机系统的典型代表为 1963 年在美国投入使用的航空定票系统——SABRAI,其中心是设在纽约的一台中央计算机,2 000 个售票终端遍布全国,使用通信线路与中央计算机相连。

2. 计算机与计算机互连阶段

随着计算机应用的发展以及计算机的普及和价格的降低,出现了多台计算机互连的需求。这种需求主要来自军事、科学研究、地区与国家经济信息分析决策、大型企业经营管理。人们希望将分布在不同地点且具有独立功能的计算机通过通信线路互连起来,彼此交换数据、传递信息,如图 7-2 所示。网络用户可以通过计算机使用本地计算机的软件、硬件与数据资源,也可以使用连网的其他地方的计算机软件、硬件与数据资源,以达到计算机资源共享的目的。

图 7-2　计算机与计算机互连示意图

这一阶段研究的典型代表是美国国防部高级研究计划局（Advanced Research Projects Agency，ARPA）的 ARPANET（通常称为 ARPA 网）。ARPANET 是世界上第一个实现了以资源共享为目的的计算机网络，所以人们往往将 ARPANET 作为现代计算机网络诞生的标志，现在计算机网络的很多概念都来自于它。

ARPRNET 的研究成果对推动计算机网络发展的意义十分深远。在它的基础之上，20 世纪 70～80 年代计算机网络发展十分迅速，出现了大量的计算机网络，仅美国国防部就资助建立了多个计算机网络；同时还出现了一些研究试验性网络、公共服务网络、校园网，如美国加利福尼亚大学劳伦斯原子能研究所的 OCTOPUS 网、法国信息与自动化研究所的 CYCLADES 网、国际气象监测网 WWWN、欧洲情报网 EIN 等。

在这一阶段中，公用数据网（Public Data Network，PDN）与局部网络（Local Network，LN）技术也得到了迅速的发展。总而言之，计算机网络发展的第二阶段所取得的成果对推动网络技术的成熟和应用极其重要，它研究的网络体系结构与网络协议的理论成果为以后网络理论的发展奠定了坚实的基础，很多网络系统经过适当修改与充实后至今仍在广泛使用。目前，国际上应用广泛的因特网（Internet）就是在 ARPANET 的基础上发展起来的。但是，20 世纪 70 年代后期，人们已经看到了计算机网络发展中出现的危机，那就是网络体系结构与协议标准的不统一限制了计算机网络自身的发展和应用。网络体系结构与网络协议标准必须走国际标准化的道路。

3. 计算机网络互连阶段

计算机网络发展的第 3 个阶段——计算机网络互连阶段是加速体系结构与协议国际标准化的研究与应用的时期。1984 年，经过多年卓有成效的工作，国际标准化组织（ISO）正式制定和颁布了"开放系统互连参考模型"（Open System Interconnection Reference Model，OSI/RM）。ISO/OSI RM 已被国际社会所公认，成为研究和制定新一代计算机网络标准的基础。它使各种不同的网络互连、互相通信变为现实，实现了更大范围内的计算机资源共享。我国也于 1989 年在《国家经济系统设计与应用标准化规范》中明确规定选定 OSI 标准作为我国网络建设标准。1990 年 6 月 ARPANET 停止运行，完成了它的历史使命。随之发展起来的国际互联网，其覆盖范围已遍及全球。全球各种各样的计算机和网络都可以通过网络互连设备连入国际互联网，实现全球范围内的数据通信和资源共享。

OSI/RM 及标准协议的制定和完善正在推动计算机网络朝着健康的方向发展。很多大的计算机厂商相继宣布支持 OSI 标准，并积极研究和开发符合 OSI 标准的产品。各种符合 OSI/RM 与协议标准的远程计算机网络、局部计算机网络与城市地区计算机网络已开始广泛应用。随着研究的深入，OSI 标准将日趋完善。

4. Internet 与高速网络阶段

这一阶段计算机网络发展的特点是互联、高速、智能与更为广泛的应用。Internet 是覆盖全球的信息基础设施之一。对于用户来说，它像是一个庞大的远程计算机网络，用户可以利用 Internet 实现全球范围的信息传输、信息查询、电子邮件、语音与图像通信服务等功能。实际上，Internet 是一个用网络互连设备实现多个远程网和局域网互联的国际网。

在 Internet 发展的同时，随着网络规模的增大与网络服务功能的增多，高速网络与智能网络（Intelligent Network，IN）的发展也引起了人们越来越多的关注和兴趣。高速网络技术的发展表现在宽带综合业务数据网（B-ISDN）、帧中继、异步传输模式（Asynchronous Transfer Mode，ATM）、高速局域网、交换式局域网与虚拟网络上。

7.2 计算机网络的基本概念

7.2.1 什么是计算机网络

所谓计算机网络，就是把分布在不同地理区域的计算机与专门的外部设备用通信线路互连成一个规模大、功能强的网络系统，从而使众多的计算机可以方便地互相传递信息，共享硬件、软件、数据信息等资源。

计算机网络主要包含连接对象、连接介质、连接的控制机制和连接的方式4个方面。对象主要是指各种类型的计算机（如大型机，微型机、工作站等）或其他数据终端设备；介质是指通信线路（如双绞线、同轴电缆、光纤、微波等）和通信设备（如网桥、网关、中继器、路由器等）；控制机制主要是指网络协议和各种网络软件；连接方式主要是指网络所采用的拓扑结构（如星型、环型、总线型和网状型等）。

7.2.2 通信子网和资源子网

从功能上分，计算机网络系统可以分为通信子网和资源子网两大部分，计算机网络的结构如图 7-3 所示。通信子网提供数据通信的能力，资源子网提供网络上的资源以及访问能力。

图 7-3 计算机网络结构示意图

1. 通信子网

通信子网由通信控制处理机（Communication Control Processor，CCP）、通信线路和其他网络通信设备组成，它主要承担全网的数据传输、转发、加工、转换等通信处理工作。

通信控制处理机（CCP）在网络拓扑结构中通常被称为网络结点。其主要功能，一是作为主机和网络的接口，负责管理和收发主机和网络所交换的信息；二是作为发送信息、接收信息、交换信息和转发信息的通信设备，负责接收其他网络结点送来的信息，并选择一条合适的通信线路发送出去，完成信息的交换和转发功能。

通信线路是网络结点间信息传输的通道，通信线路的传输媒体主要有双绞线、同轴电缆、光纤、无线电和微波等。

2．资源子网

资源子网主要负责全网的数据处理业务，向全网用户提供所需的网络资源和网络服务。它主要由主机（Host）、终端（Terminal）、终端控制器、连网外设以及软件资源和信息资源等组成。

主机是资源子网的重要组成单元，它既可以是大型机、中型机、小型机，也可以是局域网中的微型计算机。主机是软件资源和信息资源的拥有者，一般通过高速线路将它们和通信子网中的结点相连。

终端是直接面向用户的交互设备。终端的种类很多，如交互终端、显示终端、智能终端、图形终端等。

联网外设主要是指网络中的一些共享设备，如高速打印机、绘图仪和大容量硬盘等。

7.3　计算机网络的功能

社会及科学技术的发展为计算机网络的发展提供了更加有利的条件。计算机网络与通信网的结合，可以使众多的个人计算机不仅能够同时处理文字、数据、图像、声音等信息，而且还可以使这些信息四通八达，及时地与全国乃至全世界的信息进行交换。计算机网络的主要功能归纳起来主要有以下几点。

1．数据通信

这是计算机网络最基本的功能，它为网络用户提供了强有力的通信手段。计算机网络建设的主要目的之一就是使分布在不同物理位置的计算机用户相互通信和传送信息（如声音、图形、图像等多媒体信息）。计算机网络的其他功能都是在数据通信功能基础之上实现的，如发送电子邮件、远程登录、联机会议、WWW 等。

2．资源共享

（1）硬件和软件的共享。计算机网络允许网络上的用户共享不同类型的硬件设备，通常有打印机、光驱、大容量的磁盘以及高精度的图形设备等。软件共享，通常是指某一系统软件或应用软件（如数据库管理系统），如果它占用的空间较大，则可将其安装到一台配置较高的服务器上，并将其属性设置为"共享"，这样网络上的其他计算机就可以直接利用它，大大节省了计算机的硬盘空间。

（2）信息共享。信息也是一种宝贵的资源，Internet 就像一个浩瀚的海洋，有取之不尽、用之不竭的信息与数据。每一个连入 Internet 的用户都可以共享这些信息资源，如各类电子出版物、网上新闻、网上图书馆和网上超市等。

3．均衡负荷与分布式处理

当网络中某台计算机的任务负荷太重时，可将任务分散到网络中的各台计算机上进行，或由网络中比较空闲的计算机分担负荷。这样既可以处理大型的任务，使得其中一台计算机不会负担过重，又提高了计算机的可用性，起到了均衡负荷与分布式处理的作用。

4．提高计算机系统的可靠性

这也是计算机网络的一个重要功能。在计算机网络中，每一台计算机都可以通过网络为另一台计算机做备份来提高计算机系统的可靠性。这样，一旦网络中的某台计算机发生了故障，另一台可代替其完成所承担的任务，整个网络可以照常运转。

7.4　计算机网络的分类与拓扑结构

7.4.1　计算机网络的分类

用于计算机网络分类的标准有很多，如按拓扑结构、应用协议、传输介质、数据交换方式等来分类。但是这些标准只能反映网络某方面的特征，不能反映网络技术的本质。最能反映网络技术本质特征的分类标准是网络的覆盖范围，按网络的覆盖范围可以将网络分为局域网（LAN）、广域网（WAN）、城域网（MAN）和国际互联网（Internet），如表 7-1 所示。

表 7-1　　　　　　　　　　　　　　　不同类型网络之间的比较

网 络 种 类	覆 盖 范 围	分 布 距 离
局域网	房间	10 m
	建筑物	100 m
	校园	1 km
广域网	国家	100 km 以上
城域网	城市	10 km 以上
国际互联网	洲或洲际	1 000 km 以上

1. 局域网

局域网（Local Area Network，LAN）的地理分布范围在几千米以内，一般局域网络建立在某个机构所属的一个建筑群内或一个学校的校园内部，甚至几台计算机也能构成一个小型局域网络。由于局域网的覆盖范围有限，数据的传输距离短，因此局域网内的数据传输速率都比较高，一般在 10～1 000 Mbit/s，现在高速的局域网传输速率甚至可达到 10 000 Mbit/s。

2. 广域网

广域网（Wide Area Network，WAN）也称为远程网，它是远距离、大范围的计算机网络。这类网络的作用是实现远距离计算机之间的数据传输和信息共享。广域网可以是跨地区、跨城市、跨国家的计算机网络，它的覆盖范围一般是几百到几千千米的广阔地理区域，通信线路大多借用公用通信网络，如公用电话网（Public Switched Telephone Network，PSTN）。由于广域网涉辖的范围很大，联网的计算机众多，因此广域网上的信息量非常大，共享的信息资源极为丰富。但是，广域网的数据传输速率比较低，一般在 64 kbit/s～2 Mbit/s。

3. 城域网

城域网（Metropolitan Area Network，MAN）的覆盖范围在局域网和广域网之间，一般为几千米几十千米，实际上城域网的覆盖范围通常在一个城市内。

4. 国际互联网

国际互联网（Internet）并不是一种具体的网络技术，它是将同类和不同类的物理网络（局域网、广域网和城域网）通过某种协议互联起来的一种高层技术。

7.4.2　计算机网络的拓扑结构

拓扑（Topology）是从图论演变而来的，是一种研究与大小形状无关的点、线、面特点的方法。网络拓扑结构是指用传输介质互连各种设备的物理布局，通俗地讲就是这个网络看起来是一种什么形式。它把工作站、服务器等网络单元抽象为点，把网络中的通信介质抽象为线，这样从拓扑学的观点来看计算机和网络系统，就形成了点和线组成的几何图形，从而抽象出了网络系统的具体结构。网络拓扑结构并不涉及网络中信号的实际流动，而只是关心介质的物理连接形态。网络拓扑结构对整个网络的设计、功能、可靠性和成本等方面有着重要的影响。

常见的计算机网络的拓扑结构有星型、环型、总线型、树型和网状型。

1. 星型拓扑网络

在星型拓扑网络结构中，各结点通过点到点的链路与中央结点连接，如图 7-4 所示。中央结点可以是转接中心，起到连通的作用；也可以是一台主机，此时就具有数据处理和转接的功能。星型拓扑网络的优点是，很容易在网络中增加和移动结点，容易实现数据的安全性和优先级控制。缺点是，属于集中控制，对中央结点的依赖性大，一旦中心结点有故障就会引起整个网络的瘫痪。

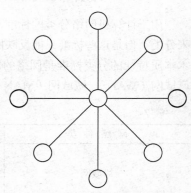

图 7-4　星型拓扑结构

2. 环型拓扑网络

在环型拓扑网络中，结点通过点到点通信线路连接成闭合环路，如图 7-5 所示。环中数据将沿一个方向逐站传送。环型拓扑网络结构简单，传输延时确定，但是环中每个结点与连接结点之间的通信线路都会成为网络可靠性的屏障。环中某一个结点出现故障就会造成网络瘫痪。另外，对于环型网络，网络结点的增加和移动以及环路的维护和管理都比较复杂。

3. 总线型拓扑网络

在总线型拓扑网络中，所有结点共享一条数据通道，如图 7-6 所示。一个结点发出的信息可以被网络上的每个结点所接收。由于多个结点连接到一条公用信道上，所以必须采取某种方法分配信道，以决定哪个结点可以优先发送数据。

图 7-5　环型拓扑结构

图 7-6　总线型拓扑结构

总线型网络结构简单，安装方便，需要铺设的线缆最短，成本低，且某个站点自身的故障一般不会影响整个网络，因此是最普遍使用的网络之一。其缺点是，实时性较差，总线上的故障会导致全网瘫痪。

4. 树型拓扑网络

在树型拓扑结构中，网络的各结点形成了一个层次化的结构，如图 7-7 所示。树中的各个结点通常都为主机，树中低层主机的功能和应用有关，一般都具有明确定义的任何，如数据采集、变换等。而高层主机具备通用的功能，以便协调系统的工作，如数据处理、命令执行等。一般来说，树型拓扑网络的层次数量不宜过多，以免转接开销过大，使高层结点的负荷过重。若树型拓扑结构只有两层，就变成了星型结构，因此，可将树型拓扑结构视为星型拓扑结构的扩展结构。

5. 网状型拓扑网络

在网状型拓扑网络中，结点之间的连接是任意的、没有规律的，如图 7-8 所示。其主要优点是，可靠性高，但结构复杂，必须采用路由选择算法和流量控制方法。广域网基本上都是采用网状型拓扑结构。

图 7-7　树型拓扑结构

图 7-8　网状型拓扑结构

7.5　计算机网络体系结构与协议

7.5.1　网络体系结构的概念

体系结构（Architecture）是研究系统各部分组成及相互关系的技术科学。计算机网络体系结构是指整个网络系统的逻辑组成和功能分配，它定义和描述了一组用于计算机及其通信设施之间互连的标准和规范的集合。研究计算机网络体系结构的目的在于，定义计算机网络各个组成部分的功能，以便在统一的原则指导下进行计算机网络的设计、建造、使用和发展。

7.5.2　网络协议的概念

从最根本的角度上讲，协议就是规则。例如，在公共交通公路上行驶的各种交通工具，需要遵守交通规则，这样才能减少交通阻塞，有效地避免交通事故的发生。又如，不同国家的人使用的是不同的语言，如果他们事先不约定好使用同一种语言，那么他们是无法进行沟通的。

同样，在计算机网络的通信过程中，数据从一台计算机传输到另一台计算机，我们称之为数据通信或数据交换。网络中的数据通信也需要遵守一定的规则，以减少网络阻塞，提高网络的利用率。网络协议就是针对进行网络中的数据交换而建立的规则、标准或约定。连网的计算机以及网络设备之间要进行数据与控制信息（一种用于控制设备如何工作的数据）的成功传递就必须共同遵守网络协议。

网络协议主要由以下 3 个要素组成。

（1）语法。语法（Syntax）规定了通信双方"如何讲"，即确定用户数据与控制信息的结构与格式。

（2）语义。语义（Semantics）规定了通信的双方准备"讲什么"，即需要发出何种控制信息，完成何种动作以及做出何种应答。

（3）时序。时序（Timing）又可称为"同步"，它规定了双方"何时进行通信"，即事件实现顺序的详细说明。

下面我们以两个打电话的人为例来说明网络协议的概念。

甲要打电话给乙。首先甲拨通乙的电话号码，对方电话振铃，乙拿起电话，然后甲乙开始通话，通话完毕后，双方挂断电话。在这个过程中，甲、乙双方都遵守了打电话的协议。其中，电话号码是"语法"的一个例子，一般电话号码由 8 位阿拉伯数字组成，如果是长途要加区号，国际长途还有国家代码等；甲拨通乙的电话后，乙的电话会振铃，振铃是一个信号，表示有电话打进，乙选择接电话，这一系列的动作包括了控制信号、相应动作等，就是"语意"的例子；"时序"的概念更好理解，因为甲拨通了电话，乙的电话才会响，乙听到铃声后才会考虑要不要接，这一系列事件的因果关系十分明确，不可能没有人拨乙的电话而乙的电话会响，也不可能在电话铃没响的情况下，乙拿起电话却从话筒里传出甲的声音。

7.5.3　网络协议的分层

计算机网络是一个非常复杂的系统，因此网络通信也比较复杂。网络通信的涉及面极广，不仅涉及网络硬件设备（如物理线路、通信设备、计算机等），还涉及各种各样的软件，所以用于网络的通信协议必然很多。实践证明，结构化设计方法是解决复杂问题的一种有效手段，其核心思想就是将系统模块化，并按层次组织各模块。因此，在研究计算机网络的结构时，通常也按层次进行分析。

计算机网络中采用分层体系结构主要有以下一些好处。

1.　各层之间可相互独立

高层并不需要知道低层是采用何种技术来实现的，而只需要知道低层通过接口能提供哪些服务。每一层都有一个清晰、明确的任务，实现相对独立的功能，因而可以将复杂的系统性问题分解为一层一层的小问题。当属于每一层的小问题都解决了，那么整个系统的问题也就接近于完全解决了。

2.　灵活性好，易于实现和维护

如果把网络协议作为一个整体来处理，那么任何一个方面的改进必然要对整体进行修改，这与网络的迅速发展是极不协调的。若采用分层体系结构，由于整个系统已被分解成了若干个易于处理的部分，那么这样一个庞大而又复杂的系统的实现与维护也就变得容易控制了。当任何一层发生变化时（如技术的变化），只要层间接口保持不变，其他各层就都不会受到影响。另外，当某层提供的服务不再被其他层需要时，可以将这层直接取消。

3.　有利于促进标准化

这主要是因为每一层的协议已经对该层的功能与所提供的服务做了明确的说明。

7.5.4　OSI 参考模型

1.　OSI 参考模型的概念

在 20 世纪 70 年代中期，美国 IBM 公司推出了系统体系结构（System Network Architecture，SNA）。之后 SNA 又不断进行了版本更新，它是一种世界上广泛使用的体系结构。随着全球网络应用的不断发展，不同网络体系结构的网络用户之间需要进行网络的互连和信息的交换。1984 年，国际标准化组织（ISO）发表了著名的 ISO/IEC 7498 标准。它定义了网络互连的 7 层框架，这就是著名的开放系统互连基本参考模型——OSI/RM（Reference Model of Open System Interconnection）。

这里的"开放"是指只要遵循 OSI 标准，一个系统就可以与位于世界上任何地方、同样遵循 OSI 标准的其他任何系统进行通信。OSI 参考模型的结构如图 7-9 所示。

图 7-9　OSI 参考模型的结构

　　OSI/RM 只给出了一些原则性的说明，并不是一个具体的网络。它将整个网络的功能划分成 7 个层次，最高层为应用层，面向用户提供网络应用服务；最低层为物理层，与通信介质相连实现真正的数据通信。两个用户计算机通过网络进行通信时，除物理层之外，其余各对等层之间均不存在直接的通信关系，而是通过各对等层的协议来进行通信。只有两个物理层之间的通过通信介质进行真正的数据通信的。

2. OSI 参考模型各层的功能

　　ISO 已经为各层制定了标准，各个标准作为独立的国际标准公布。下面我们以从低层到高层的顺序，依次介绍 OSI 参考模型的各层。

　　（1）物理层。物理层（Physical Layer）是 OSI 参考模型的最低层。物理层的主要任务就是透明地传送二进制比特流，即经过实际电路传送后的比特流没有发生变化。但是物理层并不关心比特流的实际意义和结构，只是负责接收和传送比特流。作为发送方，网络层通过传输介质发送数据；作为接收方，物理层通过传输介质接收数据。物理层的另一个任务就是定义网络硬件的特性，包括使用什么样的传输介质以及与传输介质连接的接头等物理特性。

　　（2）数据链路层。数据链路层（Data Link Layer）是 OSI 参考模型的第 2 层。数据链路层的主要任务是在两个相邻结点间的线路上无差错地传送以帧（Frame）为单位的数据，使数据链路层对网络层显现为一条无差错线路。由于物理层仅仅接收和传送比特流，并不关心比特流的意义和结构，所以数据链路层要产生和识别帧边界。另外，数据链路层还提供了差错控制与流量控制的方法，保证在物理线路上传送的数据无差错。广播式网络在数据链路层还要处理新的问题，即如何控制各个结点对共享信道的访问。

　　（3）网络层。网络层（Network Layer）是 OSI 参考模型的第 3 层。在这一层，数据的单位为数据分组（Packet）。网络层的关键问题是如何进行路由选择，以确定数据分组（数据包）如何从发送端到达接收端。如果在子网中同时出现的数据分组太多，它们将互相阻塞，影响数据的正常传输。因此，拥塞控制也是网络层的功能之一。

　　另外，当数据分组需要经过另一个网络以到达目的地时，第二个网络的寻址方法、分组长度、网络协议也许与第一个网络不同，因此，网络层还要解决异构网络的互联问题。

　　（4）传输层。传输层（Transport Layer）是 OSI 参考模型的第 4 层。传输层从会话层接收数据，形成报文（Message），并且在必要时把它分成若干个分组，然后交给网络层进行传输。

传输层的主要功能是，为上一层进行通信的两个进程之间提供一个可靠的端到端服务，使传输层以上的各层看不见传输层以下的数据通信细节，传输层以上的各层不再关心信息传输的问题。端到端，是指进行相互通信的两个结点不是直接通过传输介质连接起来的，它们之间有很多交换设备（如路由器），这样的两个结点间的通信就称为端到端通信。

（5）会话层。会话层（Session Layer）是 OSI 参考模型的第 5 层。会话层允许不同机器上的用户建立会话关系，它主要是针对远程访问，主要任务包括会话管理、传输同步以及数据交换管理等。会话一般都是面向连接的，例如，当文件传输到中途时建立的连接突然断了，是从头开始重新传还是断点续传，这个任务由会话层来完成。

（6）表示层。表示层（Presentation Layer）是 OSI 参考模型的第 6 层。表示层关心的是所传输的信息的语法和语义。它的主要功能是，用于处理在多个通信系统之间交换信息的表示方式，主要包括数据格式的转换、数据加密与解密、数据压缩与恢复等。

（7）应用层。应用层（Application Layer）是 OSI 参考模型的最高层。应用层为网络用户或应用程序提供各种服务，如文件传输、电子邮件、网络管理和远程登录等。

7.5.5　TCP/IP 参考模型

1．TCP/IP 概述

说到 TCP/IP 的历史，就不得不谈到 Internet 的历史。20 世纪 60 年代初期，美国国防部委托高级研究计划署（Advanced Research Projects Agency，ARPA）研究广域网络互连课题，并建立了 ARPANET 实验网络，这就是 Internet 的起源。ARPANET 的初期运行情况表明，计算机广域网络应该有一种标准化的通信协议，于是在 1973 年 TCP/IP 诞生了。虽然 ARPANET 并未发展成为公众可以使用的 Internet，但是 ARPANET 的运行经验表明，TCP/IP 是一个非常可靠且实用的网络协议。当现代 Internet 的雏形——美国国家科学基金会（National Science Foundation，NSF）建立的 NSFNET 于 20 世纪 80 年代末出现时，借鉴了 ARPANET 的 TCP/IP 技术。借助于 TCP/IP 技术，NSFNET 使越来越多的网络互联在了一起，最终形成了今天的 Internet。TCP/IP 也因此成为 Internet 上广泛使用的标准网络通信协议。

TCP/IP 由一系列的文档定义组成，这些文档定义描述了 Internet 的内部实现机制，以及各种网络服务或服务的定义。TCP/IP 并不是由某个特定组织开发的，它实际上是一些团体所共同开发的，任何人都可以把自己的意见作为文档发布，但只有被认可的文档才能最终成为 Internet 标准。

作为一套完整的网络通信协议结构，TCP/IP 实际上是一个协议簇。除了其核心协议——TCP 和 IP 之外，TCP/IP 协议簇还包括其他一系列协议，它们都包含在 TCP/IP 协议簇的 4 个层次中，形成了 TCP/IP 协议栈，如图 7-10 所示。

图 7-10　TCP/IP 协议栈

2. OSI 参考模型与 TCP/IP 参考模型的层次对应关系

与 OSI 参考模型所不同的是，TCP/IP 参考模型是在 TCP 与 IP 出现之后才提出来的。它们两者之间的层次对应关系如图 7-11 所示。

图 7-11　OSI 参考模型与 TCP/IP 参考模型的层次对应关系

TCP/IP 参考模型的主机-网络层与 OSI 参考模型的数据链路层和物理层相对应；TCP/IP 参考模型的互联层与 OSI 参考模型的网络层相对应；TCP/IP 参考模型的传输层与 OSI 参考模型的传输层相对应；TCP/IP 参考模型的应用层与 OSI 参考模型的应用层相对应。

根据 OSI 模型的经验，会话层和表示层对大多数应用程序没有用处，所以 TCP/IP 参考模型把它们排除在外。

7.6　局域网基础知识

局域网（Local Area Network，LAN），是一种在有限的地理范围内将大量 PC 机及各种设备互连在一起以实现数据传输和资源共享的计算机网络。社会对信息资源的广泛需求以及计算机技术的广泛普及，促进了局域网技术的迅猛发展。在当今的计算机网络技术中，局域网技术已经占据了十分重要的地位。

7.6.1　局域网的基本概念

局域网（LAN）是计算机网络的一种，在计算机网络中占有非常重要的地位。它既具有一般计算机网络的特点，又有自己的特征。局域网是在一个较小的范围（一个办公室、一幢楼、一个学校等）内，利用通信线路将众多的微型计算机及外设连接起来，以达到资源共享、信息传递和远程数据通信的目的。对于微型计算机用户来讲，了解和掌握局域网也就显得尤为重要。

局域网的研究工作始于 20 世纪 70 年代，1975 年美国 Xerox（施乐）公司推出的实验性以太网（Ethernet）和 1974 年英国剑桥大学研制的剑桥环网（Cambridge Ring）成为最初局域网的典型代表。20 世纪 80 年代初期，随着通信技术、网络技术和微型计算机的发展，局域网技术得到了迅速的发展和完善，一些标准化组织也致力于局域网的有关协议和标准的制定。20 世纪 80 年代后期，局域网的产品进入专业化生产和商品化的成熟阶段，获得了大范围的推广和普及。进入 90 年代，局域网步入了更高速的发展阶段，局域网已经渗透到了社会的各行各业，使用已相当普遍。局域网技术是当今计算机网络研究与应用的一个热点问题，也是目前非常活跃的技术领域之一，它的发展推动着信息社会不断前进。

7.6.2　局域网的特点及其基本组成

1.　局域网的特点

概括地讲，局域网主要具有以下一些特点。

（1）覆盖的地理范围比较小。局域网主要用于单位内部联网，范围在一座办公大楼或集中的建筑群内，一般在几公里范围内。

（2）信息传输速率高、时延小并且误码率低。局域网的传输速率一般为 10～1 000 Mbit/s，传输时延也一般在几毫秒到几十毫秒。由于局域网一般都采用有线传输介质传输信息，并且两个站点间具有专用通信线路，因此误码率低，仅为 10^{-8}～10^{-12}。

（3）局域网一般为一个单位所建，在单位或部门内部控制、管理和使用，由网络的所有者负责管理和维护。

（4）便于安装、维护和扩充。由于局域网应用的范围小，网络上运行的应用软件主要为本单位服务，因此，无论从硬件系统还是软件系统来讲，网络的安装成本都较低、周期短，维护和扩充都十分方便。

（5）局域网一般侧重于共享信息的处理，通常没有中央主机系统，而带有一些共享的外设。

2.　局域网的基本组成

简单地说，局域网的基本组成包括网络硬件和网络软件两大部分。

（1）网络硬件。网络硬件主要包括网络服务器、工作站、外设、网络接口卡、传输介质，根据传输介质和拓扑结构的不同，还需要中继器（Reapter）、集线器（Hub）等，如果要进行网络互连，还需要交换机（Switch）、路由器（Router）以及网间互连线路等。

① 服务器。在局域网中，服务器可以将其 CPU、内存、磁盘、数据等资源提供给各个网络用户使用，并负责对这些资源进行管理，协调网络用户对这些资源的使用。因此，要求服务器具有较高的性能，包括较快的数据处理速度、较大的内存、较大容量和较快访问速度的磁盘等。

② 工作站。工作站是网络各用户的工作场所，通常是一台微型计算机或终端，也可以是不配有磁盘驱动器的"无盘工作站"。工作站通过插在其中的网络接口板——网卡，经传输介质与网络服务器相连，用户通过工作站就可以向局域网请求服务和访问共享资源。工作站可以有自己单独的操作系统并独立工作，它通过网络从服务器中取出程序和数据后，用自己的 CPU 和内存进行运算处理，处理结果还可以再存到服务器中去。在考虑网络工作站的配置时，主要注意以下几个方面。

- CPU 的速度和内存的容量。
- 总线结构和类型。
- 磁盘控制器及硬盘的大小。
- 扩展槽的数量和所支持的网卡类型。
- 工作站网络软件要求。

③ 外设。外设主要是指网络上可供网络用户共享的外部设备，通常网络上的共享外设包括打印机、绘图仪、扫描器、Modem 等。

④ 网卡。网卡用于把计算机同传输介质连接起来，进而把计算机连入网络，每一台联网的计算机都需要有一块网卡，如图 7-12 所示。网卡的基本功能包括基本数据转换、信息包的装配和拆装、网络存取控制、数据缓存、生成网络信号等。一方面，网卡要和主机交换数据；另一方面，数据交换还必须以网络物理数据的路径和格式来传送或接收数据。如果网络与主机 CPU 之间速率不匹配，就需要缓存以防数据丢失。由于网卡处理数据包的速度比网络传送数据的速度慢，也比

主机向网卡发送数据的速率慢，因而往往成为网络与主机之间的瓶颈。

图 7-12 10/100 M 自适应网卡

⑤ 传输介质。局域网中常用的传输介质主要有同轴电缆、双绞线和光纤，如图 7-13 所示。

同轴电缆   非屏蔽双绞线

屏蔽双绞线   光缆

图 7-13 局域网中常用的传输介质

（2）网络软件。网络软件也是计算机网络系统中不可缺少的重要资源。网络软件所涉及和解决的问题要比单机系统中的各类软件复杂得多。根据网络软件在网络系统中所起的作用不同，可以将其分为协议软件、通信软件、管理软件、网络操作系统和网络应用软件 5 类。

① 协议软件。用以实现网络协议功能的软件就是协议软件。协议软件的种类非常多，不同体系结构的网络系统都有支持自身系统的协议软件，体系结构中的不同层次上也有不同的协议软件。对某一协议软件来说，到底把它划分到网络体系结构中的哪一层是由协议软件的功能决定的。

② 通信软件。通信软件的功能就是使用户在不必详细了解通信控制规程的情况下，就能够对自己的应用程序进行控制，同时又能与多个工作站进行网络通信，并对大量的通信数据进行加工和管理。目前，几乎所有的通信软件都能很方便地与主机连接，并具有完善的传真功能、文件传输功能和自动生成原稿功能等。

③ 管理软件。网络系统是一个复杂的系统，对管理者而言，经常都会遇到许多难以解决的问题。网络管理软件的作用就是帮助网络管理者便捷地解决一些棘手的技术难题，如避免服务器之间的任务冲突、跟踪网络中用户的工作状态、检查与消除计算机病毒、运行路由器诊断程序等。

④ 网络操作系统。局域网的网络操作系统（Network Operating System，NOS）就是网络用户和计算机网络之间的接口，网络用户通过网络操作系统请求网络服务。网络操作系统具有处理机管理、存储管理、设备管理、文件管理以及网络管理等功能，它与微机的操作系统有着很密切的关系。目前，较流行的局域网操作系统有微软公司的 Windows 2000 Server、Windows Server 2008 及 Novell 公司的

Netware 等。

⑤ 网络应用软件。网络应用软件是在网络环境下，直接面向用户的网络软件。它是专门为某一个应用领域而开发的软件，能为用户提供一些实际的应用服务。网络应用软件既可以用于管理和维护网络本身，也可用于一个业务领域，如网络数据库管理系统、网络图书馆、远程网络教学、远程医疗和视频会议等。

7.6.3　局域网的主要技术

局域网所涉及的技术有很多，但决定局域网性能的主要技术是传输介质、拓扑结构和介质访问控制方法。

1. 局域网的传输介质

局域网常用的传输介质有双绞线、同轴电缆、光纤和无线电波等。早期的传统以太网中使用最多的是同轴电缆。随着技术发展，双绞线和光纤的应用日益普及。特别是在快速局域网中，双绞线依靠其低成本、高速度和高可靠性等优势获得了广泛的使用，引起了人们的普遍关注。光纤主要应用在远距离、高速传输数据的网络环境中。光纤的可靠性很高，具有许多双绞线和同轴电缆无法比拟的优点。随着科学技术的发展，光纤的成本不断降低，今后的应用必将越来越广泛。

2. 局域网拓扑结构

我们在第 1 章中曾经讲到了网络拓扑结构的基本含义以及常见的一些网络拓扑结构。网络拓扑结构对整个网络的设计、功能、可靠性和成本等方面有着重要的影响。目前，大多数局域网使用的拓扑结构主要有星型、环型、总线型和网状型等多种。星型、环型和网状型拓扑结构使用的是点到点连接，总线型拓扑结构使用的是多点连接。下面介绍几种常见的拓扑结构。

（1）星型（Star）。这种结构目前在局域网中应用得最为普遍，在企业网络中几乎都是采用这一方式。星型拓扑结构几乎是 Ethernet（以太网）网络专用，它是因网络中的各工作站结点设备通过一个网络集中设备（如集线器或交换机）连接在一起，各结点呈星状分布而得名。这类网络目前用得最多的传输介质是双绞线，它的基本连接如图 7-14 所示。

星型拓扑结构的网络主要有以下几个特点。

① 容易实现、成本低。它所采用的传输介质一般都是通用的双绞线，相对于同轴电缆和光纤来说比较便宜。这种拓扑结构主要应用于 IEEE 802.2、IEEE 802.3 标准的以太局域网中。

② 结点扩展、移动方便。结点扩展时只需要从集线器或交换机等集中设备中拉一条线即可，而要移动一个结点只需要把相应结点设备移到新结点即可，而不会像环型网络那样"牵其一而动全局"。

③ 维护容易。一个结点出现故障不会影响其他结点的连接，可任意拆走故障结点。

④ 采用广播信息传送方式。任何一个结点发送信息时，在整个网络中的其他结点都可以收到。这在网络方面存在一定的隐患，但这在局域网中使用影响不大。

⑤ 对中央结点的可靠性和冗余度要求很高。每个工作站直接与中央结点相连，如果中央结点发生故障，全网则趋于瘫痪。所以，通常要采用双机热备份，以提高系统的可靠性。

（2）环型（Ring）。环型拓扑结构是用一条传输链路将一系列结点连成一个封闭的环路，如图 7-15 所示。实际上大多数情况下这种拓扑结构的网络不会是所有计算机连接成真正物理上的环型。一般情况下，环的两端通过一个阻抗匹配器来实现环的封闭，因为在实际组网过程中因地理位置的限制不可能真正做到环的两端物理连接。

在环型拓扑结构的网络中信息流只能单方向进行传输，每个收到信息包的结点都向它的下游结点转发该信息包。当信息包经过目标结点时，目标结点根据信息包中的目标地址判断出自己是接收方，并把该信息拷贝到自己的接收缓冲区中。

为了决定环上的哪个结点可以发送信息，平时在环上流通着一个叫"令牌"（Token）的特殊信息包，只有得到"令牌"的结点才可以发送信息。当一个结点发送完信息后，就把"令牌"向下传送，以便下游的结点可以得到发送信息的机会。环型拓扑的优点是它能高速运行，而且为了避免冲突，其结构相当简单。

图 7-14　星型网络结构示意图

图 7-15　环型网络结构示意图

环型拓扑结构的网络主要有以下几个特点。

① 实现简单，投资小。从其网络结构示意图中可以看出，组成这个网络除了各工作站、传输介质——同轴电缆和其他一些连接器材外，没有价格昂贵的结点集中设备，如集线器和交换机。但也正因为这样，这种网络所能实现的功能也最为简单，仅能将其视为一般的文件服务模式。

② 传输速度较快。在令牌环网中允许有 16 Mbit/s 的传输速度，它比普通的 10 Mbit/s 的以太网要快。当然，随着以太网的广泛应用和以太网技术的发展，以太网的速度也得到了极大提高，目前普遍都能提供 100 Mbit/s 的网速，远比 16 Mbit/s 要快。

③ 维护困难。从其网络结构可以看到，整个网络中各结点间是直接串联，这样任何一个结点出了故障都会造成整个网络的中断、瘫痪，维护起来非常不便。另外，因为同轴电缆所采用的是插针式的接触方式，所以非常容易造成接触不良和网络中断，故障查找起来也非常困难。

④ 扩展性能差。网络的环型结构决定了其扩展性能远不如星型结构好，如果要新添加或移动结点，就必须中断整个网络，在环的两端做好连接器后才能连接。

（3）总线型（Bus）。总线型拓扑结构所采用的传输介质一般也是同轴电缆（包括粗缆和细缆），不过也有采用光缆作为总线型传输介质的，所有的结点都通过相应的硬件接口直接与总线相连，如图 7-16 所示。总线型网络采用广播通信方式，即任何一个结点发送的信号都可以沿着总线介质传播，而且能被网络上其他所有结点所接收。

图 7-16　总线型网络结构示意图

总线型拓扑结构的网络主要具有以下几个方面的特点。

① 组网费用低。从其示意图中可以看出，这样的结构一般不再需要额外的互连设备，它是直接通过一条总线进行连接的，所以组网费用较低。

② 网络用户扩展较灵活。需要扩展用户时只需要添加一个接线器即可，但受通信介质本身物理性能的局限，总线型的负载能力是有限度的。所以，总线型结构网络中所能连接的结点数量是有限的。如果工作站结点的个数超出了总线负载能力，就需要采用分段等方法，并加入相应的网络附加部件，使总线负载符合容量要求。

③ 维护较容易。单个结点失效不影响整个网络的正常通信。但是，如果总线一旦发生故障，则整个网络或者相应的主干网段就断了。

④ 网络各结点共享总线带宽。数据传输速率会随着接入网络的用户的增多而下降。若有多个结点需要发送数据信息，则一次仅能允许一个结点发送，其他结点必须等待。

3. 介质访问控制方法

介质访问控制方法，就是控制网上各工作站在什么情况下才可以发送数据，以及在发送数据的过程中，如何发现问题以及出现问题后如何处理等管理方法。介质访问控制技术是局域网最关键的一项基本技术，因为它将对局域网的体系结构和总体性能产生决定性的影响。经过多年的研究，人们提出了许多种介质访问控制方法，但目前被普遍采用并形成国际标准的方法主要有带有碰撞检测的载波侦听多路访问（CSMA/CD）方法、令牌环（Token Ring）方法和令牌总线（Token Bus）方法。

7.6.4 局域网体系结构与 IEEE802 标准

随着微型计算机和局域网的日益普及和应用，各个网络厂商所开发的局域网产品也越来越多。为了使不同厂商生产的网络设备之间具有兼容性和互换性，以便用户更灵活地进行网络设备的选择，用很少的投资就能构建一个具有开放性和先进性的局域网，国际标准化组织（ISO）开展了局域网的标准化工作。1980 年 2 月，局域网标准化委员会成立，即 IEEE 802 委员会。该委员会制定了一系列局域网标准。IEEE 802 委员会不仅为一些传统的局域网技术，如以太网、令牌环网、FDDI 等制定了标准，而且近年来还开发了一系列新的局域网标准，如快速以太网、交换式以太网、千兆位以太网等。局域网的标准化大大促进了局域网技术的飞速发展，并对局域网的进一步推广和应用起到了巨大的推动作用。

1. 局域网参考模型

由于 LAN 是在广域网的基础上发展起来的，所以 LAN 在功能和结构上都要比广域网简单得多。IEEE802 标准所描述的局域网参考模型遵循 ISO/OSI 参考模型的原则，只解决了最低两层——物理层和数据链路层的功能以及与网络层的接口服务。网络层的很多功能（如路由选择等）是没有必要的，而流量控制、寻址、排序、差错控制等功能可放在数据链路层实现，因此该参考模型中不单独设立网络层。IEEE 802 参考模型与 ISO/OSI 参考模型的对应关系如图 7-17 所示。

图 7-17 IEEE 802 参考模型与 ISO/OSI 参考模型的对应关系

2. IEEE 802 局域网标准

1980 年 2 月，IEEE 成立了专门负责制定局域网标准的 IEEE 802 委员会。该委员会开发了一系列局域网（LAN）和城域网（MAN）标准，广泛使用的标准有以太网（Ethernet）、令牌环网（Token Ring）、无线局域网，虚拟网等。IEEE 802 委员会于 1985 年公布了 5 项标准 IEEE 802.1～IEEE 802.5，同年被 ANSI 所采用作为美国国家标准，ISO 也将其作为局域网的国际标准，对应标准为 ISO 8802，后来又扩充了多项标准文本。

IEEE 802 标准系列包含以下部分。

（1）IEEE 802.1——局域网概述、体系结构、网络管理和网络互连。

（2）IEEE 802.2——逻辑链路控制 LLC。

（3）IEEE 802.3——CSMA/CD 介质访问控制标准和物理层技术规范。

（4）IEEE 802.4——令牌总线（Token—Passing Bus）介质访问控制标准和物理层技术规范。

（5）IEEE 802.5——令牌环网介质访问控制方法和物理层技术规范。

（6）IEEE 802.6——城域网介质访问控制方法和物理层技术规范。

（7）IEEE 802.7——宽带技术。

（8）IEEE 802.8——光纤技术。

（9）IEEE 802.9——综合业务数字网（Integrated Services Digital Network，ISDN）技术。

（10）IEEE 802.10——局域网安全技术。

（11）IEEE 802.11——无线局域网介质访问控制方法和物理层技术规范。

（12）IEEE 802.12——100VG-AnyLAN 访问控制方法与物理层规范。

各标准间的关系如图 7-18 所示。

图 7-18　IEEE 802 各标准之间的关系

7.7　Internet 基础知识

7.7.1　Internet 的产生和发展

1．ARPANET 的诞生

Internet 起源于美国国防部高级研究计划局（ARPA）于 1968 年主持研制的用于支持军事研究

的计算机实验网 ARPANET，建网的初衷旨在帮助为美国军方工作的研究人员利用计算机进行信息交换。ARPANET 是世界上第一个采用分组交换的网络。在这种通信方式下，它把数据分割成若干大小相等的数据包来传送，不仅一条通信线路可供用户使用，即使在某条线路遭到破坏时，只要还有迂回线路可供使用，便仍可正常进行通信。此外，主网没有设立控制中心，网上各台计算机都遵守统一的协议自主地工作。在 ARPANET 的研制过程中，建立了一种网络通信协议——IP（Internet Protocol）。IP 的产生，使得异种网络互联的一系列理论与技术问题得到了解决，并由此产生了网络共享、分散控制和网络通信协议分层等重要思想。对 ARPANET 的一系列研究成果标志着一个崭新的网络时代的开端，并奠定了当今计算机网络的理论基础。

与此同时，局域网和其他广域网的产生对 Internet 的发展也起到了重要的推动作用。随着 TCP/IP 的标准化，ARPANET 的规模不断扩大，不仅在美国国内有许多网络和 ARPANET 相连，而且在世界范围内很多国家也开始进行远程通信，将本地的计算机和网络接入 ARPANET，并采用相同的 TCP/IP。

2. NSFNET 的建立

1985 年，美国国家科学基金（NSF）为鼓励大学与研究机构共享他们非常昂贵的 4 台计算机主机，希望通过计算机网络把各大学与研究机构的计算机与这些巨型计算机连接起来，于是他们利用 ARPANET 发展起来的 TCP/IP，将全国的五大超级计算机中心用通信线路连接起来，建立了一个名为美国国家科学基础网（NSFNET）的广域网。由于美国国家科学资金的鼓励和资助，许多机构纷纷把自己的局域网并入 NSFNET。NSFNET 最初以 56 Kbit/s 的速率通过电话线进行通信，连接的范围包括所有的大学及国家经费资助的研究机构。1986 年，NSFNET 建设完成，正式取代了 ARPANET 而成为 Internet 的主干网。今天，NSFNET 已是 Internet 主要的远程通信设施的提供者，主通信干道以 45 Mbit/s 的速率传输信息。

3. 全球范围 Internet 的形成与发展

除了 ARPANET 和 NSFNET 外，美国宇航局（National Aeronautics and Space Administration，NASA）和能源部的 NSINET、ESNET 也相继建成，欧洲、日本等国也积极发展本地网络，于是在此基础上互联形成了今天的 Internet。在 20 世纪 90 年代以前，Internet 由美国政府资助，主要供大学和研究机构使用，但 90 年代以后，该网络商业用户数量日益增加，并逐渐从研究教育网络向商业网络过渡。近几年来，Internet 规模迅速发展，已经覆盖了包括我国在内的 160 多个国家，连接的网络数万个，主机达 600 多万台，终端用户上亿，并且以每年 15%～20%的速度增长。今天，Internet 已经渗透到了社会生活的各个方面，人们通过 Internet 可以了解最新的新闻动态、旅游信息、气象信息和金融股票行情，可以在家进行网上购物，预定火车票飞机票，发送和阅读电子邮件，到各类网络数据库中搜索和查询所需的资料等。

7.7.2 Internet 的基本概念

1. 什么是 Internet

在 IT 技术飞速发展的今天，我们真正感觉到了世界的渺小。通过计算机，我们能够访问到世界上最著名大学的图书馆；能够与远在地球另一端的人进行语音通信和视频聊天；能够看电影、听音乐、阅读各种多媒体杂志；还可以在家里买到所需要的任何商品……所有这一切都是通过世界上最大的计算机网络——Internet 来实现的。

什么是 Internet？Internet 通常又被称为"因特网""互联网"和"网际网"。它是由成千上万个不同类型、不同规模的计算机网络通过路由器互连在一起所组成的覆盖世界范围的、开放的全球性网络。Internet 拥有数千万台计算机和上亿个用户，是全球信息资源的超大型集合体，所有采用 TCP/IP 协议的计算机都可加入 Internet，实现信息共享和相互通信。

与传统的书籍、报刊、广播、电视等传播媒体相比，Internet 使用更方便、查阅更快捷、内容更丰富。今天，Internet 已在世界范围内得到了广泛的普及与应用，并正在迅速地改变人们的工作方式和生活方式。

2．Internet 的特点

（1）Internet 是由全世界众多的网络互联组成的国际互联网。组成 Internet 的计算机网络包括小规模的局域网（LAN）、城市规模的城域网（MAN）及大规模的广域网（WAN）。网络上的计算机包括 PC 机、工作站、小型机、大型机甚至巨型机。这些成千上万的网络和计算机通过电话线、高速专线、光缆、微波、卫星等通信介质连接在一起，在全球范围内构成了一个四通八达的网络。在这个网络中，其核心的几个最大的主干网络组成了 Internet 的骨架，它们主要属于美国 Internet 的供应商（Internet Server Provider，ISP），如 GTE、MCI、Sprint 和 AOL 的 ANS 等。通过相互连接，主干网络之间建立起一个非常快速的通信线路，它们承担了网络上大部分的通信任务。由于 Internet 最早是从美国发展起来的，所以这些线路主要在美国交织，并扩展到欧洲、亚洲和世界其他地方。

（2）Internet 是世界范围的信息和服务资源宝库。Internet 能为每一个入网的用户提供有价值的信息和其他相关服务。通过 Internet，用户不仅可以互通信息、交流思想，还可以实现全球范围的电子邮件服务、WWW 信息查询和浏览、文件传输服务、语音和视频通信服务等功能。目前，Internet 已成为覆盖全球的信息基础设施之一。

（3）组成 Internet 的众多网络共同遵守 TCP/IP。TCP/IP 从功能、概念上描述 Internet，它由大量的计算机网络协议和标准的协议簇所组成，但主要的协议是传输控制协议（TCP）和网际协议（IP）。凡是遵守 TCP/IP 标准的物理网络，与 Internet 互联便成为全球 Internet 的一部分。

7.7.3　Internet 的主要服务

Internet 在拥有丰富资源的同时，也提供了各种各样的服务方式，它们包括电子邮件服务 E-mail、远程登录服务 Telnet、文件传输服务 FTP，还包括 Archie、Gopher、Wais 与 WWW 等信息查询工具。

1．电子邮件服务 E-mail

电子邮件简称 E-mail，它是一种通过计算机网络与其他用户进行联系的快速、简便、高效、廉价的现代化通信手段，也是目前 Internet 用户使用最频繁的一种服务功能。

电子邮件系统是采用"存储转发"的方式为用户传递电子邮件的。当用户期望通过 Internet 给某人发送信件时，他先要同为自己提供电子邮件服务的邮件服务器联机，然后将要发送的信件与收信人的邮件地址输入到自己的电子邮箱中，电子邮件系统会自动根据收件人地址将用户的信件通过网络一站站地送到对方的邮件服务器中；当信件送到目的地后，接收方的邮件服务器会根据收件人的地址将电子邮件分发到相应的电子邮箱中，等候用户自行读取；用户可随时、随地通过计算机联机的方式打开自己的电子邮箱来查阅自己的邮件。电子邮件的具体工作过程如图 7-19 所示。

图 7-19　电子邮件的工作过程

2. 远程登录服务（Telnet）

Telnet 是一种最老的 Internet 应用，起源于 ARPNET，中文全称为"电信网络协议"。Telnet 给用户提供了一种通过其联网的终端登录远程服务器的方式。Telnet 使用的传输层协议为 TCP，使用端口号 23。Telnet 要求有一个 Telnet 服务器程序，此服务器程序驻留在主机上，用户终端通过运行 Telnet 客户机程序远程登录到 Telnet 服务器来实现资源的共享。

通过远程登录服务，用户可以通过自己的计算机进入到 Internet 上的任何一台计算机系统中，远距离操纵别的机器以实现自己的需要。当然，要在远程计算机上登录，首先要成为该系统的合法用户，并拥有要使用的那台计算机的相应用户名及口令。当用户通过客户端向 Telnet 服务器发出登录请求后，该 Telnet 服务器将返回一个信号，要求本地用户输入自己的登录名（Login Name）和口令（Password），只有用户返回的登录名与口令正确，登录才能成功。在 Internet 上，有些主机同时装载有寻求服务的程序和提供服务的程序，那么这些主机既可以作为客户端，也可以作为 Telnet 服务器使用。Telnet 工作模式如图 7-20 所示。

图 7-20　Telnet 的工作模式

在 Internet 上，有很多信息服务机构提供开放式的远程登录服务，当登录这些服务机构的 Telnet 服务器时，不需要事先设置用户账号，使用公开的用户名就可以进入系统。这样，用户就可以使用 Telnet 命令，使自己的计算机暂时成为远程计算机的一个仿真终端。一旦用户成功地实现了远程登录，用户就可以像远程主机的本地终端一样进行工作，并可以使用远程主机对外开放的全部资源，如硬件、程序、操作系统、应用软件及信息资料等。

Telnet 也经常用于公共服务或商业目的，用户可以使用 Telnet 远程检索大型数据库、公众图书馆的信息资源或其他信息。

3. 文件传输服务（FTP）

Internet 上有许多公用的免费软件，允许用户无偿转让、复制、使用和修改。这些公用的免费软件种类繁多，从多媒体文件到普通的文本文件，从大型的 Internet 软件包到小型的应用软件和游戏软件，应有尽有。充分利用这些软件资源，能大大节省我们的软件编制时间，提高工作效率。用户要获取 Internet 上的免费软件，可以利用文件传输服务（FTP）这个工具。

FTP 服务是由 TCP/IP 的文件传输协议（File Transfer Protocol）支持的，是一种实时的联机服务。在进行文件传输时，本地计算机上启动客户程序，并利用它与远程计算机系统建立连接，激活远程计算机系统上的 FTP 服务程序，因此本地 FTP 程序就成为一个客户，而远程 FTP 程序就成为服务器，它们之间通过 TCP 协议进行通信。

用户每次请求传输文件时，远程 FTP 服务器负责找到用户请求的文件，并利用 FTP 协议将文件通过 Internet 传送给客户。客户程序收到文件后，便将文件写到本地计算机系统的硬盘中。文件传输一旦完成，客户程序和服务器程序就终止 TCP 连接。需要说明的是，FTP 客户机与服务器之间建立的连接是双重连接：一个是控制连接，主要用于传输 FTP 命令和服务器的回送信息；另一个是数据连接，主要用于数据传输，如图 7-21 所示。这样，就可以将数据控制和数据传输分开，从而使 FTP 的工作更加高效。

图 7-21　FTP 的工作模式

　　FTP 服务器通常由 IIS 和 Server-U 软件来构建，以便实现在 FTP 服务器和 FTP 客户端之间完成文件的传输。传输是双向的，既可以从服务器下载到客户端，也可以从客户端上传到服务器。FTP 服务器使用 21 作为默认的 TCP 端口号。用户可以采用两种方式登录到 FTP 服务器：一种是匿名登录（以英文单词"Anonymous"为用户名，以自己的电子信箱为口令）；另一种是使用授权账号和密码登录。对于一般匿名登录的用户，FTP 需要加以限制，不宜开启过高的权限；而对于使用授权账号和密码登录的用户，管理员则可以根据不同的用户设置不同的访问权限。

　　现在越来越多的政府机构、公司、大学、科研单位将大量的信息以公开的文件形式存放在 Internet 中（如文本文件、二进制文件、图像文件、声音文件、数据压缩文件等），因此使用 FTP 几乎可以获取任何领域的信息。

4. WWW 服务

　　WWW 即万维网（World Wide Web），它并不是一个独立于 Internet 的另一个网络，而是一个基于超文本（Hypertext）方式的信息查询工具。它最大的特点是拥有非常友善的图形界面、非常简单的操作方法以及图文并茂的显示方式。

　　超文本技术是指将许多信息资源连接成一个信息网，由结点和超链接（Hyperlink）所组成的、方便用户在 Internet 上搜索和浏览信息的超媒体信息查询服务系统。超媒体（Hypermedia）是一个与超文本类似的概念，在超媒体中，超链接的两端可以是文本结点，也可以是图像、语音等各种媒体数据。WWW 通过超文本传输协议（HTTP）向用户提供多媒体信息，所提供的基本单位是网页，每个网页中包含有文字、图像、动画、声音等多种信息。

　　WWW 系统采用客户机/服务器（Client/Server）结构，在服务器端定义了一种组织多媒体文件的标准——超文本标识语言（HTML），按 HTML 格式储存的文件被称为超文本文件，在每一个超文本文件中都是通过一些超链接把该文件与别的超文本文件连接起来而构成一个整体的。在客户端，WWW 系统通过使用浏览器（如微软公司的 Internet Explorer、景网公司的 Netscape 等）就可以访问全球任何地方的 WWW 服务器上的信息了。

5. 网络新闻服务

　　网络新闻（Usenet）是由许多有共同爱好的 Internet 用户为了相互交换意见而组成的一种无形用户交流网络，它是按照不同的专题组织的。在 Internet 中分布着众多新闻服务器（News Server），志趣相同的用户可以借助这些新闻服务器来开展各种类型的专题讨论，通过它们世界各地的人们都可以在一起讨论任何问题。

Usenet 是由多个讨论组组成的一个大集合，迄今为止，包括全世界数以百万计的用户和上万种不同类型的讨论组。因为存在专题讨论组，因此有必要建立一套命名规则以便用户找到自己感兴趣的小组。这套命名规则通常将专题讨论组的名称分为以下 3 个部分。

（1）专题讨论组所属的大类。根据大类可以判断某一讨论组是关于社会的、科学的、娱乐的，还是其他内容的。例如，soc 表示社会类，sci 表示科学类，comp 表示计算机类，rec 表示娱乐类等。

（2）讨论组大类中的不同主题。例如，sci.physics 表示在 sci（科学）大类中的 physics（物理学）主题。

（3）不同主题下的特定领域。例如，rec.games.shooting 就是在 rec（娱乐）大类中 games（游戏）主题下的关于 shooting（射击）的讨论组。

6. 电子商务 EC/EB

电子商务（Electronic Commerce/Electronic Business）是指在通信网络的基础上，基于计算机、软件的经济活动。它以 Internet 作为通信手段，使人们在计算机信息网络上建立企业形象，宣传产品和服务，同时进行电子交易和资金结算。

7.7.4 IP 地址

1. 什么是 IP 地址

在全球范围内，每个家庭都有一个地址，而每个地址的结构是由国家、省、市、区、街道、门牌号这样一个层次结构组成的，因此每个家庭地址都是全球唯一的。有了这个唯一的家庭住址，信件间的投递才能够正常进行，不会发生冲突。同样的道理，覆盖全球的 Internet 主机组成了一个大家庭，为了实现 Internet 上不同主机之间的通信，除使用相同的通信协议——TCP/IP 协议以外，每台主机都必须有一个不与其他主机重复的地址，这个地址就是 Internet 地址，它相当于通信时每台主机的名字。Internet 地址包括 IP 地址和域名地址，它们是 Internet 地址的两种表示方式。

IP 地址就是给每个连接在 Internet 上的主机分配一个在全世界范围内唯一的 32 位二进制比特串，它通常采用更直观的、以圆点"."分隔的 4 个十进制数字表示，每一个数字对应于 8 个二进制位，如某一台主机的 IP 地址为 128.10.4.8。IP 地址的这种结构使每一个网络用户都可以很方便地在 Internet 上进行寻址。

2. IP 地址的组成和表示方法

（1）IP 地址的组成。从逻辑上讲，在 Internet 中，每个 IP 地址由网络号和主机号两部分组成，如图 7-22 所示。位于同一物理子网的所有主机和网络设备（如服务器、路由器、工作站等）的网络号是相同的，而通过路由器互连的两个网络，我们一般认为是两个不同的物理网络。对于不同物理网络上的主机和网络设备而言，其网络号是不同的。网络号在 Internet 中是唯一的。

网络号	主机号

图 7-22　IP 地址的结构

主机号是用来区别同一物理子网中不同的主机和网络设备的。在同一物理子网中，必须给出每一台主机和网络设备的唯一主机号，以区别于其他的主机。

在 Internet 中，网络号和主机号的唯一性决定了每台主机和网络设备的 IP 地址的唯一性。在 Internet 中根据 IP 地址寻找主机时，首先根据网络号找到主机所在的物理网络，在同一物理网络内部，主机的寻找是网络内部的事情，主机间的数据交换则是根据网络内部的物理地址来完成的。因此，IP 地址的定义方式是比较合理的，它对于 Internet 上不同网络间的数据交换非常有利。

（2）IP 地址的表示方法。前面我们已经提到了，一个 IP 地址共有 32 位二进制，即由 4 个字节组成，平均分为 4 段，每段 8 位二进制（1 个字节）。为了简化记忆，用户实际使用 IP 地址时，几乎都将组成 IP 地址的二进制数记为 4 个十进制数表示，每个十进制数的取值范围是 0～255，每相邻两个字节的对应十进制数间用 "." 分隔。IP 地址的这种表示法称为 "点分十进制表示法"，显然这比全是 1、0 容易记忆。

下面是一个将二进制 IP 地址用点分十进制来表示的例子。

二进制地址格式：11001010 01100011 01100000 01001100

十进制地址格式：204.99.96.76

计算机的网络协议软件很容易将用户提供的十进制地址格式转换为对应的二进制 IP 地址，再供网络互联设备识别。

3. IP 地址的分类

IP 地址的长度确定后，其中网络号的长度将决定 Internet 中能包含多少个网络，主机号的长度将决定每个网络能容纳多少台主机。根据网络的规模大小，IP 地址一共可分为 5 类：A 类、B 类、C 类、D 类和 E 类。其中，A、B 和 C 类地址是基本的 Internet 地址，是用户使用的地址，为主类地址；D 类和 E 类为次类地址。A、B、C 类 IP 地址的表示如图 7-23 所示。

图 7-23　IP 地址的分类

A 类地址的前一个字节表示网络号，且最前端一个二进制位固定是 "0"。因此，其网络号的实际长度为 7 位，主机号的长度为 24 位，表示的地址范围是从 1.0.0.0～126.255.255.255。A 类地址允许有 $2^7-2=126$ 个网络（网络号的 0 和 127 保留用于特殊目的），每个网络有 $2^{24}-2=16\ 777\ 214$ 个主机。A 类 IP 地址主要分配给具有大量主机而局域网络数量较少的大型网络。

B 类地址的前两个字节表示网络号，且最前端的两个二进制位固定是 "10"。因此，其网络号的实际长度为 14 位，主机号的长度为 16 位，表示的地址范围是从 128.0.0.0～191.255.255.255。B 类地址允许有 $2^{14}=16\ 384$ 个网络，每个网络有 $2^{16}-2=65\ 534$ 个主机。B 类 IP 地址适用于中等规模的网络，一般用于一些国际性大公司和政府机构等。

C 类地址的前三个字节表示网络号，且最前端的三个二进制位是 "110"。因此，其网络号的实际长度为 21 位，主机号的长度为 8 位，表示的地址范围是从 192.0.0.0～223.255.255.255。C 类地址允许有 $2^{21}=2\ 097\ 152$ 个网络，每个网络有 $2^8-2=254$ 个主机。C 类 IP 地址的结构适用于小型的网络，如一般的校园网、一些小公司和研究机构等。

D 类 IP 地址不标识网络，一般用于其他一些特殊用途，如供特殊协议向选定的节点发送信息时使用，它又被称为广播地址。它的地址范围是从 224.0.0.0～239.255.255.255。

E 类 IP 地址尚未使用，暂时保留将来使用。它的地址范围是从 240.0.0.0～247.255.255.255。

从 IP 地址的分类方法来看，A 类地址的数量最少，共可分配 126 个网络，每个网络中最多有 1 700 万台主机；B 类地址共可分配 16 000 多个网络，每个网络最多有 65 000 台主机；C 类地址最多，共可分配 200 多万个网络，每个网络最多有 254 台主机。

值得一提的是，5 类地址是完全平级的，它们之间不存在任何从属关系。但由于 A 类 IP 地址的网络号数目有限，因此现在仅能够申请的是 B 类或 C 类两种。当某个企业或学校申请 IP 地址时，实际上申请到的只是一个网络号,而主机号则由该单位自行确定分配,只要主机号不重复即可。

近年来,随着 Internet 用户数目的急剧增长,可供分配的 IP 地址数目也日益减少。现在 B 类地址已基本分配完,只有 C 类地址尚可分配,原有 32 位长度的 IP 地址的使用已经显得相当紧张,而新的 IPv6 方案的 128 位长度的 IP 地址将会缓解目前 IP 地址的紧张状况。

7.7.5　域名系统

前面已经讲到,IP 地址是 Internet 上主机的唯一标识,数字型 IP 地址对计算机网络来讲自然是最有效的,但是对使用网络的用户来说有不便记忆的缺点。与 IP 地址相比,人们更喜欢使用具有一定含义的字符串来标识 Internet 上的计算机。因此,在 Internet 中,用户可以用各种各样的方式来命名自己的计算机。但是这样就可能在 Internet 上出现重名,如提供 WWW 服务的主机都命名为 "WWW",提供 E-mail 服务的主机都命名为 "MAIL" 等,这样就不能唯一地标识 Internet 上的主机位置。为了避免重复,Internet 网络协会采取了在主机名后加上后缀名的方法,这个后缀名称为域名,用来标识主机的区域位置。域名是通过申请合法得到的。

域名系统(Domain Name System,DNS)就是一种帮助人们在 Internet 上用名字来唯一标识自己的计算机,并保证主机名和 IP 地址一一对应的网络服务。

1. 域名系统的层次命名机构

所谓层次域名机制,就是按层次结构依次为主机命名。在 Internet 中,首先由中央管理机构——NIC(网络信息中心,又称为顶级域),将第一级域名划分为若干部分,包括一些国家代码,如中国用 "CN" 表示,英国用 "UK" 表示,日本用 "JP" 表示等;又由于 Internet 的形成有其历史的特殊性,它主要是在美国发展壮大的,Internet 的主干网都在美国,因此在第一级域名中还包括美国的各种组织机构的域名,它与其他国家的国家代码同级,都作为一级域名。

美国的主机其第一级域名一般直接说明其主机的性质,而不是国家代码。如果用户见到某主机的第一级域名由 COM 或 EDU 等构成,一般可以判断这台主机在美国(也有美国主机第一级域名为 US 的情况)。其他国家第一级域名一般都是其国家代码。

第一级域名将其各部分的管理权授予相应的机构,如将中国域 CN 授权给国务院信息化工作办公室,国务院信息化工作办公室再负责分配第二级域名。第二级域名往往表示主机所属的网络性质,如是属于教育界还是政府部门等。中国地区的用户第二级域名有教育网(EDU)、邮电网(NET)、科研网(AC)、团体(ORG)、政府(GOV)、商业(COM)、军队(MIL)等。

第二级域名又将其各部分的管理权授予若干机构,如将 EDU 的域名管理权授予国家教育部,将 NET 的域名管理权授予国家邮电部,将 AC 的域名管理权授予国家科学技术委员会等。再一级级划分下去,就形成了一个层次形的结构。用图形来表示的话,就是一棵倒长的树,如图 7-24 所示。

图 7-24　域名系统的层次结构示意图

一级域名的国家代码如表 7-2 所示。

表 7-2　　　　　　　　　　　　　　　一级域名的国家代码

国 家 名 称	国 家 域 名	国 家 名 称	国 家 域 名
美国	US	西班牙	ES
中国	CN	意大利	IT
英国	US	日本	JP
法国	FR	俄罗斯	RU
德国	DE	瑞典	SE
加拿大	CA	挪威	NO
澳大利亚	AU	韩国	KR

一级域名的美国机构组织代码如表 7-3 所示。

表 7-3　　　　　　　　　　　　　　　一级域名的组织机构

机 构 域 名	机 构 名 称
COM	商业组织
EDU	教育机构
ORG	各种非营利性组织
NET	网络支持中心
GOV	政府部门
MIL	军事部门
INT	国际组织

2. 域名的表示方式

Internet 的域名结构是由 TCP/IP 协议集的域名系统（DNS）定义的。域名结构也和 IP 地址一样，采用典型的层次结构，其通用的格式如图 7-25 所示。

第四级域名	·	第三级域名	·	第二级域名	·	第一级域名	·

图 7-25　域名地址的格式

举个例子，www.uestc.edu.cn 名字中，www 为主机名，由服务器管理员命名；uestc.edu.cn 为域名，由服务器管理员合法申请后可以使用。其中，uestc 表示电子科技大学，edu 表示国家教育机构部门，cn 表示中国。www. uestc.edu.cn 就表示中国教育机构电子科技大学的 www 主机。

域名地址是比 IP 地址更高级、更直观的一种地址表示形式，因此实际使用时人们通常采用域名地址。应该注意，在实际使用中，有人将 IP 地址称为 IP 号，而将域名地址称为 IP 地址，或者就直接称为地址。我们认为，Internet 中的地址还是应该分成 IP 地址和域名地址两种，叫法上也要严格区分，但域名地址可以直接称为地址。

3. 域名服务器和域名的解析过程

（1）域名服务器的功能。Internet 上的主机之间是通过 IP 地址来进行通信的，而为了用户使用和记忆方便，我们通常习惯使用域名来表示一台主机。因此，在网络通信过程中，主机的域名必须要转换成 IP 地址，实现这种转换的主机我们称为域名服务器（DNS Server）。域名服务器是一个基于客户机/服务器的数据库，在这个数据库中，每个主机的域名和 IP 地址是一一对应的。域名服务器的主要功能就是回答有关域名、地址、域名到地址或地址到域名的映射的询问以及维护关于询问类型、分类或域名的所有资源记录的列表。

为了对询问提供快速响应，域名服务器一般对以下两种类型的域名信息进行管理。

① 区域所支持的或被授权的本地数据。本地数据中可包含指向其他域名服务器的指针，而这些域名服务器可能提供所需要的其他域名信息。

② 包含有从其他服务器的解决方案或回答中所采集的信息。

（2）域名的解析过程。域名与 IP 地址之间的转换，具体可分为两种情况。一种是当目标主机（要访问的主机）在本地网络时，由于本地域名服务器中含有本地主机域名与 IP 地址的对应表，因此这种情况下的解析过程比较简单。首先，客户机向本地域名服务器发出请求，请求将目标主机的域名解析成 IP 地址，本地域名服务器检查其管理范围内主机的域名，查出目标主机的域名所对应的 IP 地址，并将解析出的 IP 地址返回给客户机。另一种是当目标主机不在本地网络时，这种情况下的解析过程稍微复杂一些。例如，当某个客户机发出一个请求，要求 DNS 服务器解析 www.sina.com.cn 的地址，具体的解析过程如下。

① 客户机先向自身指定的本地 DNS 服务器发送一个查询请求，请求得到 www.sina.com.cn 的 IP 地址。

② 收到查询请求的本地 DNS 服务器若未能在它的数据库中找到对应 www.sina.com.cn 的 IP 地址，就从根域层的域名服务器开始自上而下地逐层查询，直到找到对应该域名的 IP 地址为止。

③ sina.com.cn 域名服务器给本地 DNS 服务器返回 www.sina.com.cn 所对应的 IP 地址。

④ 本地 DNS 服务器向客户机发送一个回复，其中包含有 www.sina.com.cn 的 IP 地址。

整个域名的解析过程如图 7-26 所示。

图 7-26　域名解析过程示意图

小　结

（1）计算机网络的发展大体上可以分为 4 个阶段：面向终端的通信网络阶段、计算机互联阶段、网络互联阶段、Internet 与高速网络阶段。

（2）计算机网络是把分布在不同地理区域的计算机与专门的外部设备用通信线路互联成一个规模大、功能强的网络系统，从而使众多的计算机可以方便地互相传递信息，共享硬件、软件、数据信息等资源。

（3）从功能上说，计算机网络系统可以分为通信子网和资源子网两大部分。通信子网由通信控制处理机、通信线路和其他网络通信设备组成，主要承担全网的数据传输、转发、加工、转换等通信处理工作。资源子网由主机、终端、终端控制器、联网外部设备以及软件资源和信息资源等组成，主要负责全网的数据处理业务，向全网用户提供所需的网络资源和网络服务。

（4）计算机网络的主要功能有数据通信、资源共享、均衡负荷与分布式处理、提高计算机系统的可靠性。

（5）计算机网络的分类标准很多，如拓扑结构、应用协议、传输介质、数据交换方式等，但最能反映网络技术本质特征的分类标准是网络的覆盖范围。按网络的覆盖范围可以将网络分为局域网、广域网、城域网和 Internet。

（6）网络拓扑结构是指用传输介质互联各种设备的物理布局，并不涉及网络中信号的实际流动，而只是关心介质的物理连接形态。网络拓扑结构对整个网络的设计、功能、可靠性和成本等方面具有重要的影响。常见的计算机网络的拓扑结构有星型、环型、总线型、树型和网状型。

（7）计算机网络体系结构是指整个网络系统的逻辑组成和功能分配，定义和描述了一组用于计算机及其通信设施之间互联的标准和规范的集合。

（8）网络协议是指为进行网络中的数据交换而建立的规则、标准或约定。网络中的计算机以及网络设备之间要进行数据通信就必须共同遵循网络协议。网络协议包括语法、语义和同步3 要素。

（9）OSI 参考模型将整个网络的功能划分成 7 个层次，由下往上分别为物理层、数据链路层、网络层、传输层、会话层、表示层、应用层。其中，物理层与通信介质相连，实现真正的数据通信；应用层面向用户，提供各种网络应用服务。

（10）TCP/IP 参考模型是对 OSI 参考模型的应用和发展，共分为 4 层，由下往上分别为主机—网络层、互联层、传输层和应用层。TCP/IP 是当今 Internet 上广泛使用的标准网络通信协议，其核心协议是 TCP 和 IP，除此之外还包括许多其他协议，共同组成了 TCP/IP 簇。

（11）局域网是一种在有限的地理范围内将大量微机及各种设备互联在一起以实现数据传输和资源共享的计算机网络。从组成来看，局域网由硬件和软件两部分组成。其中，硬件部分包括网络服务器、工作站、外部设备、网络接口卡、传输介质等。软件部分包括协议软件、通信软件、管理软件、网络操作系统和网络应用软件。

（12）局域网所涉及的技术有很多，但决定局域网性能的主要技术有传输介质、拓扑结构和介质访问控制方法。局域网采用的传输介质主要有双绞线、同轴电缆和光缆；拓扑结构主要有星型、环型和总线型 3 种；普遍采用的介质访问控制方法有带有碰撞检测的载波侦听多路访问方法（CSMA/CD）、令牌环方法（Token Ring）和令牌总线方法（Token Bus）。

（13）1980 年 2 月，IEEE 成立了专门负责制定局域网标准的 IEEE 802 委员会，该委员会制定了一系列局域网标准，统称为 IEEE 802 协议。

（14）Internet 是由成千上万个不同类型、不同规模的计算机网络互联在一起所组成的覆盖世界范围的、开放的全球性网络，也是世界范围的信息资源宝库，所有采用 TCP/IP 的计算机都可以加入 Internet，实现信息共享和相互通信。

（15）用户通过 Internet 可获得各种各样的服务，如 E-mail 服务、Telnet 服务、FTP 服务、WWW服务、网络新闻服务、信息检索服务以及电子商务服务等。

（16）覆盖全球的 Internet 主机组成了一个大家庭，每台主机都有一个不与其他主机重复的地址，这个地址就是 IP 地址。IP 地址由网络号和主机号两部分组成。其中，网络号用于区别不同的物理子网，而主机号用于区别同一物理子网中不同的主机和网络设备。在 Internet 中，网络号和主机号的唯一性决定了每台主机和网络设备的 IP 地址的唯一性。

（17）IP 地址共由 32 位二进制数组成，为了记忆的方便，IP 地址通常都是采用"点分十进制表示法"来进行表示的。根据网络规模的大小，IP 地址一共可分为 5 类：A 类、B 类、C 类、D 类和 E 类。其中，A 类、B 类和 C 类地址为主类地址，D 类和 E 类地址为次类地址。

（18）域名系统是一种帮助人们在 Internet 上用名字来唯一标识自己的计算机并保证主机名和 IP 地址一一对应的网络服务。域名通常是按照层次结构来进行命名的，域名地址是比 IP 地址更高级、更直观的一种地址表示形式，在实际使用时人们一般都采用域名地址。

（19）主机域名地址与 IP 地址之间的转换称为域名解析，实现这种转换的主机称为域名服务器。域名服务器的主要功能是回答有关域名、地址、域名到地址或地址到域名的映射的询问以及维护关于询问类型、分类或域名的所有资源记录的列表。

习　题　7

一、单项选择题

1. 早期的计算机网络由（　　）组成系统。
   A．计算机—通信线路—计算机　　　　B．PC—通信线路—PC
   C．终端—通信线路—终端　　　　　　D．计算机—通信线路—终端

2. 计算机网络中实现互联的计算机之间是（　　）进行工作的。
   A．独立　　　　　B．并行　　　　　C．相互制约　　　　D．串行

3. 在计算机网络中处理通信控制功能的计算机是（　　）。
   A．通信线路　　　B．终端　　　　　C．主计算机　　　　D．通信控制处理机

4. 在计算机网络发展过程中，（　　）对计算机网络的形成与发展影响最大。
   A．ARPANET　　　B．OCTOPUS　　　C．DATAPAC　　　D．NOVELL

5. 在 OSI 参考模型中，同一节点内相邻层次之间通过（　　）来进行通信。
   A．协议　　　　　B．接口　　　　　C．应用程序　　　　D．进程

6. 在 TCP/IP 簇中，TCP 是一种（　　）协议。
   A．主机—网络层　　B．应用层　　　C．数据链路层　　　D．传输层

7. 下面关于 TCP/IP 的叙述中，（　　）是错误的。
   A．TCP/IP 成功地解决了不同网络之间难以互联的问题
   B．TCP/IP 簇分为 4 个层次：主机—网络层、互联层、传输层和应用层
   C．IP 的基本任务是通过互联网络传输报文分组
   D．Internet 中的主机标识是 IP 地址

8. TCP 对应于 OSI 参考模型的传输层，下列说法中正确的是（　　）。
   A．在 IP 的基础上，提供端到端的、面向连接的可靠传输
   B．提供一种可靠的数据流服务
   C．当传输差错干扰数据或基础网络出现故障时，由 TCP 来保证通信的可靠

D. 以上均正确

9. IEEE 802 标准中的（　　）协议定义了逻辑链路控制子层的功能与服务。

    A. IEEE 802.5　　　　B. IEEE 802.3　　　　C. IEEE 802.2　　　　D. IEEE 802.1

10. IEEE 802.2 协议中 10 Base-T 标准规定在使用 5 类 UTP 时，从网卡到集线器的最大距离为（　　）。

    A. 100 m　　　　　　B. 185 m　　　　　　C. 300 m　　　　　　D. 500 m

11. E-mail 地址的格式为（　　）。

    A. 用户名@邮件主机域名　　　　　　　　B. @用户邮件主机域名

    C. 用户名邮件主机域名　　　　　　　　　D. 用户名@域名邮件

12. （　　）属于 B 类 IP 地址。

    A. 127.233.12.59　　B. 152.96.209　　　C. 192.196.29.45　　D. 202.96.209.5

13. 在 Internet 的基本服务功能中，远程登录所使用的命令是（　　）。

    A. FTP　　　　　　　B. TELNET　　　　　C. MAIL　　　　　　D. OPEN

14. Ally@yahoo.com.cn 是一种典型的用户（　　）。

    A. 数据　　　　　　　B. 硬件地址　　　　　C. 电子邮件地址　　　D. WWW 地址

15. 在 Internet 中，下列域名的书写方式中正确的是（　　）。

    A. ftp→uestc→edu→cn　　　　　　　　　B. ftp.uestc.edu.cn

    C. ftp－uestc－edu－cn　　　　　　　　　D. 以上都不对

二、填空题

1. 计算机网络是_____技术和_____技术相结合的产物。

2. 计算机网络系统是由通信子网和_____组成的。

3. 以_____为代表，标志着第四代计算机网络的兴起。

4. 网络协议的 3 要素是_____、_____和_____。

5. 局域网可采用多种传输介质，如_____、_____和_____等。

6. 组建局域网通常采用 3 种拓扑结构，分别是_____、_____和_____。

7. IP 地址由_____和_____两部分组成。其中，_____用于区别同一物理子网中不同的主机和网络设备。

8. 文件传输服务是一种联机服务，使用的是_____模式。

9. 在 Internet 上浏览信息时，WWW 浏览器和 WWW 服务器之间传输网页使用的协议是_____。

10. 主机域名地址与 IP 地址之间的转换过程称为_____，实现这种转换的主机称为_____。

三、简答题

1. 什么是计算机网络？计算机网络由哪几部分组成？

2. 什么是通信子网和资源子网？它们分别有什么特点？

3. 计算机网络的发展可以分为几个阶段？每个阶段各有什么特点？

4. 请简述计算机网络的主要功能。

5. 按照覆盖范围来分，计算机网络可以分为哪几类？

6. 什么是网络协议？它在网络中的作用是什么？

7. 网络协议采用层次结构模型有什么好处？请简述网络层次间的关系。

8. 请分别简述 ISO 参考模型各层的主要功能和特点。

9. 什么是局域网？局域网的主要特点是什么？

10. 局域网的物理拓扑结构有哪几种形式？分别有哪些特点？

11. 什么是 Internet？Internet 有哪些特点？

12. Internet 能提供哪些主要的信息服务？

13. TCP/IP 仅仅包含 TCP 和 IP 两个协议吗？为什么？

14. 什么是 Internet 地址？Internet 地址的表示方式有哪两种？

15. 什么是 IP 地址？请简述 IP 地址的结构。

16. IP 地址可分为几类？请分别说出它们的范围。

第8章
信息安全基础知识

计算机技术的发展，特别是计算机网络的广泛应用，对社会经济、科学和文化的发展产生了重大影响。与此同时，也不可避免地会带来一些新的社会、道德、政治和法律问题。例如，计算机网络使人们更迅速而有效地共享各领域的信息，但却出现了引起社会普遍关注的计算机犯罪问题。计算机犯罪是一种高技术型犯罪，由于其高隐蔽性和高破坏性的特点，对整个社会构成了极大的威胁。

本章学习目标

- 理解信息安全的基本概念、涵盖的主要技术以及我国现行的法律法规。
- 掌握计算机病毒的基本概念、特点和分类。
- 掌握网络防火墙的基本概念和主要类型。
- 了解计算机职业道德方面的相关问题。

8.1 信息安全概述

8.1.1 什么是计算机信息安全

计算机信息安全问题是一个十分复杂的问题。通常我们将"信息系统安全"定义为：确保以电磁信号为主要形式的、在计算机网络化（开放互联）系统中进行自动通信、处理和利用的信息内容，在各个物理位置、逻辑区域、存储和传输介质中，处于动态和静态过程中的机密性、完整性、可用性、可审查性和抗抵赖性，与人、网络、环境有关的技术安全、结构安全和管理安全的总和。这里的人是指信息系统的主体，包括各类用户、支持人员，以及技术管理和行政管理人员；网络则是指以计算机、网络互联设备、传输介质、信息内容及其操作系统、通信协议和应用程序所构成的物理的与逻辑的完整体系；环境则是系统稳定和可靠运行所需要的保障体系，包括建筑物、机房、动力保障与备份，以及应急与恢复体系。

尽管信息系统安全是一个多维、多层次、多因素、多目标的体系，但信息系统安全的唯一和最终目标是保障信息内容在系统内的任何地方、任何时候和任何状态下的机密性、完整性和可用性。

（1）机密性（Security）。机密性是指系统中的信息只能由授权用户访问。

（2）完整性（Integrity）。完整性是指系统中的资源只能由授权用户进行修改，以确保信息资源没有被篡改。

（3）可用性（Availability）。可用性是指系统中的资源对授权用户是有效可用的。

许多安全问题是由一些恶意的用户希望获得某些利益或损害他人而故意制造的。根据他们攻击的目的和方式可以将威胁手段分为主动攻击和被动攻击两种。

（1）主动攻击。主动攻击是指修改信息或创建假信息，一般采用的手段有重现、修改、破坏和伪装。例如，利用网络漏洞破坏网络系统的正常工作和管理。

（2）被动攻击。被动攻击是指通过偷听和监视来获得存储和传输的信息。例如，通过收集计算机屏幕或电缆辐射的电磁波，用特殊设备进行还原，以窃取商业、军事和政府的机密信息。

8.1.2　信息安全技术

计算机信息安全技术的主要任务是保证计算机系统的可靠性、安全性和保密性。它研究的主要问题是如何确保系统的可用性和可维护性，如何确保系统信息本身的安全和人身安全，以及如何确保对信息的占有和存取的合法性。

总的来说，计算机信息安全技术主要包含以下几个方面。

1．实体安全技术

实体安全技术主要是指为保证计算机设备、通信线路以及相关设施的安全而采取的技术和方法，主要包括计算机系统的环境安全技术、计算机故障诊断技术、抗电磁干扰技术、防电磁泄漏技术、实体访问控制技术、媒体存放与管理技术等。

2．数据安全技术

数据安全技术主要是指为保证计算机系统中的数据库或数据文件免遭破坏、修改、窃取而采取的技术和方法，主要包括用户识别技术、口令验证技术、数据存取与加密技术、数据备份技术以及异地存放技术等。

3．软件安全技术

软件安全技术主要是指为了保证计算机软件系统中的软件免遭破坏、非法复制、非法使用或避免软件本身缺陷而采取的技术和方法，主要包括各种口令的控制与鉴别技术、软件加密技术、软件测试技术、软件安全标准等。

4．网络安全技术

网络安全技术是指为了保证网络及其结点安全而采取的技术和方法，主要包括访问控制技术、数据加密技术、数字签名技术、报文鉴别技术、网络检测技术、路由控制和流量分析控制技术、网络防火墙与入侵检测技术等。

5．安全评价技术

计算机系统的安全性是相对的，系统的安全性与开放性本来就是一对矛盾，所有系统的安全设计都是安全效果与安全开销相平衡的结果。不同的系统、不同的任务对信息系统安全具有不同的要求，因此需要一个安全评价标准作为系统安全检验的依据。

8.1.3　信息安全法规

1．计算机犯罪

根据公安部计算机管理监察司的定义，计算机犯罪（Computer Crime）就是在信息活动领域中，利用计算机信息系统或计算机信息知识作为手段，或者针对计算机信息系统，对国家、团体或个人造成危害，依据法律规定，应当予以刑罚处罚的行为。

计算机犯罪可分为以下 3 种类型。

（1）破坏计算机系统罪。破坏计算机系统罪是指针对计算机信息系统的功能，非法进行删除、修改、增加和干扰，造成计算机信息系统不能正常运行的行为。破坏计算机系统可能针对软件，也可能针对硬件，因此是最严重、危害最大的一种犯罪。

（2）非法侵入计算机系统罪。非法侵入计算机系统罪是指行为人进入明知无权进入的重要计算机系统的犯罪。随着社会信息化的推进，计算机系统对于公众的作用变得非常重要，如金融、保险、教育等公共服务系统，已经与人密切相关。这些计算机系统一旦受到非法入侵，往往给系统管理部门和使用者带来不可挽回的损失。此外，当信息已经成为企业生产和经营要素时，由于数据的泄露就可能导致企业破产。因此，针对任何企业或纯粹私人性质的计算机系统的非法入侵也属于犯罪行为。

（3）计算机系统安全事故罪。计算机安全的法律保障不能只考虑破坏安全的一方，还要考虑维护安全的一方。尤其是那些作为互联网的一部分而存在的计算机系统，其系统安全性也是使用者关心的主要问题。目前，我国对于提供公共服务的计算机系统还缺乏相应的法律规定。一个计算机系统其自身的保护措施达到什么水平才能起到保护系统使用者利益的问题，在法律上并没有解决。但是，正如同提供交通运输或其他服务的机构一样，计算机系统服务的提供者在因安全问题给使用者造成损失时，也应该在法律上承担安全责任。因此，计算机犯罪应该包括计算系统安全事故罪。

2. 软件知识产权与计算机安全的法律法规

计算机软件系统是一种技术含量较高、开发周期较长和开发成本较高的知识型产品。因其易复制性，导致软件产权保护异常困难。如果不严格执行软件知识产权的保护、制止未经许可的商业化盗用，任凭盗版软件横行，软件开发企业将无法维持生存，也不会有人愿意开发软件，软件产业也不会有大的发展。因此，全社会必须重视软件知识产权保护问题，必须制定和完善相关法律法规，并严格执法；同时，还要加大宣传力度，树立人人尊重知识、尊重知识产权的意识。

（1）软件知识产权的概念。知识产权是指人类通过创造性的智力劳动而获得的一项智力性的财产权，是一种典型的由人的创造性劳动产生的"知识产品"。软件知识产权指的是计算机软件版权。

目前在我国，保护计算机知识产权的法律体系已经基本形成，为激励创新、保护私有知识产权技术成果和产品提供了必要的法律依据。

1991 年 10 月 1 日，《计算机软件保护条例》开始实施。该条例对计算机软件的定义、软件著作权、软件的登记管理及法律责任做了详细的描述。2002 年 1 月 1 日，新条例开始实施，在原有条例的基础之上进行了一些修订和补充。

（2）计算机安全相关的法律法规。为了依法打击计算机犯罪，加强计算机信息系统的安全保护和国际互联网的安全管理，我国制定了一系列有关法律法规，经过多年的实践，已形成了比较完整的行政法规和法律体系。了解这些法律法规，对于每一个公民都是必要的。

现有关于计算机信息安全管理的法律法规如下。

① 1994 年 2 月 18 日出台的《中华人民共和国计算机信息系统安全保护条例》。

② 1996 年 1 月 29 日公安部制定的《关于对与国际互联网的计算机信息系统进行备份工作的通知》。

③ 1996 年 2 月 1 日出台的《中华人民共和国计算机信息网络国际互联网管理暂行办法》，并于 1997 年 5 月 20 日做了修订。

④ 1997 年 12 月 30 日公安部颁布的经国务院批准的《计算机信息网络国际互联网安全保护管理办法》。

另外，在我国《刑法》第 285～287 条，针对计算机犯罪给出了相应的规定和处罚。对于非法入侵计算机信息系统罪，《刑法》第 285 条规定："违反国家规定，侵入国家事务、国防建设、尖端技术领域的计算机信息系统，处三年以下有期徒刑或拘役。"对于破坏计算机信息系统罪，《刑法》第 286 条明确规定了三种罪，包括破坏计算机信息系统功能罪、破坏计算机信息数据和应用程序罪、制定和传播计算机破坏程序罪。《刑法》第 287 条规定："利用计算机实施金融诈骗、盗窃、贪污、挪用公款、窃取国家秘密或其犯罪，依照本法有关规定定罪处罚。"

8.2　计算机病毒及其防治

8.2.1　计算机病毒的概念

计算机病毒借用了生物病毒的概念。众所周知，生物病毒是能侵入人体和其他生物体内的病原体，并能在人群及生物群体中传播，潜入人体或生物体内的细胞后就会大量繁殖与其本身相仿的复制品，这些复制品又去感染其他健康的细胞，造成病毒的进一步扩散。计算机病毒和生物病毒一样，是一种能侵入计算机系统和网络、危害其正常工作的"病原体"，能够对计算机系统进行各种破坏，同时能自我复制，具有传染性和潜伏性。

早在 1949 年，计算机的先驱者冯·诺依曼（Von Neumann）在一篇名为《复杂自动装置的理论及组织的进行》的论文中就已勾画出了病毒程序的蓝图：计算机病毒实际上就是一种可以自我复制、传播的具有一定破坏性或干扰性的计算机程序，或是一段可执行的程序代码。计算机病毒可以把自己附着在各种类型的正常文件中，使用户很难察觉和根除。

人们从不同的角度给计算机病毒下了定义。美国加利福尼亚大学的弗莱德·科恩（Fred Cohen）博士为计算机病毒所做的定义是：计算机病毒是一个能够通过修改程序，并且自身包括复制品在内去"感染"其他程序的程序。美国国家计算机安全局出版的《计算机安全术语汇编》中，对计算机病毒的定义是：计算机病毒是一种自我繁殖的特洛伊木马，它由任务部分、触发部分和自我繁殖部分组成。我国在《中华人民共和国计算机信息系统安全保护条例》中，将计算机病毒明确定义为：编制或者在计算机程序中插入的破坏计算机功能或者破坏数据，影响计算机使用并且能够自我复制的一组计算机指令或者程序代码。

8.2.2　计算机病毒的特点

无论是哪一种计算机病毒，都是人为制造的、具有一定破坏性的程序，有别于医学上所说的传染病毒（计算机病毒不会传染给人）。然而，两者又有着一些相似的地方，计算机病毒具有以下一些特征。

（1）传染性。传染性是病毒最基本的特征。在生物界，病毒通过传染从一个生物体扩散到另一个生物体。在适当的条件下，可得到大量繁殖，并使被感染的生物体表现出病症甚至死亡。同样，计算机病毒也会通过各种渠道从已被感染的计算机扩散到未被感染的计算机，在某些情况下造成被感染的计算机工作失常甚至瘫痪。与生物病毒不同的是，计算机病毒是一段人为编制的计算机程序代码，这段程序代码一旦进入计算机并得以执行，就会搜寻其他符合其传染条件的程序或存储介质，确定目标后再将自身代码插入其中，达到自我繁殖的目的。只要一台计算机染毒，如果不及时处理，那么病毒就会在这台计算机上迅速扩散，其中的大量文件（一般是可执行文件）会被感染。而被感染的文件又成了新的传染源，再与其他机器进行数据交换或通过网络接触，病毒会继续进行传播。大部分病毒不管是处在激发状态还是隐蔽状态，均具有很强的传染能力，可以很快地传染一个大型计算机中心、一个局域网和广域网。

（2）隐蔽性。计算机病毒往往是短小精悍的程序，非常容易隐藏在可执行程序或数据文件当中。当用户运行正常程序时，病毒伺机窃取到系统控制权，限制正常程序的执行，而这些对于用户来说都是未知的。若不经过代码分析，病毒程序和普通程序是不容易区分开的。正是由于病毒程序的隐蔽性才使其在发现之前已进行广泛的传播，造成较大的破坏。

（3）潜伏性。计算机的潜伏性是指病毒具有依附于其他媒体而寄生的能力。一个编制精巧的计算机病毒程序进入系统之后一般不会马上发作，可以在几周或者几个月内甚至几年内隐藏在合法文件中，对其他系统进行传染，而不被人发现。例如，在每年 4 月 26 日发作的 CIH 病毒、每逢 13 号的星期五发作的黑色星期五病毒等。病毒的潜伏性越好，其在系统中的存在时间就会越长，病毒的传染范围就会越大。潜伏性的第一种表现是，病毒程序不用专用检测程序是检查不出来的，因此病毒可以静静地躲在磁盘或磁带里待上几天，甚至几年，一旦时机成熟，得到运行机会，就又要四处繁殖、扩散，继续为害。潜伏性的第二种表现是，计算机病毒的内部往往有一种触发机制，不满足触发条件时，计算机病毒除了传染外不进行什么破坏。触发条件一旦得到满足，有的在屏幕上显示信息、图形或特殊标识，有的则执行破坏系统的操作，如格式化磁盘、删除磁盘文件、对数据文件做加密、封锁键盘以及使系统死锁等。

（4）触发性。病毒的触发性是指病毒在一定的条件下通过外界的刺激而激活，使其发生破坏作用。触发病毒程序的条件是病毒设计者安排、设计的，这些触发条件可能是时间/日期触发、计数器触发、输入特定符号触发、启动触发等。病毒运行时，触发机制检查预定条件是否满足，如果满足，启动感染或破坏动作，使病毒进行感染或攻击；如果不满足，则病毒继续潜伏。

（5）破坏性。计算机病毒的最终目的是破坏用户程序及数据，计算机病毒的破坏行为体现了病毒的杀伤能力。病毒破坏行为的激烈程度取决于病毒制作者的主观愿望和所具有的技术能量。如果病毒设计者的目的在于彻底破坏系统的正常运行，那么这种病毒对于计算机系统所造成的后果是难以设想的，可以破坏磁盘文件的内容、删除数据、抢占内存空间甚至对硬盘进行格式化，造成整个系统的崩溃。有时几种本没有多大破坏作用的病毒交叉感染，也会导致系统崩溃等。

（6）衍生性。由于计算机病毒本身是一段可执行程序，同时又由于计算机病毒本身是由几部分组成的，所以可以被恶作剧者或恶意攻击者模仿，甚至对计算机病毒的几个模块进行修改，使之成为一种不同于原病毒的计算机病毒。例如，曾经在 Internet 上影响颇大的"震荡波"病毒，其变种病毒就有 A、B、C 等好几种。

8.2.3 计算机病毒的分类

以前，大多数计算机病毒主要通过软盘传播，但是当 Internet 成为人们的主要通信方式以后，网络又为病毒的传播提供了新的传播机制，病毒的产生速度大大加快，数量也不断增加。据国外统计，计算机病毒以 10 种/周的速度递增，另据我国公安部统计，国内计算机病毒以 4~6 种/月的速度递增。目前，全球的计算机病毒有几万种，对计算机病毒的分类方法也存在多种，常见的分类有以下几种。

1. 按病毒存在的媒体分类

（1）引导型病毒。引导型病毒是一种在系统引导时出现的病毒，依托的环境是 BIOS 中断服务程序。引导型病毒是利用了操作系统的引导模块放在某个固定的位置，并且控制权的转交方式是以物理地址为依据，而不是以操作系统引导区的内容为依据，因而病毒占据该物理位置后即可获得控制权，而将真正的引导区内容转移或替换。待病毒程序被执行后，再将控制权交给真正的引导区内容，使这个带病毒的系统表面上看似正常运转，但实际上病毒已经隐藏在了系统中，伺机传染、发作。引导型病毒主要感染软盘、硬盘上的引导扇区（Boot Sector）上的内容，使用户在启动计算机或对软盘等存储介质进行读、写操作时进行感染和破坏活动，而且还会破坏硬盘上的文件分区表（File Allocation Table，FAT）。此类病毒有 Anti-CMOS、Stone 等。

（2）文件型病毒。文件型病毒主要感染计算机中的可执行文件，使用户在使用某些正常的程序时，病毒被加载并向其他可执行文件传染，如随着微软公司 Word 字处理软件的广泛使用和 Internet 的推广普及而出现的宏病毒。宏病毒是一种寄生于文档或模板的宏中的计算机病毒。一旦打开这样的文档，宏病毒就会被激活，转移到计算机上，并驻留在 Normal 模板上。从此以后，所有自动保存的文档都会感染上这种宏病毒，而且如果其他用户打开了感染病毒的文档，宏病毒又会转移到其他计算机上。

（3）混合型病毒。混合型病毒是指具有引导型病毒和文件型病毒寄生方式的计算机病毒，综合利用以上病毒的传染渠道进行传播和破坏。这种病毒扩大了病毒程序的传染途径，既感染磁盘的引导记录，又感染可执行文件，并且通常具有较复杂的算法、使用非常规的办法侵入系统，同时又使用了加密和变形算法。当感染了此种病毒的磁盘用于引导系统或调用执行染毒文件时，病毒都会被激活。因此，在检测、清除混合型病毒时，必须全面彻底地根治。如果只发现该病毒的一个特性，将其只当作引导型或文件型病毒进行清除，虽然好像是清除了，但是仍留有隐患，这种经过杀毒后的"洁净"系统往往更有攻击性。此类病毒有 Flip 病毒、新世纪病毒、One-half 病毒等。

2. 按病毒的破坏能力分类

（1）良性病毒。良性病毒是指那些只是为了表现自身，并不彻底破坏系统和数据但会大量占用 CPU 时间、增加系统开销、降低系统工作效率的一类计算机病毒。这种病毒多数是恶作剧者的产物，其目的不是为了破坏系统和数据，而是为了让使用感染有病毒的计算机的用户通过显示器或扬声器看到或听到病毒设计者的编程技术。但是，良性病毒对系统也并非完全没有破坏作用，良性病毒取得系统控制权后会导致整个系统运行效率降低、系统可用内存容量减少、使某些应用程序不能运行。良性病毒还与操作系统和应用程序争夺 CPU 的控制权，常常导致整个系统死锁，给正常操作带来麻烦。有时，系统内还会出现几种病毒交叉感染的现象，一个文件不停地反复被几种病毒所感染。例如，原来只有 10 KB 的文件变成约 90 KB，就是被几种病毒反复感染了多次。这不仅消耗掉了大量宝贵的磁盘存储空间，而且整个计算机系统也由于多种病毒寄生于其中而无法正常工作。典型的良性病毒有小球病毒、救护车病毒、Dabi 病毒等。

（2）恶性病毒。恶性病毒是指那些一旦发作，就会破坏系统或数据，造成计算机系统瘫痪的一类计算机病毒。这类病毒危害性极大，一旦发作给用户造成的损失可能是不可挽回的。例如，黑色星期五病毒、CIH 病毒、米开朗基罗病毒（也叫米氏病毒）等。米氏病毒发作时，硬盘的前 17 个扇区将被彻底破坏，使整个硬盘上的数据无法被恢复，造成的损失是无法挽回的。有的病毒还会对硬盘进行格式化等破坏。这些操作代码都是刻意编写进病毒的，这是其本性之一。

3. 按病毒传染的方法分类

（1）驻留型病毒。驻留型病毒感染计算机后把自身驻留在内存（RAM）中，这一部分程序挂接系统调用并合并到操作系统中去，并一直处于激活状态。

（2）非驻留型病毒。非驻留型病毒是一种立即传染的病毒，每执行一次带毒程序，就自动在当前路径中搜索，查到满足要求的可执行文件即进行传染。该类病毒不修改中断向量，不改动系统的任何状态，因而很难区分当前运行的是一个病毒还是一个正常的程序。典型的病毒有Vienna/648。

4. 按照计算机病毒的链接方式分类

（1）源码型病毒。这类病毒较为少见，主要攻击高级语言编写的源程序。源码型病毒在源程序编译之前插入其中，并随源程序一起编译、连接成可执行文件。最终所生成的可执行文件便已经感染了病毒。

（2）嵌入型病毒。这种病毒将自身代码嵌入到被感染文件中，把计算机病毒的主体程序与其攻击的对象以插入的方式链接。这类病毒一旦侵入程序体，查毒和杀毒都非常不易。不过编写嵌入式病毒比较困难，所以这种病毒数量不多。

（3）外壳型病毒。外壳型病毒一般将自身代码附着于正常程序的首部或尾部，对原来的程序不做修改。这类病毒种类繁多，易于编写也易于发现，大多数感染文件的病毒都是这种类型。

（4）操作系统型病毒。这种病毒用自己的程序意图加入或取代部分操作系统进行工作，具有很强的破坏力，可以导致整个系统的瘫痪。圆点病毒和大麻病毒就是典型的操作系统型病毒，这种病毒在运行时，用自己的逻辑部分取代操作系统的合法程序模块，对操作系统进行破坏。

8.2.4　计算机病毒的威胁及传播途径

1. 计算机病毒的威胁

随着互联网的发展，近几年来计算机病毒呈现出异常活跃的态势。据最新统计数据显示，截止到 2014 年年底，卡巴斯基实验室反病毒产品共拦截了 62 亿次针对用户计算机和移动设备的恶意攻击，该数据比 2013 年增加了逾 10 亿。其中，38%的计算机用户在 2014 年至少遭遇了一次网络攻击，19%的安卓用户在 2014 年至少遭遇了一次移动威胁。2014 年度，网络病毒威胁主要聚焦在两个方面——移动威胁与金融威胁。其中，移动威胁的增长趋势尤为明显。据卡巴斯基实验室的数据显示，2014 年新增移动恶意程序和手机银行木马病毒分别达 295 500 和 12 100 种，比 2013年分别高出 1.8 倍和 8 倍。不仅如此，53%的网络攻击均涉及窃取用户钱财的手机木马病毒（短信木马病毒和银行木马病毒）。目前，全球超过 200 个国家均出现了移动恶意威胁。

受到病毒攻击的各种平台里，微软的 IE 浏览器首当其冲，占总数的 37%；其次是 Adobe Reader，占 28%；第三是甲骨文的 Sun Java，占 26%。另外，用户广泛使用的 Office 办公软件也为宏病毒文件的传播提供了基础，大大加快了宏病毒文件的传播。还有，Java 和 ActiveX 技术在网页编程中的应用也十分广泛，在用户浏览各种网站的过程中，很多利用其特性写出的病毒网页可以在用户上网的同时被悄悄地下载到个人计算机中。虽然这些病毒不破坏硬盘资料，但在用户开机时，可以强迫程序不断开启新视窗，直至耗尽系统宝贵的资源为止。

2. 计算机病毒的传播途径

计算机病毒的危害是人们不可忽视的现实。据统计，目前 70%的计算机病毒发生在网络上，人们在研究引起网络病毒的多种因素中发现，将微型计算机磁盘带到网络上运行后使网络感染上病毒的事件占病毒事件总数的 41%左右，从网络电子广告牌上带来的病毒约占 7%，从软件商的演示盘中带来的病毒约占 6%，从系统维护盘中带来的病毒约占 6%，从公司之间交换的软盘带来的病毒约占 2%。从统计数据中可以看出，引起网络病毒感染的主要原因在于网络用户自身。

因此，网络病毒问题的解决只能从采用先进的防病毒技术与制定严格的用户使用网络的管理制度两方面入手。对于网络中的病毒，既要高度重视，采取严格的防范措施，将感染病毒的可能性降低到最低程度，又要采用适当的杀毒方案，将病毒的影响控制在较小的范围内。

8.2.5　计算机病毒的防治

近年来，全球计算机病毒猖獗，为了有效地防御计算机病毒、蠕虫病毒和特洛伊木马等病毒，一般可采取以下措施。

1.　提高警惕，不打开来历不明的邮件及附件

对看似可疑的邮件及附件不要轻易打开，千万不要上当受骗。例如，我们看到邮件附件是一个 jpg 文件，就轻易地相信这是一个图片文件。其实，Windows 允许用户在文件命名时使用多个后缀，许多电子邮件程序只显示第一个后缀，如邮件附件名称为 wow.jpg，而它的全名实际上是 wow.jpg.vbs，一旦打开这个附件则意味着运行一个恶意的 VBScript 病毒，而不是 jpg 图片浏览程序。

2.　首次安装防病毒软件时，务必对计算机进行一次全盘扫描

首次在计算机上安装防病毒软件时，一定要花费些时间对机器进行一次全盘扫描，以确保它尚未受过病毒感染。一些功能先进的防病毒软件供应商现在都已将病毒扫描作为自动程序，当用户在初装其产品时自动执行。

3.　使用光盘、优盘、移动硬盘等外存设备时，一定先进行病毒扫描

确保计算机对插入的各种外部设备以及电子邮件和互联网文件都会做自动的病毒检查。

4.　不从不可靠渠道下载软件

这一点比较难做到，因为通常我们无法判断什么是不可靠的渠道。目前，提供软件下载的网站实在是太多了，无法确保它们都采取了防病毒的措施。所以，比较保险的办法是对下载的软件在安装前先进行病毒扫描。

5.　禁用 Windows Scripting Host

Windows Scripting Host（WSH）可运行各种类型的文本，但绝大多数是 VBScript 或 JavaScript。Windows Scripting Host 在文本语言之间充当翻译的角色，该语言可能支持 ActiveX Scripting 界面，包括 VBScript、JavaScript 或 Perl，以及所有 Windows 功能，包括访问文件夹、文件快捷方式、网络接入和 Windows 注册等。许多蠕虫病毒在使用 Windows Scripting Host 时，无需用户单击附件，就可自动打开一个被感染的附件。

6.　使用基于客户端的防火墙或过滤措施

如果个人用户频繁访问互联网，那就非常有必要使用个人防火墙保护个人隐私并防止不速之客访问系统。如果系统没有加设有效防护，那么许多敏感信息，如家庭住址、信用卡账号、密码等都有可能被窃取，从而造成不可挽回的损失。

8.3　防火墙技术

8.3.1　防火墙的基本概念

古时候，人们常在寓所之间砌起一道砖墙，一旦火灾发生，能够防止火势蔓延到其他寓所。现在，如果一个网络连接到了 Internet，用户就可以访问外部世界并与之通信。同时，外部世界也同样可以访问该网络并与之交互。为安全起见，可以在该网络和 Internet 之间插入一个中介系统，竖起一道安全屏障。这道屏障的作用是阻断来自外部通过网络对本网络的威胁和入侵，提供扼守本网络的安全和审计的唯一关卡，其作用与古时候的防火砖墙有类似之处，因此把这个屏障称为防火墙（Fire Wall）。

在网络中，防火墙是指在两个网络之间实现控制策略的系统（软件、硬件或者是两者并用），用来保护内部的网络不易受到来自 Internet 的侵害。因此，防火墙是一种安全策略的体现。如果内部网络的用户要上 Internet，必须首先连接到防火墙上，从那儿使用 Internet。同样，Internet 要访问内部网络，也必须先通过防火墙。这种做法对于来自 Internet 的攻击有较好的免疫作用，如图 8-1 所示。

图 8-1　防火墙的位置与功能模型

随着计算机网络安全问题的日益突出，防火墙产业在近年来得到了迅猛的发展。实际上，实现一个有效的防火墙远比给计算机买一个防病毒软件要复杂得多，简单将一个防火墙产品置于 Internet 中并不能提供用户所需要的保护。建立一个有效的防火墙来实施安全策略，需要评估防火墙技术，选择最符合要求的技术，并正确地创建防火墙。

目前的防火墙技术一般都可以起到以下一些安全作用。

（1）集中的网络安全。防火墙允许网络管理员定义一个中心（阻塞点）来防止非法用户（如黑客、网络破坏者等）进入内部网络，禁止存在不安全因素的访问进出网络，并抗击来自各种线路的攻击。防火墙技术能够简化网络的安全管理、提高网络的安全性。

（2）安全警报。通过防火墙可以方便地监视网络的安全性，并产生报警信号。网络管理员必须审查并记录所有通过防火墙的重要信息。

（3）重新部署网络地址转换。Internet 的迅速发展使有效的未被申请的 IP 地址越来越少，这就意味着想进入 Internet 的机构可能申请不到足够的 IP 地址来满足内部网络用户的需要。为了接入 Internet，可以通过网络地址转换（Network Address Translator，NAT）来完成内部私有地址到外部注册地址的映射。防火墙是部署 NAT 的理想位置。

（4）监视 Internet 的使用。防火墙也是审查和记录内部人员对 Internet 使用的一个最佳位置，可以在此对内部访问 Internet 的情况进行记录。

（5）向外发布信息。防火墙除了起到安全屏障的作用外，也是部署 WWW 服务器和 FTP 服务器的理想位置。允许 Internet 访问上述服务器，而禁止对内部受保护的其他系统进行访问。

但是，防火墙也有其自身的局限性，无法防范来自防火墙以外的其他途径所进行的攻击。如果住在一所木屋中，却安装了一扇 6 英尺（1 英尺=0.304 8 m）厚的钢门，会被认为是很愚蠢的做法。

然而，有许多机构购买了价格昂贵的防火墙，却忽视了通往其网络中的其他几扇后门。例如，在一个被保护的网络上有一个没有限制的拨号访问存在，这样就为黑客从后门进行攻击创造了机会。

另外，由于防火墙依赖于口令，所以防火墙不能防范黑客对口令的攻击。曾经两个在校学生编写了一个简单的程序，通过对波音公司的口令字的排列组合，试出了开启其内部网的密钥，从网络中得到了一张授权的波音公司的口令表，然后将口令一一出售。为此，有人说防火墙不过是一道矮小的篱笆墙，黑客就像老鼠一样能从这道篱笆墙的窟窿中进进出出。同时，防火墙也不能防止来自内部用户带来的威胁，也不能解决进入防火墙的数据带来的所有安全问题。如果用户在本地运行了一个包含恶意代码的程序，那么就很可能导致敏感信息的泄露和破坏。

因此，要使防火墙发挥作用，防火墙的策略必须现实，能够反映出整个网络安全的水平。例如，一个保存着超级机密或保密数据的站点根本不需要防火墙，因为这个站点根本不应该被接入Internet，或者保存着真正秘密数据的系统与企业的其余网络隔离开。

8.3.2 防火墙的基本类型

典型的防火墙系统通常由一个或多个构件组成，相应地，实现防火墙的技术包括4大类：包过滤防火墙（也称网络级防火墙）、应用级网关、电路级网关和代理服务防火墙。这些技术各有所长，具体使用哪一种或是否混合使用，要根据具体情况而定。

1. 包过滤防火墙（Packet Filtering Firewall）

一个路由器便是一个传统的包过滤防火墙，路由器可以对IP地址、TCP或UDP分组头信息进行检查与过滤，以确定是否与设备的过滤规则相匹配，继而决定此数据包按照路由表中的信息被转发或被丢弃。

对于大多数路由器而言，都能通过检查这些信息来决定是否将所收到的数据包转发，但是不能判断出一个数据包来自何方、去向何处。有些先进的网络级防火墙则可以判断这一点，可以提供内部信息以说明所通过的连接状态和一些数据流的内容，把判断的信息同路由器内部的规则表进行比较，在规则表中定义了各种规则来表明是否同意或拒绝包的通过。包过滤防火墙检查每一条规则直至发现包中的信息与某规则相符。如果没有一条规则能符合，防火墙就会使用默认规则，一般情况下，默认规则就是要求防火墙丢弃该数据包。另外，通过定义基于TCP或UDP数据包的端口号，防火墙能够判断是否允许建立特定的连接，如 Telnet、FTP 连接等。其功能如图 8-2所示。

图 8-2 包过滤防火墙功能模型

包过滤防火墙对用户来说是全透明的，其最大的优点是，只需在一个关键位置设置一个包过滤路由器就可以保护整个网络。如果在内部网络与外界之间已经有了一个独立的路由器，那么可以简单地加一个包过滤软件进去，一步就可以实现对全网的保护，而不必在用户机上再安装其他特定的软件，使用起来非常简洁、方便，并且速度快、费用低。

包过滤防火墙也有其自身的缺点和局限性，具体如下。

（1）包过滤规则配置比较复杂，而且几乎没有什么工具能够对过滤规则的正确性进行测试。

（2）由于包过滤防火墙只检查地址和端口，对网络更高协议层的信息无理解能力，因而对网络的保护十分有限。

（3）包过滤防火墙没法检测具有数据驱动攻击这一类潜在危险的数据包。

（4）随着过滤次数的增加，路由器的吞吐量会明显下降，从而影响整个网络的性能。

2．应用级网关（Application Level Gateway）

应用级网关主要控制对应用程序的访问，能够检查进出的数据包，通过网关复制、传递数据来防止在受信任的服务器与不受信任的主机间直接建立联系。应用级网关不仅能够理解应用层上的协议，而且还提供一种监督控制机制，使网络内、外部的访问请求在监督机制下得到保护。同时，应用级网关还能对数据包进行分析、统计并进行详细的记录，其功能如图 8-3 所示。

图 8-3　应用级网关的功能模型

应用级网关和包过滤防火墙有一个共同的特点，那就是仅仅依靠特定的逻辑判断来决定是否允许数据包通过。一旦满足逻辑，则防火墙内、外的计算机系统建立直接联系，防火墙外部的用户便有可能直接了解防火墙内部的网络结构和运行状态，这有利于实施非法访问和攻击。

为了消除这一安全漏洞，应用级网关可以通过重写所有主要的应用程序来提供访问控制。新的应用程序驻留在所有人都要使用的集中式主机中，这个集中式主机称为堡垒主机（Bastion Host）。由于堡垒主机是 Internet 上其他站点所能到达的唯一站点，即是 Internet 上的主机能连接到的唯一的内部网络上的系统，任何外部的系统试图访问内部的系统或服务器都必须连接到这台主机上，因此堡垒主机被认为是最重要的安全点，必须具有全面的安全措施。

应用级网关的优点是具有较强的访问控制功能，是目前最安全的防火墙技术之一；缺点是每一种协议都需要相应的代理软件，实现起来比较困难，使用时工作量大，效率不如网络级防火墙高，而且对用户缺乏"透明度"。在实际使用过程中，用户在受信任的网络上通过防火墙访问 Internet 时，经常会发现存在较大的延迟并且有时必须进行多次登录才能访问 Internet 或 Intranet。

3．电路级网关（Circuit Level Gateway）

电路级网关是一种特殊的防火墙，通常工作在 OSI 参考模型中的会话层上。电路级网关只依赖于 TCP 连接，而并不关心任何应用协议，也不进行任何的包处理或过滤。电路级网关只根据规则建立从一个网络到另一个网络的连接，并只在内部连接和外部连接之间来回复制字节，不进行任何审查、过滤或协议管理。但是，电路级网关可以隐藏受保护网络的有关信息。

实际上，电路级网关并非作为一个独立的产品而存在，一般要和其他应用级网关结合在一起使用，如 Trust Information Systems 公司的 Gauntlet Internet Firewall、DEC 公司的 Alta Vista Firewall 等。另外，电路级网关还可在代理服务器上运行"地址转移"进程，将所有内部的 IP 地址映射到一个"安全"的 IP 地址，这个地址是防火墙专用的。

电路级网关最大的优点是主机可以被设置成混合网关。这样，整个防火墙系统对于要访问 Internet 的内部用户来说使用起来是很方便的，同时还能提供完善的保护内部网络免于外部攻击的防火墙功能。

4. 代理服务防火墙（Proxy Server Firewall）

代理服务防火墙工作在 OSI 参考模型的最高层——应用层，有时也将其归为应用级网关一类。代理服务器（Proxy Server）通常运行在 Intranet 和 Internet 之间，是内部网与外部网的隔离点，起着监视和隔绝应用层通信流的作用。当代理服务器收到用户对某站点的访问请求后，便会立即检查该请求是否符合规则。若规则允许用户访问该站点，代理服务器便会以客户的身份登录目的站点，取回所需的信息再发给客户，如图 8-4 所示。由此可以看出，代理服务器像一堵墙一样挡在内部用户和外界之间，从外部只能看到该代理服务器而无法获知任何内部资料，如用户的 IP 地址等。

图 8-4　代理服务防火墙功能模型

代理服务防火墙是针对数据包过滤和应用网关技术存在的仅仅依靠特定的逻辑判断这一缺点而引入的防火墙技术。代理服务防火墙将所有跨越防火墙的网络通信链路分为两段，用代理服务上的两个"链接"来代替：外部计算机的网络链路只能到达代理服务器，从而起到了隔离防火墙内、外计算机系统的作用，将被保护网络内部的结构屏蔽起来。

此外，代理服务防火墙还能对过往的数据包进行分析、注册登记、形成报告；同时，当发现被攻击迹象时会及时向网络管理员发出警报，并保留攻击痕迹。代理服务防火墙的缺点是需要为每个网络用户专门设计，并且由于需要硬件实现，因而工作量较大、安装使用复杂、成本较高。

8.3.3　防火墙产品介绍

目前，防火墙产品主要有 3 大类：一是硬件型防火墙，二是软件型防火墙，三是软硬件兼容性的防火墙。下面介绍几种流行的防火墙产品。

1. 3Com Office Connect 防火墙

Office Connect 防火墙可支持多达 100 个局域网用户，采用全静态数据包检验技术来防止非法的网络接入和防止来自 Internet 的"拒绝服务"攻击，并且可以限制局域网用户对 Internet 的不恰当使用。其新增的网络管理模块使技术经验有限的用户也能保障商业信息的安全。

2.　NetScreen 防火墙

NetScreen 防火墙的主要功能如下。

（1）存取控制。指定 IP 地址、用户认证控制。

（2）拒绝攻击。检测 SYN 攻击、检测 Tear Drop 攻击、检测 Ping of Death 攻击、检测 IP Spoofing 攻击、默认数据包拒绝、过滤源路由 IP、动态过滤访问、支持 Web、Radius 及 Secure ID 用户认证。

（3）地址转换。

（4）隐藏内部地址，节约 IP 资源。

（5）网络隔离（Demilitarized Zone，DMZ）。

（6）物理上隔开内外网段，更安全、更独立。

（7）负载平衡（Load Balancing）。

（8）按规则合理分担流量至相应服务器，适用于 ISP。

（9）虚拟专网（Virtual Private Network，VPN）。

（10）符合 IPsec 标准，节省专线费用。VPNclient 适应国际趋势。

（11）流量控制及实时监控（Traffic Control）。

（12）用户带宽最大量限制，用户带宽最小量保障，8 级用户优先级设置，合理分配带宽资源。

3.　Cisco PIX 防火墙

Cisco 防火墙与众不同的特点是基于硬件，因而最大的优点就是速度快。Cisco PIX 防火墙便是这类产品，其包转换速度高达 170 Mbit/s，可同时处理 6 万多个连接。将防火墙技术集成到路由器中是 Cisco 网络安全产品的另一大特色。Cisco 在路由器市场的占有率高达 80%，在路由器的 IOS 中集成防火墙技术是其他厂家无可比拟的，这样做的好处是用户无须额外购置防火墙，可降低网络建设的总成本。

Cisco PIX 防火墙的主要功能如下。

（1）实时嵌入式操作系统。

（2）保护方案基于自适应安全算法（ASA），可以确保最高的安全性。

（3）用于验证和授权的"直通代理"技术。

（4）最多支持 250 000 个网络同时连接。

（5）URL 过滤。

（6）HP Open View 集成。

（7）通过电子邮件和寻呼机提供报警和告警通知。

（8）通过专用链路加密卡提供 VPN 支持。

（9）符合委托技术评估计划（TTAP），经过了美国安全事务处（NSA）的认证，同时通过中国公安部安全检测中心的认证（PIX 520 除外）。

8.4　计算机职业道德

信息是最有价值的商业资源之一。先于竞争对手获取信息，并对信息进行分析、利用的企业都将可能在竞争中获得优势。当今，在对复杂事物做出决策时，缺乏及时、准确的信息是公司生存和发展的严重障碍。信息技术系统的基本目标之一就是高效率地将大量数据转换成信息和有用知识，但对于许多公司而言，这些技术是非常昂贵的。为了使自身在竞争中处于有利地位，就会出现用非法手段来获取有利于自己的信息或破坏竞争对手的信息的行为，这种用计算机犯罪获取信息的方式虽然受到法律的强制规范，但并非靠法律手段就能彻底解决。道德正是法律行为规范的补充，但它是非强制性的，属于自律范畴。增强职业道德规范是对计算机及信息技术从业人员管理的一项重要内容。

8.4.1　计算机职业道德的基本概念

道德是社会意识形态长期进化而形成的一种制约，是一定社会关系下，调整人与人之间以及人与社会之间关系的行为规范的总和。

计算机职业道德是指在计算机行业及其应用领域所形成的社会意识形态和伦理关系下，调整人与人之间、人与知识产权之间、人与计算机之间，以及人与社会之间关系的行为规范的总和。它是在计算机信息系统及其应用所构成的社会范围内，经过一定时期的发展，经过新的社会伦理意识与传统的社会道德规范的冲突、平衡、融合，最终形成的一系列计算机职业行为规范。

8.4.2　计算机职业道德教育的重要性

当前计算机犯罪和违背计算机职业规范的行为非常普遍，已成为很大的社会问题，不仅需要加强计算机从业人员的职业道德教育，而且也要对每一位公民进行计算机职业道德教育，增强人们遵守计算机道德规范的意识。这不仅有利于计算机信息系统的安全，而且有利于整个社会对个体利益的保护。计算机职业道德规范中一个重要的方面是网络道德。网络在计算机信息系统中起着举足轻重的作用，大多数"黑客"开始是出于好奇而违背职业道德，侵入他人计算机系统，从而逐步走向计算机犯罪。

为了保障计算机网络的良好秩序和计算机信息的安全性，减少网络陷阱对青少年的危害，有必要启动网络道德教育工程。根据计算机犯罪具有技术型、年轻化的特点和趋势，这种教育必须从学校开始抓起。道德是人类理性的体现，是灌输、教育和培养的结果。对抑制计算机犯罪和违背计算机职业道德现象，道德教育活动更能体现出教育的效果。

随着计算机应用的日益发展、Internet 应用的日益广泛，开展计算机职业道德教育十分重要。在西方发达国家，网络道德教育已成为高等学校的教育课程，而在我国这方面几乎还是一片空白。学生只重视学习技术理论课程，很少探讨计算机网络道德问题。在德育课上，所讲授的内容同样也很少涉及这一领域，因此今后要大力开展这方面的宣传和教育。

8.4.3　信息使用的道德规范

根据计算机信息系统及计算机网络发展过程中出现过的种种案例，以及保障每一个法人权益的要求，美国计算机伦理协会总结、归纳了以下计算机职业道德规范，称为"计算机伦理十戒"。

① 不应该用计算机去伤害他人。
② 不应该影响他人的计算机工作。
③ 不应该到他人的计算机里去窥探。
④ 不应该用计算机去偷窃。
⑤ 不应该用计算机去做假证明。
⑥ 不应该复制或利用没有购买的软件。
⑦ 不应该在未经他人许可的情况下使用他人的计算机资源。
⑧ 不应该剽窃他人的精神作品。

⑨　应该注意正在编写的程序和正在涉及的系统的社会效应。

⑩　应该始终注意，使用计算机可在进一步加强对同胞的理解和尊敬。

小　　结

（1）我们将"信息系统安全"定义为，确保以电磁信号为主要形式的、在计算机网络化（开放互联）系统中进行自动通信、处理和利用的信息内容，在各个物理位置、逻辑区域、存储和传输介质中，处于动态和静态过程中的机密性、完整性、可用性、可审查性和抗抵赖性，与人、网络、环境有关的技术安全、结构安全和管理安全的总和。

（2）计算机信息安全技术主要包括实体安全技术、数据安全技术、软件安全技术、网络安全技术和安全评价体系。

（3）计算机犯罪是指在信息活动领域中，利用计算机信息系统或计算机信息知识作为手段，或者针对计算机信息系统，对国家、团体或个人造成危害，依据法律规定，应当予以刑罚处罚的行为。计算机犯罪主要分为破坏计算机系统罪、非法侵入计算机系统罪和计算机系统安全事故罪。

（4）知识产权是指人类通过创造性的智力劳动而获得的一项智力性的财产权，是一种典型的由人的创造性劳动产生的"知识产品"。软件知识产权指的是计算机软件版权。目前，我国已制定了一系列保护软件知识产权和计算机安全的法律法规。

（5）计算机病毒是指一种可以自我复制、传播并具有一定破坏性或干扰性的计算机程序，或是一段可执行的程序代码。计算机病毒能够大肆破坏计算机中的程序和数据，干扰正常显示、摧毁系统，甚至对硬件系统都能产生一定的破坏作用。

（6）计算机病毒的主要特征有传染性、隐蔽性、潜伏性、触发性、破坏性和衍生性，并且计算机病毒的类型也有许多种。

（7）防火墙是指在两个网络之间实现控制策略的系统（软件、硬件或者是两者并用），通常用来保护内部的网络不易受到来自 Internet 的侵害。防火墙一般可以起到以下一些安全作用：集中的网络安全、安全警报、重新部署网络地址转换以及监视 Internet 的使用等。

（8）防火墙系统通常由一个或多个构件组成，相应地，实现防火墙的技术包括 4 大类：包过滤防火墙、应用级网关、电路级网关和代理服务防火墙。

（9）当前，计算机犯罪和违背计算机职业规范的行为非常普遍，已成为很大的社会问题，不仅需要加强计算机从业人员的职业道德教育，而且也要对每一位公民进行计算机职业道德教育，增强人们遵守计算机道德规范的意识。

习　题　8

一、单项选择题

1. 由设计者有意建立起来的进入用户系统的方法是（　　）。
   A. 超级处理　　　　B. 后门　　　　C. 特洛伊木马　　　　D. 计算机病毒
2. 计算机病毒是指（　　）。
   A. 编制有错误的计算机程序　　　　　　B. 设计不完善的计算机程序

C. 已被破坏的计算机程序　　　　　　D. 以危害系统为目的的特殊计算机程序

3. 病毒产生的原因是（　　　）。

    A. 用户程序错误　　　　　　　　　B. 计算机硬件故障

    C. 人为制造　　　　　　　　　　　D. 计算机系统软件有错误

4. 网络病毒感染的途径可以有很多种，但发生得最多却又最容易被人们忽视的是（　　　）。

    A. 软件商演示光盘　　B. 系统维护盘　　C. 网络传播　　D. 用户个人软盘

5. 最简单的防火墙采用的是（　　　）技术。

    A. 安全管理　　　　　B. 配置管理　　　　C. ARP　　　　D. 包过滤

6. 针对数据包过滤和应用网关技术存在的缺点而引入防火墙技术，是（　　　）防火墙的特点。

    A. 包过滤　　　　　　B. 应用级网关型　　C. 复合型防火墙　　D. 代理服务型

7. 蠕虫病毒主要通过（　　　）媒体传播。

    A. 软盘　　　　　　　B. 光盘　　　　　　C. Internet　　　D. 手机

8. 计算机宏病毒最有可能出现在（　　　）文件类型中。

    A. "c"　　　　　　　B. "exe "　　　　　C. "doc "　　　　D. "com"

9. 下列不属于系统安全的技术是（　　　）。

    A. 防火墙　　　　　　B. 加密狗　　　　　C. 认证　　　　D. 防病毒

10. 1994 年 2 月，国务院发布的《计算机信息系统安全保护条例》赋予（　　　）对计算机信息系统的安全保护工作行使监督管理职权。

    A. 信息产业部　　　　B. 全国人民代表大会　C. 公安机关　　　D. 国家工商总局

二、填空题

1. 计算机犯罪主要分为_____、_____和_____3 种类型。

2. 信息系统安全的唯一和最终目标是保障信息内容在系统内的任何地方、任何时候和任何状态下的_____、_____和_____。

3. _____是一组计算机指令或程序代码，能自我复制，通常嵌入在计算机程序中，能够破坏计算机功能或毁坏数据，影响计算机的使用。

4. 计算机病毒的特征主要有传染性、_____、_____、_____、_____和衍生性。

5. 按病毒的破坏能力分类，计算机病毒可分为_____和_____。

6. 文件型病毒感染的对象主要是_____类文件。

三、简答题

1. 简述信息安全技术所涵盖的主要方面。

2. 试述计算机犯罪的定义及分类。

3. 简述计算机病毒的定义、特点及分类。

4. 简述计算机病毒的主要传播途径及防范计算机病毒的主要措施。

5. 什么是防火墙？防火墙应具备哪些基本功能？画出防火墙的基本结构示意图。

6. 防火墙可分为哪几类？简述各类防火墙的工作原理和主要特点。

7. 以熟悉的一种防火墙产品为例，简述如何实现网络安全及其主要特点。

8. 简述加强计算机职业道德教育的重要性。

第9章
云计算与物联网

云计算概念是由 Google 提出的，这是一个美丽的网络应用模式，它主要是指通过网络按需提供可动态伸缩的廉价计算服务。对于这一概念物联网早在 1999 年就提出了，当时叫传感网。物联网概念是在互联网概念基础上，将其用户端延伸和扩展到任何物品和物品之间，进行信息交换和通信的一种网络概念。

云计算与物联网各自具备很多优势，如果把云计算与物联网结合起来，云计算其实就相当于一个人的大脑，而物联网就是其五官和四肢。云计算和物联网的结合是互联网络发展的必然趋势。

本章学习目标

- 理解云计算的含义、特点以及与网格计算的联系。
- 了解目前主流的云计算技术。
- 了解物联网的发展历程，理解物联网的含义、技术架构和应用领域。
- 理解云运算与物联网之间的关系。
- 理解大数据的含义、基本特征以及大数据对当今社会的重要影响。

9.1 云计算及其发展

云计算是在 2007 年第 3 季度才正式诞生的新名词，但很快其受关注的程度甚至超过了网格计算（Grid Computing）等概念。

9.1.1 云计算的概念

云计算（Cloud Computing）的概念最早是由谷歌（Google）提出的，它描述的是一种基于互联网的计算方式，通过这种方式，共享的软、硬件资源和信息可以按需提供给计算机和其他设备。"云"其实是网络、互联网的一种比喻说法，通常我们将提供资源的网络称为"云"。云计算的核心思想是，将大量用网络连接的计算资源统一管理和调度，构成一个计算资源池对用户进行按需服务，如图 9-1 所示。

云计算是继 20 世纪 80 年代大型计算机到客户端/服务器（C/S）的大转变之后的又一种巨变，它描述了一种基于互联网的新的 IT 服务增加、使用和交付模式，通常涉及通过互联网来提供动态的、易扩展的，而且常常是虚拟化的资源。

对于云计算，我们可以做一个形象的比喻：钱庄。最早人们只是把钱放在枕头底下保存，后来有了钱庄，很安全，不过兑现起来比较麻烦。现在发展到银行，人们可以到任何一个网点取钱，甚至通过 ATM。就像用电不需要家家装备发电机，直接从电力公司购买一样。云计算带来的就是这样一种变革——由谷歌、IBM 这样的专业网络公司来搭建计算机存储、运算中心，用户通过一根网线借助浏览器就可以很方便地访问，把"云"作为资料存储及应用服务的中心。

图 9-1　云计算示意图

9.1.2　云计算的特点

从研究现状看，云计算具有以下特点。

（1）超大规模。"云"具有相当的规模。Google 云计算已经拥有 100 多万台服务器，Amazon、IBM、微软和 Yahoo 等公司的"云"均拥有几十万台服务器。"云"能赋予用户前所未有的计算能力。

（2）虚拟化。云计算支持用户在任意位置、使用各种终端获取服务。所请求的资源来自"云"，而不是固定的有形体。应用在"云"中某处运行，但实际上用户无需了解运行的具体位置，只需要一台终端设备就可以通过网络来获取各种能力超强的服务。

（3）高可靠性。"云"使用了数据多副本容错、计算结点同构可互换等措施来保障服务的高可靠性。因此，可以认为使用云计算比使用本地计算机更加可靠。

（4）通用性。云计算不局限于特定的应用，同一片"云"可以同时支撑不同应用的运行，在"云"的支撑下可以构造出千变万化的应用。

（5）按需服务。"云"是庞大的资源池，用户按需购买服务，像自来水、电和煤气那样计费。

（6）极其廉价。"云"的特殊容错措施使得可以采用极其廉价的结点来构成"云"。"云"的自动化管理使数据中心管理成本大幅降低。另外，"云"的公用性和通用性使资源的利用率大幅提升。因此"云"具有前所未有的性能价格比。

9.1.3　网格计算与云计算

网格（Grid）是 20 世纪 90 年代中期发展起来的下一代因特网核心技术。网格技术的开创者 Ian Foster 将其定义为在动态、多机构参与的虚拟组织中协同共享资源和求解问题。网格是在网络基础上基于 SOA，使用互操作、按需集成等技术手段，将分散在不同地理位置的资源虚拟成为一个有机整体，实现计算、存储、数据、软件和设备等资源的共享，从而大幅提高资源的利用率，使用户获得前所未有的计算和信息能力。

网格计算通常分为计算网格、信息网格和知识网格 3 种类型。计算网格的目标是提供集成各种计算资源的、虚拟化的计算基础设施。信息网格的目标是提供一体化的智能信息处理平台，集成各种信息系统和信息资源，消除信息孤岛，使用户能按需获取集成后的精确信息。知识网格研究一体化的智能知识处理和理解平台，使得用户能方便地发布、处理和获取知识。

国际网格界致力于网格中间件、网格平台和网格应用的建设。国外著名的网格中间件有 Globus Toolkit、UNICORE、Condor、Glite 等。其中，Globus Tookit 得到了广泛采纳。国际知名的网格平台有 TeraGrid、EGEE、CoreGRID、D-Grid、ApGrid、Grid3、GIG 等。其中，TeraGrid 是由美国科学基金会计划资助构建的超大规模开放的科学研究环境，它集成了高性能计算机、数据资源、工具和高端实验设施。目前，TeraGrid 已经集成了超过每秒 750 万亿次计算能力、30PB 数据，拥有超过 100 个面向多种领域的网格应用环境。欧盟 E-science 促成网络 EGEE（Enabling Grid for E-science）是另一个超大型、面向多个领域的网格计算基础设施。目前已有 120 多个机构参与，包括分布在 48 个国家的 250 个网格站点、68 000 个 CPU、20PB 数据资源、拥有 8 000 个用户，每天平均处理 30 000 个作业，峰值超过 150 000 个作业。就网格应用而言，知名的网络应用协同数以百计，应用领域包括大气科学、林学、海洋科学、环境科学、生物信息学、医学、物理学、天体物理、地球科学、天文学、工程学、社会行为学等。我国也有类似的研究，如中国国家网格（China National Grid，CNGrid）和空间信息网格（Spatial Information Grid，SIG）、教育部支持的教育科研网格（ChinaGrid）等。

网格计算与云计算的关系，就像 OSI 与 TCP/IP 之间的关系。国际标准化组织（ISO）制定的 OSI（开放系统互联）网络标准，考虑周到，也异常庞杂，虽有远见，但也过于理想，实现起来难度和代价非常大。TCP/IP 网络标准将 OSI 的 7 层网络协议简化为 4 层，内容大大精简，迅速取得了成功。因此，可以说 OSI 是 TCP/IP 的基础，TCP/IP 又推动了 OSI，两者相互促进、协同发展。

没有网格计算打下的基础，云计算就不会这么快到来。网格计算以科学研究为主，非常重视标准规则，也非常复杂，实现起来难度大，缺乏成功的商业模式。云计算是网格计算的一种简化形态，可以说云计算的成功也体现了网格计算的成功。但对于许多高端科学或军事应用而言，云计算是无法满足需求的，必须依靠网格计算来解决。

9.2　主流的云计算技术

由于云计算是多种技术混合演进的结果，其成熟度较高，又有业内大公司推动，发展极为迅速。Google、Amazon、IBM、微软和 Yahoo 等大公司都是云计算的先行者。

9.2.1　Google 云计算

Google 拥有全球最强大的搜索引擎。除了搜索业务以外，Google 还有 Google 地图、Google 地球、Gmail、YouTube 等各种业务，包括刚诞生不久的 Google Wave。这些应用的共性在于数据量巨大，而且要面向全球用户提供实时服务，因此 Google 必须解决海量数据存储和快速处理问题。Google 的诀窍在于它研发出了简单而又高效的技术，让多达百万台的廉价计算机协同工作，共同完成这些前所未有的任务，这些技术在诞生几年之后才被正式命名为 Google 云计算技术。

Google 是当今最大的云计算技术的使用者。Google 搜索引擎建立在分布的 200 多个地点、超过 100 万台服务器的支撑之上，而且这些设施的数量还在迅猛增长。Google 的一系列应用平台，包括 Google 地图、Google 地球、Gmail、Docs 等也同样使用了这些基础设施。采用 Google Docs 之类的应用，用户数据会保存在因特网上的某个位置，可以通过任何一个与因特网相连的系统十分便利地访问和共享这些数据。目前，Google 已经允许第三方在 Google 的云计算中通过 Google App Engine 运行大型并行应用程序。

Google 云计算技术包括 Google 文件系统 GFS（Google File System）、分布式计算编程模型 MapReduce、分布式锁服务 Chubby、分布式结构化数据存储系统 Bigtable 等。其中，GFS 提供了海量数据的存储和访问能力，MapReduce 使得海量信息的并行处理变得简单易行，Chubby 保证了分布式环境下并发操作的同步问题，Bigtable 使得海量数据的管理和组织十分方便。

9.2.2 Amazon 云计算

Amazon（亚马逊）是依靠电子商务逐步发展起来的，凭借其在电子商务领域积累的大量基础性设施、先进的分布式计算技术和巨大的用户群体，Amazon 很早就进入了云计算领域，并在云计算、云存储等方面一直处于领先地位。

Amazon 提供的云计算服务产品主要有弹性计算云（EC2）、简单存储服务（S3）、简单数据库服务（Simple DB）、简单队列服务（Simple Queue Service，SQS）、弹性 MapReduce 服务、内容推送服务（CloudFront）、AWS 导入/导出、关系数据库服务（Relation Database Service，RDS）等。这些服务涉及云计算的各个方面，用户可以根据自己的需要选取一个或多个 Amazon 云计算服务，并且这些服务具有极强的灵活性和可扩展性，当然用户经过免费体验后是要付费的。收费的服务项目包括存储服务器、带宽、CPU 资源以及月租费。月租费与电话月租费类似，存储服务器、带宽按容量收费，CPU 根据时长（小时）运算量收费。

目前，云计算也成为 Amazon 增长最快和盈利最多的业务之一。

9.2.3 微软云计算

"创办一家新的互联网企业，必备的一点是购置服务器并装在机房里。不过，在未来，这也许将成为历史。只要支付一定的费用，用户就可以轻易地从远程得到服务器的支持。创业者无需再为服务器操心，可以集中精力开发出最好的产品，以及考虑如何把这些产品带给更多的消费者。"——这正是微软"云计算"带来的美好愿景之一。2008 年 10 月 27 日，在洛杉矶的专业开发者会议上，面对 6 500 名专业开发人员，微软的首席软件架构师 Ray Ozzie 反复描绘了这一愿景，并最后宣布，微软新推出的"云计算"计划命名为"Windows Azure"。这样，继 Google、Amazon、IBM 之后，微软又推出了自己的"云计算"。

"Azure"的原意是"蓝色的天空"，因而有人戏称，微软的 Windows Azure 是想把微软从小小的视窗带到广阔的蓝天上。Azure 的底层是微软全球基础服务系统，由遍布全球的第四代数据中心构成。这是继 Windows 取代 DOS 之后，微软的又一次颠覆性的转型。

在 2010 年 10 月的 PDC 大会上，微软公布了 Windows Azure 云计算平台的未来蓝图，将 Windows Azure 定位为平台服务，一套全面的开发工具、服务和管理系统。它可以为开发者提供一个平台，并允许开发者使用微软全球数据中心的储存、计算能力和网络基础服务，从而开发出可运行在云服务器、数据中心、Web 和 PC 上的应用程序。

Azure 服务平台包括以下主要组件：Windows Azure；Microsoft SQL 数据库服务，Microsoft .Net 服务；用于分享、储存和同步文件的 Live 服务；针对商业的 Microsoft SharePoint 和 Microsoft Dynamics CRM 服务。

9.3 物联网及其应用

物联网（Internet of Things）的概念最早是由麻省理工学院的专家于 1999 年提出的，它的产生和发展跟计算机网络的发展、互联网应用的扩展、传感技术的发展、社会需求的驱动以及政府的支持都是分不开的。

9.3.1 物联网的发展

物联网过去被称为传感网。1999 年，在美国召开的移动计算和网络国际会议上提出"传感网是下一个世纪人类面临的又一个发展机遇"。2003 年，美国《技术评论》提出传感网络技术将是未来改变人们生活的十大技术之首。

2005 年 11 月 17 日，在突尼斯举行的信息社会世界峰会（World Summit on the Information Society，WSIS）上，国际电信联盟（International Telecommunication Union，ITU）发布了《ITU 互联网报告 2005：物联网》，正式提出了"物联网"的概念。报告指出，无所不在的"物联网"通信时代即将来临，世界上所有的物体，从轮胎到牙刷、从房屋到纸巾都可以通过 Internet 主动进行信息交流。射频识别技术（Radio Frequency Identification，RFID）、传感器技术、纳米技术、智能嵌入式技术将得到更加广泛的应用。

2009 年 1 月 28 日，奥巴马就任美国总统后，与美国工商业领袖举行了一次"圆桌会议"，与会代表之一，IBM 首席执行官彭明盛向总统提出"智慧地球"这一概念，并认为"智慧地球=互联网+物联网"，建议新政府投资新一代智慧型基础设施。

2009 年 2 月 24 日，IBM 大中华首席执行官钱大群在 2009IBM 论坛上公布了名为"智慧地球"的最新策略。此概念一经提出，即得到美国各界的高度关注，甚至有分析认为 IBM 公司的这一构想极有可能上升至美国的国家战略，并在世界范围内引起轰动。

如今，"智慧地球"战略被不少美国人认为与当年的"信息高速公路"有许多相似之处，同样被他们认为能够振兴经济、确立竞争优势。竞争优势是一个企业或国家在某些方面比其他的企业或国家更能带来利润或效益的优势，源于技术、管理、品牌、劳动力成本等。

物联网产业链可以细分为标识、感知、处理和信息传送 4 个环节，每个环节的关键技术分别是 RFID、传感器、智能芯片和电信运营商的无线传输网络。EPOSS 在《Internet of Things in 2020》报告中分析预测，未来物联网的发展将经历 4 个阶段，2010 年之前 RFID 被广泛应用于物流、零售和制药领域；2010～2015 年物体互联；2015～2020 年物体进入半智能化；2020 年之后物体进入全智能化。作为物联网发展的排头兵，RFID 成为了市场最为关注的技术。

9.3.2 物联网的定义

除 RFID 之外，传感器技术也是物联网产生的核心技术，如果没有传感器技术的发展，那么我们所能谈论的只有互联网，而不可能会有物联网。早期人们使用的只是一些无线射频设备，后来发明了智能传感器，这些传感器可以将一些模拟量采集转换成数据量以供人们参考分析，如光敏传感器、热敏传感器、温度传感器、湿度传感器、压力传感器等。人们将多个传感器节点按照自己定义的协议组成一个小型的网络，通过无线技术进行数据交换。这些技术结合互联网技术、通信技术等就产生了物联网。

物联网的定义目前还存在较大争议，各个国家和地区对于物联网都有自己的定义，举例如下。

美国的定义：将各种传感设备，如射频识别（RFID）设备、红外传感器、全球定位系统等与互联网结合起来而形成的一个巨大网络，其目的是让所有的物体都与网络连接在一起，方便识别和管理。

欧盟的定义：将现有互联的计算机网络扩展到互联的物品网络。

国际电信联盟的定义：任何时间、任何地点，我们都能与任何东西相连。

2010 年中国第十一届人民代表大会第三次会议上对物联网的定义：通过信息传感设备，按照约定的协议，把任何物品与互联网连接起来，进行信息交换和通信，以实现智能化识别、跟踪、定位、监控和管理。它是在互联网的基础上延伸和扩展的网络。

9.3.3　物联网的技术架构

从技术架构上来看，物联网可分为 3 层：感知层、网络层和应用层，如图 9-2 所示。

图 9-2　物联网架构示意图

感知层由各种传感器以及传感器网关构成，包括温度传感器、湿度传感器、电子标签、摄像头、红外线感应器等感知终端。感知层的作用相当于人的眼、耳、鼻、喉和皮肤等神经末梢，它是物联网识别物体、采集信息的来源，其主要功能是识别物体和采集信息。

网络层由各种有线网络、无线网络、互联网以及网络管理系统和云计算平台等组成，相当于人的神经中枢和大脑，负责传递和处理感知层获取的信息。

应用层是物联网和用户（包括人、组织和其他系统）的接口，它与行业需求相结合，实现物联网的智能应用。行业特性主要体现在应用领域内，目前智能医疗、环境监控、公共安全、智能家具、智能生活、智能交通、智能城市等各个行业均有物联网应用的尝试。

9.3.4 物联网的应用

国际电信联盟（ITU）曾经描绘过这样一幅"物联网"时代的图景：当司机出现操作失误时汽车会自动报警；公文包会提醒主人忘带了什么东西；衣服会"告诉"洗衣机对颜色和水温的要求；当装载货物的汽车超重时，汽车会自动告诉你超载了，并且超载多少；当搬运人员卸货时，一只货物包装可能会大叫"你扔疼我了"，或者说"亲爱的，请你不要太野蛮，可以吗？"；司机在和别人扯闲话时，货车会装成老板的声音怒吼"主人，该发车了！"等。

目前，物联网的应用已经遍及智能交通、环境保护、政府工作、公共安全、平安家居、智能消防、工业监测、老人护理、个人健康、花卉栽培、水系监测、食品溯源、敌情侦查和情报搜集等多个领域，如图 9-3 所示

图 9-3 物联网的应用领域

毫无疑问，如果"物联网"时代来临，人们的日常生活将发生翻天覆地的变化。物联网未来的发展就如同很多人所津津乐道的那样："个人电脑是 20 世纪 80 年代的标志，互联网是 90 年代的标志，下一个时代的标志将会是物联网技术无处不在"。

9.4 云计算与物联网的关系

云计算是物联网发展的基石，并且从两个方面促进物联网的实现。

首先，云计算是实现物联网的核心，运用云计算模式使物联网中以"兆"计算的各类物品的实时动态管理和智能分析变得可能。物联网通过将射频识别技术、传感技术、纳米技术等新技术充分运用在各行业之中，将各种物体充分连接，并通过无线网络将采集到的各种实时动态信息送达计算机处理中心进行汇总、分析和处理。建设物联网的 3 大基石包括：①传感器等电子元器件；②传输的通道，如电信网；③高效的、动态的、可以大规模扩展的资源处理能力。其中，第 3 个

基石正是通过云计算模式来帮助实现的。

其次，云计算促进物联网和互联网的智能融合，从而构建"智慧地球"。物联网和互联网的融合，需要更高层次的整合，需要"更透彻的感知、更安全的互联互通、更深入的智能化"。这同样也需要依靠高效的、动态的、可以大规模扩展的资源处理能力，而这也正是云计算模式所擅长的。同时，云计算的创新型服务交付模式，简化服务的交付，加强物联网和互联网之间及其内部的互联互通，可以实现新商业模式的快速创新，促进物联网和互联网的智能融合。

另外，物联网的4大组成部分是感应识别、网络传输、管理服务和综合应用。其中，中间两个部分都会应用到云计算，特别是"管理服务"这一项。因为这里有海量的数据存储和计算的要求，使用云计算可能是最经济实惠的一种方式。

9.5　大数据时代

大数据（Big Data）在物理学、生物学、环境生态学等领域以及军事、金融、通信等行业存在已有时日，正因为近年来互联网和信息行业的发展而引起人们关注。大数据已经成为云计算、物联网之后 IT 行业又一大颠覆性的技术革命。

云计算主要为数据资产提供了保管、访问的场所和渠道，而数据才是真正有价值的资产。企业内部的经营信息、物联网世界中的商品物流信息、互联网世界中的人与人交互信息、位置信息等，其数量将远远超越现有企业 IT 架构和基础设施的承载能力，实时性要求也将大大超越现有的计算能力。如何应用这些数据资产，使其为国家治理、企业决策乃至个人生活服务，是大数据的核心议题，也是云计算内在的灵魂和必然的发展方向。

9.5.1　什么是大数据

最早提出大数据时代到来的是全球知名咨询公司麦肯锡。进入 2012 年之后，"大数据"一词越来越多地被提及，人们用它来描述和定义信息爆炸时代产生的海量数据，并命名与之相关的技术发展与创新。人们也越来越强烈地意识到数据对于各行各业发展的重要性。正如《纽约时报》2012 年 2 月的一篇专栏中所称，"大数据"时代已经降临，在商业、经济及其他领域中，决策将日益基于数据和分析而做出，而并非基于经验和直觉。

"大数据"在互联网行业中指的是这样一种现象：互联网公司在日常运营中生成、积累的用户网络行为的非结构化和半结构化数据。这些数据的规模如此庞大，以至于不能用 G 或 T 来衡量。例如，一天当中，互联网产生的全部数据可以刻满 1.68 亿张 DVD，发出的邮件有 2 900 多亿封（相当于美国两年的纸质信件数量），发出的社区帖子达 200 多万个（相当于《时代》杂志 770 年的文字量），卖出的手机为 37.8 万部（高于全球每天出生的婴儿数量 37.1 万）……

目前，数据量的衡量单位已经从 TB（1 TB=1 024 GB）级别跃升到了 PB（1 PB=1 024 TB）、EB（1 EB=1 024 PB）乃至 ZB（1 ZB=1 024 EB）级别。国际数据公司（International Data Corporation，IDC）的研究结果表明，2008 年全球产生的数据量为 0.49 ZB，2009 年数据量为 0.8 ZB，2010 年增长为 1.2 ZB，2011 年的数据量更是高达 1.82 ZB，相当于全球每人产生 200 GB 以上的数据。而到 2012 年为止，人类生产的所有印刷材料的数据量是 200 PB。IBM 的研究称，整个人类文明所获得的全部数据中，有 90%是过去两年内产生的。而到了 2020 年，全世界所产生的数据规模将达到今天的 44 倍。

9.5.2　大数据的基本特征

大数据主要具有以下 4 大基本特征。

（1）数据量大。目前，我们对大数据的起始计量单位至少是 P（2^{10} T=1 024 T≈1 000 T）、E（2^{20} T=1 048 576 T≈100 万 T）或 Z（2^{30}=1 073 741 824≈10 亿 T）。

（2）种类繁多。数据种类包括网络日志、音频、视频、图片、地理位置信息等，多种类型的数据对数据处理能力提出了更高的要求。

（3）价值密度低。随着今后物联网的广泛应用，信息感知无处不在，信息海量，但价值密度较低。如何通过强大的算法更迅速地完成数据的价值"提纯"，是大数据时代亟待解决的难题。

（4）速度快、实效性强。处理速度快、实效性要求高，这是大数据区别于传统数据挖掘最显著的特征。

由此可见，大数据时代对人类的数据驾驭能力提出了新的挑战，也为人们获得更为深刻、全面的洞察能力提供了前所未有的空间和机遇。

9.5.3　大数据的影响

大数据是信息通信技术发展积累至今，按照自身技术发展逻辑，从提高生产效率向更高级智能阶段的自然生长。无处不在的信息感知和采集终端为人们采集了海量的数据，而以云计算为代表的计算技术的不断发展，为人们提供了强大的计算能力，这就围绕个人以及组织的行为构建起了一个与物质世界平行的数字世界。

大数据虽然孕育于信息通信技术的日渐普遍和成熟，但它对社会经济生活产生的影响绝不限于技术层面，更本质上，它是为看待世界提供了一种全新的方法，即决策行为将日益基于数据分析而做出，而不像过去更多地凭借经验和直觉做出。

大数据可能带来的巨大价值正渐渐被人们所认可。它通过技术的创新与发展，以及数据的全面感知、收集、分析、共享，为人们提供了一种全新的看待世界的方法。更多地基于事实与数据做出决策，这样的思维方式，可以预见，将推动一些习惯于"差不多"运行的社会发生巨大变革。

小　　结

（1）云计算的概念最早是由 Google 提出的，其核心思想是将大量用网络连接的计算资源统一管理和调度，构成一个计算资源池对用户进行按需服务。云计算的特点有超大规模、虚拟化、高可靠性、通用性、按需服务、极其廉价等。

（2）网格计算与云计算的关系就像 OSI 与 TCP/IP 之间的关系。网格计算以科学研究为主，非常重视标准规则，也非常复杂，实现起来难度大，缺乏成功的商业模式。云计算是网格计算的一种简化形态。

（3）当今主流的云计算技术有 Google 云计算、Amazon 云计算、微软云计算、IBM 云计算等。

（4）物联网的概念早在 1999 年就被提出了，当时叫传感网。它是在互联网概念的基础上，将其用户端延伸和扩展到任何物品和物品之间，进行信息交换和通信的一种网络概念。

（5）从技术架构上来看，物联网可分为 3 层：感知层、网络层和应用层。目前，物联网的应用已经遍及智能交通、环境保护、政府工作、公共安全、平安家居、智能消防、工业监测、个人健康、情报搜集等多个领域。

（6）大数据是继云计算、物联网之后 IT 行业又一大颠覆性的技术革命，其主要特征有数据量大、种类繁多、价值密度低、速度快、实效性强等。

习 题 9

一、单项选择题

1. 云计算是对（　　）技术的发展与运用。
   A. 行计算　　　　B. 网格计算　　　　C. 分布式计算　　　D. 以上 3 个都是

2. 从研究现状上看，下面不属于云计算特点的是（　　）。
   A. 超大规模　　　B. 虚拟化　　　　　C. 私有化　　　　　D. 高可靠性

3. 微软于 2008 年 10 月推出的云计算操作系统是（　　）。
   A. Google App Engine　　　　　　　B. 蓝云
   C. Azure　　　　　　　　　　　　　D. EC2

4. 下列不属于 Google 云计算平台技术架构的是（　　）。
   A. 并行数据处理 MapReduce　　　　　B. 分布式锁 Chubby
   C. 结构化数据表 BigTable　　　　　　D. 弹性云计算 EC2

5. （　　）是 Google 提出的用于处理海量数据的并行编程模式和大规模数据集并行运算的软件架构。
   A. GFS　　　　　　B. MapReduce　　　C. Chubby　　　　　D. BitTable

6. 在云计算系统中，提供"云端"服务模式的是（　　）公司的云计算服务平台。
   A. IBM　　　　　　B. Google　　　　　C. Amazon　　　　　D. 微软

7. 物联网在国际电信联盟中写成（　　）。
   A. "Network Everything"　　　　　　　B. "Internet of Things"
   C. "Internet of Everything"　　　　　　D. "Network of Things"

8. （　　）针对下一代信息浪潮提出了"智慧地球"战略。
   A. IBM　　　　　　B. NEC　　　　　　C. NASA　　　　　　D. EDTD

9. 2009 年，时任总理温家宝提出了（　　）的发展战略。
   A. "智慧中国"　　　B. "和谐社会"　　　C. "感动中国"　　　D. "感知中国"

10. 物联网的核心和基础是（　　）。
    A. 无线通信网　　　B. 传感器网络　　　C. 互联网　　　　　D. 有线通信网

11. 作为物联网发展的排头兵，（　　）技术是市场最为关注的技术。
    A. 射频识别　　　　B. 传感器　　　　　C. 智能芯片　　　　D. 无线传输网络

12. 3 层结构类型的物联网不包括（　　）。
    A. 感知层　　　　　B. 网络层　　　　　C. 应用层　　　　　D. 会话层

13. 与大数据密切相关的技术是（　　）。
    A. 蓝牙　　　　　　B. 云计算　　　　　C. 博弈论　　　　　D. Wi-Fi

14. 小王自驾车到一座陌生的城市出差，对他来说可能最为有用的是（　　）。
    A. 停车诱导系统　　　　　　　　　　　B. 实时交通信息服务

　　C. 智能交通管理系统　　　　　　　　　D. 车载网络

15. 首次提出物联网概念的著作是（　　　）。

　　A.《未来之路》　　　　　B.《未来时速》　　　C.《做最好的自己》　　D.《天生偏执狂》

二、填空题

1. 云计算中，提供资源的网络被称为_____。

2. IBM 的"智慧地球"概念中，"智慧地球"等于"_____"和"_____"之和。

3. _____技术和_____技术是物联网产生的核心技术。

4. 感知层是物联网体系架构的第_____层。

5. _____年，正式提出了_____的概念，并被认为是第 3 次信息技术革命。

6. 大数据的 4 个基本特征分别是_____、_____、_____和_____。

7. 1 ZB=_____EB=_____PB=_____TB=_____GB=_____MB。

三、简答题

1. 什么是云计算？云计算有哪些特点？

2. 简述云计算与网格计算的异同。

3. 简述物联网的技术架构以及各个层次的基本功能。

4. 简述云计算和物联网之间的关系。

5. 什么是大数据？大数据有哪些基本特征？

第 10 章 计算机导论实验

10.1 实验 1 Word 综合排版

10.1.1 实验目的、性质及器材

1. 实验目的

（1）掌握文字、图片、图形、艺术字和文本框的使用方法。

（2）掌握表格的使用方法。

（3）掌握节的作用和使用。

（4）掌握目录、页眉/页脚的使用。

（5）掌握项目符号和编号的使用方法。

（6）掌握标题的使用。

（7）掌握样式的使用。

（8）掌握页面设置的方法。

2. 实验性质

验证性实验。

3. 实验器材

计算机（安装 Windows 7 旗舰版系统、Microsoft Word 2010）。

10.1.2 实验导读

Microsoft Office Word 是微软公司的一个文字处理器应用程序。它可以实现各种排版、文书制作、表格制作、绘图、书籍排版等功能，为用户提供用于创建专业文档的工具。Word 2010 取消了传统的菜单操作方式，取而代之的是各种功能区。在 Word 2010 窗口上方看起来像菜单的名称，其实是功能区的名称，当单击这些名称时并不会打开菜单，而是切换到与之相对应的功能区面板。

1. word 2010 基本操作

（1）启动和认识 Word 2010。采用以下方法之一，启动 Word 2010。工作界面如图 10-1 所示。

① 使用"开始"菜单启动 Word 2010。

② 使用文档启动 Word 2010。

③ Word 2010 的工作窗口。

图 10-1　Word 2010 工作界面

（2）创建、打开/保存文档。

（3）编辑文档。在文档编辑区中添加文字、表格等。

2．设置文本格式和文本样式。

（1）设置文字的格式。设置字号、字形、字体、对齐方式、颜色、特殊效果（如删除线、上下标）等。

（2）设置段落的格式。设置段落缩进 、行距、段间距、对齐方式（左对齐、分散对齐、两端对齐）、换行与分页、边框和底纹、字体缩放、字符间距、项目符号与编号等。

（3）利用样式快速设置。样式是多种格式的集合，一个样式中会包括很多格式效果，为文本应用了一个样式后，就等于为文本设置了多种格式。通过样式设置文本格式非常快速、高效。

方式一：使用程序预设样式

将光标定位在要设置样式的段落内，开始→样式→快速样式。

方式二：自定义样式，再运用样式

开始→样式→新建样式→给样式取名→设置选项→保存样式。

3．使用对象修饰文档

（1）图片。

（2）剪贴画。

（3）图文混排。

① 选定图片，再设置其环绕方式。

② 调整图片的大小和位置。

③ 设置图片的样式。

④ 裁剪图片。

⑤ 旋转图片。

（4）文本框。

（5）艺术字。

（6）形状。

（7）SmartArt 图形。

（8）公式。

（9）表格。

（10）图表。

4. 设置页面版式

（1）设置页面大小。

（2）页码、页眉与页脚。

（3）分栏与分隔符。

5. 编辑技巧与打印输出

（1）书签。

（2）目录。

（3）脚注和尾注。

（4）并排查看多个文档窗口的技巧。

（5）定位文档。

（6）字数统计。

（7）打印文档。

相关操作可以参看：http://www.51zxw.net/list.aspx?cid=435。

10.1.3　实验内容

1. 文档编辑与保存

计算机不但具有高速运算能力、逻辑分析和判断能力、海量的存储能力，同时还有快速、准确、通用的特性，使其能够部分代替人类的脑力劳动，并大大提高工作效率。目前，电子计算机的应用可以说已经进入了人类社会的各个领域。

数值计算也称科学计算，主要涉及复杂的数学问题。在这类计算中，计算的系数、常数和条件比较多，具有计算量大、计算过程繁杂和计算精度要求高等特点。数值计算在现代科学研究中，尤其在尖端科学领域里极其重要。

数据处理也称事务处理，泛指非科技工程方面的所有形式的数据资料的计算、管理和处理。它与数值计算不同，它不涉及大量复杂的数学问题，只是要求处理的数据量极大、时间性很强。目前，计算机数据处理的应用已非常普遍。

（1）在 Word 中输入上述文字，保存文档为"学生本人学号姓名.docx"，并关闭文档。

（2）打开"学生本人学号姓名.docx"，为文档增加标题文字"计算机的应用领域"。

（3）设置页边距：上下 2 cm、左右 2 cm，A4 纸张。

（4）在正文末尾插入当前系统日期。

2. 格式排版

（1）复制已输入好的文档，新建一节至下一页粘贴，再进行以下操作。

（2）将"计算机的应用领域"设置为"标题 3"样式、居中；将其中的文字"计算机的"设置为红色、字符间距加宽 2 磅、文字提升 2 磅、加着重号；将标题中的"应用领域"文字设置为二号，为标题加灰色（15%的底纹）。

（3）设置正文各段，段前间距为 0.5 行，段后间距为 1 行，首行缩进 2 字符，单倍行间距。

（4）将正文第 1 段设置为楷体、四号；文字"海量的存储"添加 1 磅单线框；文字"特别是国际互联网的出现，开辟了使用计算机的新领域"加宽 2 磅、文字提升 1 磅、加着重号。将正文第一段前两个字设置为首字下沉，下沉行数为 2 行，距正文 0 厘米。

（5）利用格式刷，将正文第 2 段中所有文字"计算"的格式设置为红色、加粗。

（6）将第 3 段前加菱形项目符号，字符间距加宽 4 磅，对文字加下划线。

（7）复制第 3 段，形成第 4 段并分成 3 栏，加分隔线。

（8）将所有文字"计算机"替换为"微型计算机"。

3．创建和编辑表格

（1）在"学生本人学号姓名.docx"尾部插入一节，换至新一页，创建如图 10-2 所示的学生成绩表并保存。

姓名	高等数学	大学物理	计算机	大学英语
李力	86	78	90	80
张华	78	80	86	75
赵明明	76	70	78	68
王晓辰	90	80	89	78
姚天	98	88	75	84
杨阳	67	72	80	70

图 10-2 学生成绩表

（2）复制已制作好的表格，间隔一段贴在前表的后面，对新表做如下操作。

（3）在新表格的右边插入一列，列标题为"总分"；在新表格最后增加一行，行标题为"平均分"。

（4）删除"杨阳"所在行。

（5）利用公式计算学生总分（函数 Sum（left））；计算各科平均分，保留两位小数（函数（Average））。

（6）在"总分"列右侧插入一列，列标题为"说明"，合并该列的其他单元格。

（7）给新表格添加标题文字"操作一效果图"并保存。

4．表格格式设置

（1）复制"操作一效果图"表格，间隔一段贴在其后，对新表格做如下操作。

（2）增加标题文字"学生成绩表"，居中、楷体、三号字、加粗。

（3）第 1 行文字（单元格的对齐方式）中部居中；第 1 行背景色"灰色-10%"，高度 0.9 厘米；后续各行行高为 0.7 厘米。

（4）第 1 行标题文字为黑体、小四号字、红色；姓名文字加粗、居中；所有成绩数据（单元格的对齐方）居右。

（5）表格外边框设为 2.25 磅单实线，内边框设为 1.5 磅单实线，第 1 行下边框和第 1 列右边框为 1.5 磅双实线，第 6 行上边框为 1.5 磅单实线。

（6）为表格左上角单元格增加斜线，并调整科目和姓名的位置。

5．添加页眉/页脚

（1）给第 2 节添加"文档编辑效果图——学生姓名制作××年××月××日"页眉，居中、五号字、宋体、蓝色，第 3 节添加"表格编辑——学生姓名制作××年××月××日"，居中、五号字、宋体、红色。

（2）整个文档页码从 1 开始编号。

10.1.4 实验作业

（1）制作一张精美贺卡。

（2）模拟书籍编排效果，要求保留每一章节的文字，其具体内容可以任意内容代替。

10.1.5 参考书籍及网站

http://www.52zxw.com/course_733_2.html

10.2 实验 2 Excel 的基本使用

10.2.1 实验目的、性质及器材

1. 实验目的
（1）掌握 Excel 2010 创建工作表的方法。
（2）掌握工作表的操作、窗口的拆分。
（3）掌握公式和函数的计算。
（4）掌握工作表的排版。
（5）掌握图表的创建、编辑和格式化。
（6）掌握数据表的管理。

2. 实验性质
验证性实验。

3. 实验器材
计算机（安装 Windows 7 旗舰版系统、Microsoft Excel 2010）。

10.2.2 实验导读

Excel 是微软公司出品的 Office 系列办公软件中的一个组件，确切地说，它是一个电子表格软件，可以用来制作电子表格、完成许多复杂的数据运算，进行数据的分析和预测并且具有强大的图表处理功能。

1. Excel 的工作界面
与 Word 2010 的操作类似，Excel 的工作界面如图 10-3 所示。

图 10-3 Excel 的工作界面

2. 工作簿和工作表

工作簿是一个以 xlsx 为扩展名的 Excel 文件，一个工作簿包含很多工作表，每一个工作簿默认有 sheet1、sheet2、sheet3、sheet4 四张工作表。

（1）工作表的操作。工作表的操作包括插入、删除、移动、改名、隐藏/显示等。

（2）工作簿的保护。

3. 数据

（1）数据类型。数据类型包括数值、货币、文本、日期等。

（2）数据录入。数据录入包括手动输入、快速录入、导入数据。

（3）设置数据格式。

（4）高级操作。高级操作包括筛选、高级筛选、排序、分类汇总等。

4. 表格操作

单元格是表格中行列交叉点，是工作表存储数据的最基本单元，当前正在使用的单元格称为活动单元格，多个单元格构成单元格区域。

（1）单元格的操作。单元格的操作包括选中、插入、删除、合并等。

（2）样式修饰。样式修饰包括行高、列宽、边框、颜色等。

5. 函数

利用 Excel 提供的库函数或自定义公式可以简化日常工作，提高工作效率。

（1）单元格地址。单元格地址即列号和行号。

（2）常用函数。常用函数包括 SUM、AVERAGE、MAX、MIN 等。

（3）自定义公式。自定义公式即以等号开始，用地址值代表操作数据。

6. 图表

图表是数据的一种可视表示形式，Excel 提供了丰富的图表形式来显示数据。

详细操作见 http://www.52zxw.com/kecheng_3.html。

10.2.3　实验内容

1. 创建工作表

（1）在工作表 Sheet1 中输入以下数据，并将工作簿保存为"学生姓名学号.xlsx"，如图 10-4 所示。

图 10-4　工作表 Sheet1

（2）在"姓名"列左边插入"学号"列，使用拖曳填充的方法输入学号。在"性别"列右边插入"捐款"列，输入数据。

2．工作表的操作

将"Sheet1"更名为"学生成绩表"，复制该工作表，新工作表更名为"学生工作表备份"。

3．学生成绩计算

（1）计算总分、最高分、平均分（函数 SUM、MAX、AVERAGE）。

（2）计算总评，其中"总分>=270"的为优秀（函数 IF）。

（3）在 H13 单元格中输入文字"优秀率"，计算优秀率（函数 CountIf、CountA）。

4．工作表格式化

（1）在第 1 行前插入空行，输入文字"计算机 1 班成绩表"，设为蓝色、粗楷体、16 磅大小、下划双线，区域"A1:I1"合并及居中。

（2）在第 2 行前插入空行，输入文字"制表日期：2015-9-10 为隶书、倾斜，区域"A2:I2"合并居中，并将文字居右。

（3）将标题行设置为粗体、垂直居中。

（4）表格外框为最粗单实线，内框为最细单实线。

（5）标题行行高为 20 磅，其他各行为"最适合的行高"；各列宽度设置为"最适合的列宽"，"总评"列宽为 7.8 磅。

（6）插入 Sheet5、Sheet6、Sheet7 工作表，将"学生成绩表"数据表复制到 Sheet5、Sheet6、Sheet7 中。

5．图表操作

（1）在 Sheet5 中，对前五名学生的三门课程成绩创建"柱形圆柱形图"图表，标题为"学生成绩表"。

（2）设定图表文字大小为 12 磅；标题文字字体为隶书、加粗、14 磅、单下划线。添加分类轴标题"姓名"，加粗；添加数值轴标题"分数"，粗体、12 号、45 度方向。

（3）设定图表边框为黑色粗实线、圆角、阴影；背景墙颜色为单色填充效果；图例位置靠右，文字大小为 9 磅。

（4）将数值轴的主要刻度改为 10，字体大小为 8 磅。

（5）删除"高等数学"系列，设定"计算机基础系列"显示数据值，数据标志大小为 16 号、上标效果；计算机基础系列的颜色为绿色，并移到"大学英语"前。

6．数据处理

（1）将 Sheet6 中数据表，筛选总分小于 240 及大于 270 的女生记录。

（2）将 Sheet7 中数据表按性别排序，性别相同的按总分降序排列。

（3）将 Sheet7 中数据表，按性别分类汇总，在"性别"列统计人数；再次按性别分类汇总，统计各科成绩及总分的平均分。利用分级显示按钮分级显示汇总结果。

（4）建立如图 10-5 所示的数据透视表（参考数据透视表向导）。

性别	数据	汇总
男	平均值项:高等数学	81.5
	平均值项:大学英语	83
女	平均值项:高等数学	75.25
	平均值项:大学英语	78.75
平均值项:高等数学 的求和		78.375
平均值项:大学英语 的求和		80.875

图 10-5　数据透视表

10.2.4　实验作业

制作一张家庭年收支表，完成以下操作。

（1）添加标题文字。

（2）为表格添加表头，主要有月份、日期、收入、预支出、实际支出、收/支理由等。

（3）数据精确到两位小数。

（4）统计超支出月份。

（5）按月份显示每月收支情况。

10.2.5　参考书籍及网站

http://www.52zxw.com/kecheng_3.html。

10.3　实验 3　PowerPoint 的基本使用

10.3.1　实验目的、性质及器材

1．实验目的

（1）掌握演示文稿的创建。

（2）掌握演示文稿格式化。

（3）掌握幻灯片动画和超链接的制作。

（4）掌握演示文稿的放映。

2．实验性质

设计性实验。

3．实验器材

计算机（安装 Windows 7 旗舰版系统、Microsoft PowerPoint 2010）。

10.3.2　实验导读

PowerPoint 是 Microsoft Office 办公套装软件的一个重要组成部分，专门用于设计、制作信息展示领域（如讲演、作报告、各种会议、产品演示、商业演示等）的各种电子演示文稿（俗称幻灯片），使演示文稿的编制更加容易和直观。

用 PowerPoint 制作的演示文稿是一种电子文稿，其核心是一套可以在计算机屏幕上演示的幻灯片。在幻灯片中可包含文字、图表、图像、声音和电影等多种对象，甚至还可以插入超链接。

用 PowerPoint 制作完演示文稿后，用户可以将演示文稿制成投影片，在通用的幻灯片上使用；还可以用与计算机相连的大屏幕投影仪直接演示；甚至可通过网络，以会议的形式进行交流。利用 PowerPoint 进行信息交流，可以将用户所要表现的信息，做到最大限度的可视化，这样更有助于阐明用户的观点和意向。

1．演示文稿

演示文稿的实质是利用 PowerPoint 软件制作出的文件，一般以 pptx 为扩展名，由一张或数张

相互关联的幻灯片组成。可以利用模板向导或空白文稿等形式创建演示文稿。

2. 放映文件

放映文件是一种打开直接放映的文稿，扩展名是 ppsx，即它的播放不依赖于 PowerPoint 环境。

3. 幻灯片

幻灯片是演示文稿中的一页，每张幻灯片都是演示文稿中既相互独立又相互联系的内容。

4. 母版

母版是一张特殊的幻灯片，它控制着所有幻灯片的属性。修改母版会影响到基于该母版的所有幻灯片的样式。PowerPoint 2010 的母版分为幻灯片母版、讲义母版和备注母版。

5. 版式

版式是一种幻灯片常见的排版格式，通过幻灯片版式的应用可以对文字、图片等更加合理、简洁地完成布局。

6. 动画

可以为每一对象设置动画效果，生动形象。

7. 主题

主题即将一组设置好的字体、颜色及外观效果组合到一起，形成多种不同的界面设计方案。可以在多个不同的主题之间进行切换，从而灵活地改变演示文稿的整体外观。

一套完整的 PPT 文件一般包含片头、动画、PPT 封面、前言、目录、过渡页、图表页、图片页、文字页、封底、片尾动画等；所采用的素材有文字、图片、图表、动画、声音、影片等。

相应操作见视频：http://www.52zxw.com/kecheng_4.html。

10.3.3　实验内容

制作演示文稿

（1）主题选择。

① 个人简介（成长经历、生活、工作、理想、爱好、人生格言等）。

② 课程、学院、班级演示文稿。

③ 各种专业知识、专题的演示文稿。

（2）策划演示文稿的内容，合理组织目录结构。

（3）风格统一，页面布局、颜色搭配合理。

（4）文字（字体）、图片（jpg、gif、png 文件）等的合理使用，文字滚动效果的实现，灵活使用动画效果。

（5）灵活使用链接、按钮等相关技术。

（6）灵活使用幻灯片切换方式。

（7）灵活使用演示文稿样式、模板等。

10.3.4　实验作业

以"安全"为主题，制作一宣传片，要求如下。

（1）主题鲜明，有一定的影响力。

（2）页面布局合理，不使用系统模板。

（3）页数不少于 10 页。

10.3.5　参考书籍及网站

http://www.52zxw.com/kecheng_4.html。

10.4　实验 4　WWW 服务

10.4.1　实验目的、性质及器材

1. 实验目的

（1）通过使用 WWW 服务，充分了解与 WWW 相关的概念和协议，如 HTTP、URL 等。

（2）熟练使用 WWW 浏览器，并掌握 WWW 的浏览技巧。

2. 实验性质

验证性实验。

3. 实验器材

连接 Internet 的计算机（已安装 Windows 7 旗舰版系统、IE 10.0）。

10.4.2　实验导读

"WWW" 的简称是 "Web"，也称为 "万维网"，是一个在 Internet 上运行的全球性的分布式信息系统。WWW 是目前 Internet 上最方便和最受欢迎的信息服务系统，其影响力已远远超出了专业技术范畴，并且已经进入广告、新闻、销售、电子商务与信息服务等各个行业。WWW 把 Internet 上不同地点的相关数据信息有机地组织起来，可以看新闻、炒股票、在线聊天、玩游戏和进行查询检索等。

在 WWW 系统中，需要有一系列的协议和标准来完成复杂的任务。这些协议和标准就称为 Web 协议集，其中一个重要的协议集就是 HTTP。HTTP 负责用户与服务器之间的超文本数据传输。HTTP 是 TCP/IP 簇中的应用层协议，建立在 TCP 之上，其面向对象的特点和丰富的操作功能可以满足分布式系统和多种类型信息处理的要求。

在 Internet 中有众多的 WWW 服务器，每台服务器中又包含很多的网页，这时就需要一个统一资源定位器（Uniform Resourse Locator，URL）。URL 的构成如下。

信息服务方式://信息资源的地址/文件路径

例如，电子科技大学的 WWW 服务器的 URL 为

http://www.uestc.edu.cn/index.htm

其中，"http" 指出要使用 HTTP，"www.uestc.edu.cn" 指出要访问的服务器的主机名，"index.htm" 指出要访问的主页的路径及文件名。

10.4.3　实验内容

（1）熟悉 IE10.0 浏览器的界面、菜单功能和工具栏中各按钮的功能以及新增功能。

（2）使用 IE10.0 浏览器保存网页中的各种信息，包括文字、图像、音频和视频数据等。

（3）使用一种支持断点续传、多线程的下载工具软件，如 FlashGet（快车）、迅雷、电驴等，下载 WWW 上的资源。

（4）使用浏览器的收藏夹、历史记录、分类查询、组合查询等功能实现对 Internet 资源的高效浏览。

10.4.4　实验作业

（1）使用 IE10.0 浏览器浏览新浪网站（www.sina.com.cn），并选择一篇新闻网页保存到本地计算机硬盘上。

（2）使用 FlashGet 下载工具下载一首 mp3 格式的音乐，保存到本地计算机硬盘上。

（3）使用 IE10.0 浏览器的收藏夹功能收藏网页，并清除最近浏览的历史记录。

10.4.5　参考书籍及网站

1.《计算机网络技术基础（第 4 版）》周舸编著，人民邮电出版社，2015。

2. http://www.w3school.com.cn/html5/html_5_form_attributes.asp。

10.5　实验 5　HTML5 简单网页制作

10.5.1　实验目的、性质及器材

1.　实验目的

（1）了解网页、网站、站点等基本概念。

（2）理解 HTML5 的基本标签。

（3）掌握 HTML5 文件的基本结构及编写方法。

（4）了解 HTML5 的几种开发工具。

（5）掌握代码书写规范。

（6）掌握符合 W3C 标准的 HTML5 网页。

（7）掌握使用文字、图片、超链接、表格、表单等网页元素等制作 HTML5 网页的方法。

（8）熟悉 Adobe Dreamweaver CS6 的基本操作。

2.　实验性质

验证性实验。

3.　实验器材

计算机（安装 Windows 7 旗舰版系统、IE9.0/Google 浏览器、Dreamweaver CS6、Fireworks CS6 等）。

10.5.2　实验导读

HTML 5 是近十年来 Web 开发标准最巨大的飞跃。和以前的版本相比，HTML 5 并非仅仅用来表示 Web 内容，而是将 Web 带入一个成熟的应用平台，在 HTML 5 平台上，视频、音频、图像、动画以及与电脑的交互都被标准化，成为下一代 Web 开发标准。

1.　网页

网页是构成网站的基本元素，是一个文件，它可以存放在世界上某个角落的某一台计算机中，是万维网中的一"页"。

首页是一个网站的入口页面，通常被编辑得易于了解该网站，并引导互联网用户浏览网站其他部分的内容，一般被认为是一个目录性质的内容。大多数作为首页的文件名是以 index、default 加上扩展名来命名。

静态网站首页命名：index.html 或 index.htm

　　　　　　　　　　default.html 或 default.htm

常见动态网站首页命名：index.asp 或 default.asp

　　　　　　　　　　index.php 或 default.php

　　　　　　　　　　index.jsp 或 default.jsp

2. HTML

目前，互联网上的绝大部分网页都是使用 HTML 编写的。HTML 是英文 Hyper Text Mark-up Language（超文本标记语言）的缩写，它规定了自己的语法规则，用图片、表格、超链接等表示比"文本"更丰富的内容。浏览器（如 IE、Google 等）软件解析 HTML 语言的语法，可以用来查看 HTML 文档。HTML 由一系列的标签组成，下面是一个最简单的 HTML 文档。

```
<html>
    <head>
<title>第一个 Html 文档</title>
    </head>
    <body>
    欢迎访问<a href="http://www1.cduestc.cn">电子科技大学成都学院</a>!
    </body>
</html>
```

所有的 HTML 文档都应该有一个<html></html>标签，包含<head>和<body>两个部分。

<head>标签用于包含整个文档的一般信息，如文档的标题（<title>标签用于包含标题）、对整个文档的描述、文档的关键字等。文档的显示内容放在<body>标签中。

<a>标签表示超链接，在浏览器中查看 HTML 文档时，单击<a>标签括起来的内容时，通常会跳转到另一个页面。要跳转到的页面的地址由<a>标签的 href 属性指定。上面的<a href="http://www1.cduestc.cn">中，href 属性的值就是 http://www1.cduestc.cn（即电子科技大学成都学院官网）。

3. HTML 的书写方式

HTML 的实质是文本，需要浏览器的解释，它的编辑器大体分为 3 种。

（1）基本文本、文档编辑软件。基本文本、文档编辑软件使用微软自带的记事本或写字板都可以编写，不过存盘时请使用.htm 或.html 作为扩展名，这样就方便浏览器认出并直接解释执行了。

（2）半所见即所得软件。Sublime Text 代码编辑器（Sublime Text 2 是收费软件，但可以无限期试用），是一个跨平台的编辑器，同时支持 Windows、Linux、Mac OS X 等操作系统。2012 年 6 月 26 日推出新版本的 Sublime Text 2.0，与之前版本相比主要有较大的改善：支持 Retina 视网膜屏、快速跳到下一个、文本拖放、改善构建系统、CSS 自动完成和高亮设置等。

（3）所见即所得软件。所见即所得软件对于初学者而言，是使用最广泛的编辑器，即使不懂一点 HTML 知识都可以做出网页，如 Adobe Dreamweaver。

与半所见即所得软件相比，它开发速度更快，效率更高，且直观的表现更强。任何地方进行修改只需要刷新即可显示；缺点是生成的代码结构复杂，不利于大型网站的多人协作和精准定位等高级功能的实现。

本实验环境中采用 Adobe Dreamweaver CS6。

4. HTML 元素

HTML 文档是由 HTML 元素定义的。而 HTML 元素指的是从开始标签（start tag）到结束标签（end tag）的所有代码。有时也把元素简称为标签。HTML 元素大小写一样。

例：<p> 元素

```
<p>This is my first paragraph.</p>
```

这个元素拥有一个开始标签 <p>，以及一个结束标签 </p>。

元素内容是：This is my first paragraph。

更多元素见：http://www.w3school.com.cn/tags/index.asp。

5. HTML 属性

HTML 标签可以拥有属性。属性提供了有关 HTML 元素的更多修饰信息。

属性总是以名称/值对的形式出现，如：name="value"。

属性总是在 HTML 元素的开始标签中规定。

HTML 链接由 <a> 标签定义。链接的地址在 href 属性中指定。

```
<a href="http://www.w3school.com.cn">This is a link</a>
```

6. HTML5 最基本的文档结构

```
<!DOCTYPE html>
<html>
<head>
</head>
<body>
</body>
</html>
```

其中，<!DOCTYPE html>是 HTML5 在 HTML4 基础上简化的头部，其余的与前面介绍的 HTML 标签含义相同。关于 HTML5 规范的体系结构将在后面的实验中学习。

7. 绝对路径和相对路径

HTML 初学者会经常遇到这样一个问题，如何正确引用一个文件。例如，怎样在一个 HTML 网页中引用另外一个 HTML 网页作为超链接（Hyperlink）？怎样在一个网页中插入一张图片？

如果你在引用文件时（如加入超链接或者插入图片等），使用了错误的文件路径，就会导致引用失效（无法浏览链接文件，或无法显示插入的图片等）。

HTML 有两种路径写法：相对路径和绝对路径。

（1）HTML 相对路径（Relative Path）

用途：指定由这个文件所在的路径引起的跟其他文件（或文件夹）的路径关系。

如果源文件和引用文件在同一个目录（文件夹）里，直接写引用文件名即可，这种引用文件的方式就是使用相对路径。

下面建立两个 HTML 文档 info.html 和 index.html，用来作为示例，要求都是在 info.html 中加入 index.html 超链接。

例 1：相对路径的简单应用。

假设：info.html 路径是 c:/Inetpub/wwwroot/sites/blabla/info.html，

index.html 路径是 c:/Inetpub/wwwroot/sites/blabla/index.html。

写法：<a href = "index.html">这是超链接</a>。

例 2：如何表示上级目录。

../表示源文件所在目录的上一级目录，http://www.XX.com/表示源文件所在目录的上上级目录，以此类推。

假设：info.html 路径是 c:/Inetpub/wwwroot/sites/blabla/info.html，

index.html 路径是 c:/Inetpub/wwwroot/sites/index.html。

写法：<a href = "../index.html">这是超链接</a>。

例 3：如何表示上上级目录。

假设：info.html 路径是 c:/Inetpub/wwwroot/sites/blabla/info.html，

index.html 路径是 c:/Inetpub/wwwroot/sites/wowstory/index.html。

写法：<a href = "../wowstory/index.html">index.html</a>。

例 4：如何表示下级目录。

引用下级目录的文件，直接写下级目录文件的路径即可。

假设：info.html 路径是 c:/Inetpub/wwwroot/sites/blabla/info.html，

index.html 路径是 c:/Inetpub/wwwroot/sites/blabla/html/index.html。

写法：<a href = "html/index.html">这是超链接</a>。

（2）HTML 绝对路径（Absolute Path）。大家都知道，在我们平时使用计算机时要找到需要的文件就必须知道文件的位置，而表示文件的位置的方式就是路径。

例如，只要看到这个路径：c:/website /img/photo.jpg，我们就知道 photo.jpg 文件是在 c 盘的 website 目录下的 img 子目录中。

类似于这样完整的描述文件位置的路径就是绝对路径。我们不需要知道其他任何信息就可以根据绝对路径判断出文件的位置。

HTML 绝对路径在网页制作中是指带域名的文件的完整路径。

假设用户注册了域名 www.XX.com/html，并申请了虚拟主机，用户的虚拟主机提供商会给用户一个目录，如 www，这个 www 就是用户网站的根目录。

假设用户在 www 根目录下存放了一个文件 index.html，这个文件的绝对路径就是 http://www.XX.com/html。

假设用户在 www 根目录下建了一个名为 html_tutorials 的目录，然后在该目录下存放了一个文件 index.html，则这个文件的绝对路径就是 http://www.XX.com/html/html_tutorials/index.html。

8. 超链接

超链接是网站中使用比较频繁的 HTML 元素，因为网站的各种页面都是由超链接串接而成的，超链接完成了页面之间的跳转。超链接是浏览者和服务器交互的主要手段，可以是一个字、一个词或者一组词，也可以是一幅图像。当用户把鼠标指针移动到网页中的某个链接上时，箭头会变为一只小手。

超链接分为站内链接和站外链接，常见的站内链接有图片链接、文字链接、下载链接、邮件链接、锚记链接等，站外链接与站内链接的不同之处在于，链接文档是另一个网站完整的网址。

使用 <a> 标签在 HTML 中创建链接，有两种使用 <a> 标签的方式：通过使用 href 属性创建指向另一个文档的链接和通过使用 name 属性创建文档内的书签。

（1）超链接-href 属性。

例 1：文字链接<a href="http://www.w3school.com.cn/">Visit W3School</a>。

上面这行代码显示为 Visit W3School，单击这个超链接会把用户带到 W3School 的首页。

使用 target 属性，用户可以定义被链接的文档在何处显示。

前例改为：<a href="http://www.w3school.com.cn/" target="blank">Visit W3School</a>，表示在

新窗口中打开 W3School 的首页。

例 2：邮件链接<a href="mailto:intel@qq.com" title="读者你好，单击这里可以发电子邮件。">给我发 E-mail</a>。

（2）超链接—name 属性。使用 name 属性可以实现一个网页局部之间的跳转，具体学习可以参考 http://www.w3school.com.cn/html/html_links.asp。

10.5.3　实验内容

（1）使用记事本手工编写 HTML 5 文件。

（2）Dreamweaver CS 6 的基本操作。

（3）使用 Dreamweaver CS 6 编写 HTML 5 文件。

10.5.4　实验作业

（1）在 Dreamweaver CS 6 中，使用文字、图片、超链接、列表等设计一个如图 10-6 所示的表格网页和如图 10-7 所示的表单网页。

图 10-6　表格网页效果图

图 10-7　表单网页效果图

（2）在网上搜索网站首页设计原则及设计要点。

（3）浏览百度、淘宝、京东、网易、电子科技大学、四川大学等至少 10 个网站，分析其结构、配色风格，并查看其源代码。

（4）思考如何修改网页中的文字、图片等内容表现方式。

10.5.5　参考书籍及网站

（1）孙鑫，付永杰. HTML5、CSS 和 JavaScrtip 开发。北京：电子工业出版社，2013.

（2）http://www.w3school.com.cn/html5/index.asp。

（3）http://www.jc88.net/Article/wyzz/1395.html。

（4）http://www.php100.com/special/html。

（5）http://www.w3school.com.cn/html5/html_5_form_attributes.asp。

（6）http://www.jc88.net/Article/wyzz/1395.html。

（7）http://www.php100.com/special/html5。

附录
专业学习指南

附录 A　人才培养体系

1. 计算机科学与技术专业课程体系图（见附图 A-1）

计算机系的课程体系以 4 个工程设计为中心，所有课程围绕这 4 个中心展开。

附图 A-1　计算机科学与技术专业课程体系图

2. 课程理论学习线路图（见附图 A-2）

附图 A-2　课程理论学习路线图

3. 专业实践能力体系图（见附图 A-3）

附图 A-3　专业实践能力体系图

4. 专业实践课程学习路线图（见附图 A-4）

附图 A-4　专业实践课程学习路线图

附录 B 计算机科学与技术专业的职业类别

与计算机科学与技术专业有关的职位很多，比较能体现专业特色的职位有以下几种。

1. 软件工程师

软件工程师是 IT 行业中的基础岗位，其职责是根据开发进度和任务分配，完成相应模块软件的设计、开发、编程任务；进行程序单元、功能的测试，查出软件存在的缺陷并保证其质量；进行编制项目文档和质量记录的工作；维护软件使之保持可用性和稳定性。

2. 软件测试工程师

软件测试工程师，是目前 IT 行业中较为短缺的职位。软件测试工程师就是利用测试工具按照测试方案和流程对产品进行性能测试。甚至根据需要编写不同的测试工具、设计和维护测试系统，对测试方案可能出现的问题进行分析和评估，以确保软件产品的质量。

3. 硬件工程师

硬件工程师是 IT 行业中的基础岗位，其职责是根据项目进度和任务分配，完成符合功能要求和质量标准的硬件开发产品；依据产品设计说明，设计符合功能要求的逻辑设计、原理图；编写调试程序，测试开发的硬件设备；编制项目文档及质量记录。

4. 硬件测试工程师

硬件测试工程师属于专业人员职位，负责硬件产品的测试工作，保证测试质量及测试工作的顺利进行；编写测试计划，测试用例；提交测试报告，撰写用户说明书；参与硬件测试技术和规范的改进和制定。

5. 技术支持工程师

技术支持工程师是一个跨行业的职位。其职责是负责软、硬件平台的技术支持；负责用户培训、安装系统以及与用户的联络；从技术角度辅助销售工作的进行。如果细分的话，可以分成企业对内技术支持和企业对外技术支持，在对外技术支持中又可以分为售前与售后两大类。售前技术支持更倾向于产品销售，而售后技术支持则更偏向于工程师角色。

6. 网络工程师

网络工程师是能根据应用部门的要求进行网络系统的规划、设计和网络设备的软硬件安装与调试工作，能进行网络系统的运行、维护和管理，能高效、可靠、安全地管理网络资源；作为网络专业人员对系统开发进行技术支持和指导。一个比较常见的网络工程师资格认证考试是 CCNP（Cisco Certified Network Professional，思科网络高级工程师认证）。

7. 系统工程师

系统工程师资格就是具备较高专业技术水平，能够分析商业需求，并使用各种系统平台和服务器软件来设计并实现商务解决方案的基础架构。

8. 数据库工程师

数据库工程师其职责是负责大型数据库的设计开发和管理；负责软件开发与发布实施过程中数据库的安装、配置、监视、维护、性能调节与优化、数据转换、数据初始化与倒入/倒出、备份与恢复等，保证开发人员顺利开发；保持数据库高效平稳运行以保证开发人员及客户满意度。

9. 软件架构师

软件架构师是软件行业中一种新兴职业，工作职责是在一个软件项目开发过程中，将客户的需求转换为规范的开发计划及文本，并制定这个项目的总体架构，指导整个开发团队完成这个计划。构架师的主要任务不是从事具体的软件程序的编写，而是从事更高层次的开发构架工作。他必须对开发技术非常了解，并且需要有良好的组织管理能力。可以这样说，一个构架师工作的好坏决定了整个软件开发项目的成败。

10. 信息安全工程师

信息安全工程师主要负责信息安全解决方案和安全服务的实施；负责公司计算机系统标准化实行，指定公司内部网络的标准化，计算机软硬件标准化；提供互联网安全方面的咨询、培训服务；协助解决其他项目出现的安全技术难题。

11. 计算机图形图像设计制作师

计算机图形图像设计制作师（CG），是一种前卫职业，制作师的创意在动画制作过程中显得尤为重要。深入地了解动画剧本，对动画人物、场景进行艺术性的创造，要求必须具备扎实的美术功底和强烈的镜头感。一个动画制作师不仅要有电脑动画制作能力，过硬的美术功底也是必不可少的。

附录 C 计算机行业背景知识

一、信息技术的先驱及开创者

1. 阿伦·图灵

阿伦·图灵（Alan Turing，1912—1954)，计算机科学之父，英国数学家。1951 年被选为英国皇家学会院士。1936 年，图灵发表了一篇著名的论文《论可计算数及其在判定问题中的应用》，论文中提出了一种十分简单但运算能力极强的理想计算装置，这一装置是一种理想的计算模型。这种计算模型奠定了计算机组成部件，工作方式和顺序，被称为图灵机，图灵的这一思想奠定了整个现代计算机的理论基础。

当美国计算机协会 ACM 在 1966 年纪念电子计算机诞生 20 周年，决定设立计算机界的第一个奖项以表彰在计算机科学技术领域作出杰出贡献的人时，很自然地将其命名为"图灵奖"，以纪念这位计林机科学理论的奠基人。图灵奖被称为"计算机界的诺贝尔奖"。

2. 冯·诺依曼

冯·诺依曼（John Von Nouma，1903—1957），美籍匈牙利人，数学家。冯·诺依曼在数学的诸多领域都进行了开创性工作，并做出了巨大贡献。在第二次世界大战前，它主要从事算子理论、集合论等方面的研究。冯·诺依曼在格论、连续几何、理论物理、动力学、连续介质、力学、气象计算、原子能和经济学等领域都做过重要的工作。冯·诺依曼对人类的最大贡献是对计算机科学、计算机技术、数值分析和经济学中的博弈论的开拓性工作。他于 1945 年提出了"程序存储式"计算机的设计思想。这一卓越思想为电子计算机的逻辑结构设计奠定了基础，已成为计算机设计的基本原则。由于他在计算机逻辑结构设计上的伟大贡献，他被誉为"计算机之父"。现在计算机的结构仍为"冯·诺依曼机"。

3. 姚期智

姚期智（Andrew Chi-Chih Yao，1946— ），美籍华人（祖籍湖北孝感），计算机科学家，1946 年平安夜出生于上海，1967 年姚期智毕业于台湾大学，1972 年获哈佛大学物理学博士学位，1975 年获得美国伊利诺依大学计算机科学博士学位。

姚期智教授获得过美国工业与应用数学学会波利亚奖（Polya Prize），美国计算机协会算法与计算理论分会（ACM SIGACT）高德纳奖（Donald E.Knuth Prize）等荣誉。2000 年，因为姚期智对计算机理论，包括伪随机数生成、密码学与通信复杂度的诸多贡献，美国计算机协会（ACM）决定把该年度的图灵奖授予他。姚期智教授是目前唯一一位获得此奖项的华人及亚洲人，现任清华大学交叉信息研究院院长、教授。

4. 王选

王选（1937—2006），中国科学院院士、中国工程院院士，北京大学教授，九三学社成员。1937 年 2 月生于上海，江苏无锡人，他是汉字激光照排系统的创始人和技术负责人。被人们赞誉为"当代毕升"和"汉字激光照排之父"。他所领导的科研集体研制出的汉字激光照排系统为新闻、出版全过程的计算机化奠定了基础，被誉为"汉字印刷术的第二次发明"。2001 年获得国家最高科学技术奖，他是第三个获得此奖项的科学家。

5. 金怡濂

金怡濂（1929—）计算机科学家，是我国巨型计算机事业的开拓者之一。1929 年 9 月出生于天津市，原籍江苏常州，1951 年毕业于清华大学电机系。2002 年国家最高科学技术奖获得者。

金怡濂提出了基于通用 CPU 芯片的大规模并行计算机设计思想、实现方案和多种技术相结合的混合网络结构，解决了 240 个处理机互连的难题，从而研制出运算速度达到当时国内领先水平的并行计算机系统。金怡濂主持研制国家重点工程——"神威"巨型计算机系统，担任总设计师。

二、著名计算机学术团体与公司

1. IEEE-CS

IEEE-CS（Institute of Electrical and Electronic Engineers Computer Society），美国电气与电子工程学会计算机学会，它是目前世界上最大的计算机学术团体。

IEEE-CS 的宗旨是推进计算机和数据处理技术的理论和实践的发展，促进会员之间的信息交流与合作。IEEE-CS 设有若干专业技术委员会，标准化委员会以及教育和专业技能开发委员会。专业技术委员会组织专业学术会议、研讨会，覆盖计算机科学与技术各领域并随计算机科学与技术的发展而变化。标准化委员会负责制定技术标准。教育和专业技能开发委员会负责制定计算机科学与技术专业的教学大纲、课程设置方案以及继续教育发展，并向各高等学校推荐。

2. ACM

ACM（Association for Computing Machinery），美国计算机学会，创立于 1947 年，是世界上最早和最大的计算机教育科研协会，现已成为计算机界最有影响的两大国际性学术组织之一（另一为 IEEE-CS）。ACM 下面建立了几十个专业委员会（正式名称是 SIG——Special Interest Group），几乎每个 SIG 都有自己的杂志。据不完全统计，由 ACM 出版社出版的定期、不定期刊物有 40 多种，几乎覆盖了计算机科学技术的所有领域。

3. CCF

CCF（China Computer Federation），中国计算机学会。成立于 1962 年 6 月，全国性一级学会。学会具有广泛的业务范围，包括学术交流、技术咨询、教学评估、优秀成果及人物评奖、刊物出版、计算机名词标准化等。中国计算机学会下设 9 个工作委员会，33 个专业委员会，这些委员会涵盖了计算机研究及应用的各个领域。学会的会刊有《计算机学报》、《计算机研究与发展》、《软件学报》、《CAD 与图形学》等进二十多种刊物。学会网址为 http://www.ccf.org.cn。

4. IBM

IBM（International Business Machines Corporation，国际商用机器公司）是由 1911 年成立的计算制表记录公司（Computer-Tabulating-Recording Company，即 CTR 公司）发展而来的。1981 年 8 月 IBM 公司发布第一台 PC，由于 IBM-PC，IBM 商标开始进入家庭、学校、中小企业。1985 年，IBM 投资的科研项目催生了 4 位诺贝尔奖获得者。1997 年 5 月 11 日，IBM 的"深蓝"（Deep Blue）计算机击败世界国际象棋大师卡斯帕罗夫。

5. Intel

Intel（因特尔）公司成立于 1968 年，是世界上最大的 CPU 及相关芯片制造商。世界上 80% 左右的计算机都使用 Intel 公司生产的 CPU。1971 年，英特尔推出了全球第一个微处理器 4004。这一举措不仅改变了公司的未来，而且对整个工业产生了深远的影响。

1993 年英特尔推出了高性能微处理器 Pentium，中文名为"奔腾"，因为用 80586 数字作为下一代芯片编号，不能作为注册商标，启用拉丁文 Pentium（有"五"之意）表示第五代产品。

6. Microsoft

微软（Microsoft，缩略为 MS）是全球最著名的软件商。据统计全球 90%以上的微机都装有 Microsoft 操作系统。微软公司是由比尔·盖茨（Bill Gates）和保罗·艾伦（Paul Allen，1983 年离开微软）与 1975 年创立的。微软生产的软件产品除操作系统外，还有办公软件 Microsoft Office，网页浏览器 Internet Explorer（目前世界上使用最广泛的一种浏览器）和中小数据库 SQL Server 等。

7. 联想集团

联想集团（英文名为 Legend，传奇之意，现改名为 Lenovo）成立于 1984 年，是国内最大的计算机制造商，联想品牌个人计算机多年来在中国及亚太市场的销量一直保持首位。

联想集团 1990 年在国内推出联想系列微机，在市场上获得成功。2004 年 12 月联想集团以总价 12.5 亿美元收购 IBM 的全球 PC 业务，其中包括台式机和笔记本业务。联想的收购行为是中国 IT 行业在海外投资最大的一次，至此，联想集团已成为年收入达 130 亿美元的世界第三大 PC 厂商。

三、著名计算机奖项

1. 图灵奖

图灵奖，计算机科学界的最崇高奖项，有"计算机界的诺贝尔奖"之称。图灵奖是由 ACM 于 1966 年设立的奖项，奖金 2.5 万美元。专门奖励那些在计算机科学研究中做出创造性贡献，推动计算机科学技术发展的杰出科学家。从实际执行过程来看，图灵奖偏重于计算机科学理论、算法、语言和软件开发方面。由于图灵奖对获奖条件要求极高，评定审查极为严格，一般每年只奖励一名计算机专家。从 1966 年到 2006 年的 38 届图灵奖，共计有 47 名科学家获此殊荣，其中美国学者最多。

2. 计算机先驱奖

IEEE-CS 的计算机先驱奖（Computer Pioneer Award）设立于 1980 年。它用以奖励那些理应赢得人们尊敬的学者和工程师。计算机先驱奖同样有严格的评审条件和程序，但与其他奖项不同的是，这个奖项规定获奖者的成果必须是在 15 年以前完成的，以确保成果经得起时间的考验。

在 1980 年一次向 32 位科学家授予计算机先驱奖以后，1981 年的计算机先驱奖只授予一位科学家，那就是美籍华裔科学家杰弗里·朱（Jeffrey Chuan Chu）。杰弗里·朱 1919 年 7 月出生于天津。1942 年进入美国宾夕法尼亚大学，他是世界上第一台电子计算机 ENIAC 研制组的成员，是 ENIAC 总设计师莫奇利和埃克特的得力助手。

附录 D　常见英文计算机缩略语对照表

英文缩略语	英文含义	中文含义
AB	Address Bus	地址总线
AI	Artificial Intelligence	人工智能
AGP	Accelerated Graphics Ports	加速图像接口
ALU	Arithmetic-Logic Unit	算数逻辑单元
ASCII	American Standard Code for Information Interchange	美国信息交换标准代码
ATM	Arithmetic Teller Machine	自动取款机
ATM	Asynchronous Transfer Mode	异步传输模式
Bit	Binary digit	位，二进制数
CB	Control Bus	控制总线
CD-ROM	Compact Disc-Read Only Memory	只读光盘
CD-R	Compact Disc-Recordable	可刻录光盘
CD-RW	Compact Disc-Rewritable	可重写光盘
CISC	Complex Instruction Set Computer	复杂指令集计算机
CPU	Central Processing Unit	中央处理器
CRT	Cathode Ray Tube	阴极射线管
DB	Data Bus	数据总线
DBMS	Database Management System	数据库管理系统
DNS	Domain Name System	域名系统
DOS	Disk Operating System	磁盘操作系统
DVD	Digital Video Disc	数字视频光盘
EBCDIC	Extended Binary-Coded Decimal Interchange Code	广义二进制编码的十进制交换码
EEPROM	Electronically Erasable Programmable ROM	电可擦可编程只读存储器
EPROM	Erasable Programmable Read-Only-Memory	可擦除可编程只读存储器
FIFO	First In First Out	先进先出
FILO	First In Last Out	先进后出
FTP	File Transfer Protocol	文件传输协议
GIF	Graphics Interchange Format	可交换的图像文件格式
GUI	Graphical User Interface	图形用户界面
HTML	Hyper Text Markup Language	超文本标识语言
IP	Internet Protocol	网际协议
ISO	International Standard Organization	国际标准化组织
ISDN	Integrated Services Digital Network	综合业务数字网
IT	Information Technology	信息技术
LAN	Local Area Network	局域网

英文缩略语	英 文 含 义	中 文 含 义
LCD	Liquid Crystal Display	液晶显示器
MAN	Metropolitan Area Networks	城域网
MIS	Management Information System	管理信息系统
OLE	Object Linking and Embedding	对象链接与嵌入
OS	Operating System	操作系统
PC	Personal Computer	个人计算机
PROM	Programmable Read-Only Memory	可编程序只读存储器
RAM	Random Access Memory	随机存储器
ROM	Read-Only Memory	只读存储器
RISC	Reduced Instruction Set Computer	精简指令系统计算机
SQL	Structured Query Language	结构化查询语言
TCP	Transmission Control Protocol	传输控制协议
TIFF	Tag Image File Format	标签图像文字格式
TGA	Tagged Graphics	光栅图像文件格式
URL	Universal Resource Locator	统一资源定位符
USB	Universal Serial Bus	通用串行总线
WAN	Wide Area Network	广域网
WWW	World Wide Web	万维网

参考文献

[1] 黄国兴，等. 计算机导论（第 3 版）[M]. 北京：清华大学出版社，2015.

[2] 周苏，等. 新编计算机导论 [M]. 北京：机械工业出版社，2015.

[3] 王玉龙，等. 计算机导论（第 3 版）[M]. 北京：电子工业出版社，2013.

[4] Robert Baber，等. 计算机导论 [M]. 北京：清华大学出版社，2010.

[5] 赵致琢. 计算机科学导论 [M]. 北京：科学出版社，2010.

[6] 张全伙. 计算科学与工程导论 [M]. 北京：中国铁道出版社，2008.

[7] 周舸. 计算机网络技术基础（第 4 版）[M]. 北京：人民邮电出版社，2015.

[8] 杜煜，等. 计算机网络基础（第 3 版）[M]. 北京：人民邮电出版社，2014.

[9] 吴功宜. 计算机网络教程 [M]. 北京：电子工业出版社，2009.

[10] 杨明福. 计算机网络原理 [M]. 北京：经济科学出版社，2008.

[11] 张千里. 网络安全新技术 [M]. 北京：人民邮电出版社，2003.

[12] 邓文化，等. 数据结构 [M]. 北京：电子工业出版社，2010.

[13] http://cio.it168.com/a2014/1022/1675/000001675567.shtml.

[14] http://www.yunzhengwu.cn/knowledge/detail/internet-of-things-9109.html.

[15] http://www.linkwan.com/gb/routertech.

[16] http://www.52zxw.com/kecheng_3.html.